水利水电锚固工程
长期安全性评价方法与技术

樊义林　唐辉明　汪小刚　王汉辉　陈建林 等　著

科　学　出　版　社
北　京

内 容 简 介

锚固系统的长期安全性是影响水利水电工程正常运行的重要因素，锚固系统长期安全性评价需要重点研究锚索材料的腐蚀和耐久性、岩体-锚固结构的协同机理等。本书依托大量水利水电锚固工程实践，采用现场调研、室内外试验、数值模拟和理论分析等方法手段，开展水利水电锚固工程长期安全性评价方法与技术研究，内容共 7 章，主要包括绪论、典型水利水电锚固工程运行状态分析、锚固材料特性及耐久性研究、岩体-锚固结构协同作用机理与力学模型、岩体-锚固结构应力演变分析方法、新型锚固结构和防护技术、水电工程锚固系统长期安全性评价方法等。

本书可供水利水电、交通和矿山等行业从事锚固工程设计、施工、管理、科研与教学的相关人员参考。

图书在版编目（CIP）数据

水利水电锚固工程长期安全性评价方法与技术/樊义林等著.—北京:科学出版社，2024.8
ISBN 978-7-03-078208-3

Ⅰ.① 水⋯ Ⅱ.① 樊⋯ Ⅲ.① 水利水电工程-锚固-安全评价
Ⅳ.① TV223.3

中国国家版本馆 CIP 数据核字（2024）第 051186 号

责任编辑：何 念 张 湾/责任校对：张小霞
责任印制：彭 超/封面设计：无极书装

科学出版社 出版
北京东黄城根北街 16 号
邮政编码：100717
http://www.sciencep.com

武汉精一佳印刷有限公司印刷
科学出版社发行 各地新华书店经销
*
开本：787×1092 1/16
2024 年 8 月第 一 版 印张：22 1/2
2024 年 8 月第一次印刷 字数：532 000
定价：258.00 元
（如有印装质量问题，我社负责调换）

我国预应力锚固技术研究与应用始于 20 世纪 60 年代，并从 70 年代开始逐步应用于水利水电、交通、矿山等工程领域，而后预应力锚固的应用范围越来越广泛。我国水利水电行业完成的锚固工程的规模居世界前列。其中，由中国长江三峡集团有限公司建设与运行的三峡水电站和白鹤滩水电站、隔河岩水电站、水布垭水电站、溪洛渡水电站、乌东德水电站、向家坝水电站使用的预应力锚索达 9 万多束、锚杆约 870 万根。

预应力锚固将受拉杆件埋入岩土内，使得结构物与岩土体紧密连接在一起，岩土体得以加固，以保证结构物和岩土体的稳定。这类以钢绞线或钢筋为主要加固材料的组合结构，在恶劣的岩土环境（如低 pH 地下水的长期浸泡、地下电流、岩土体中高氯离子含量等）和预应力的作用下，一旦外保护层发生损坏，钢绞线及钢筋可能出现不同程度的环境或应力腐蚀，进而影响预应力锚固系统服役期间的健康状态和锚固工程的运行安全。随着预应力锚索服役时间的增长，锚固系统失效引发的工程安全事故时有发生。同时，目前尚缺乏系统评价锚固工程长期安全性的理论与方法，因此，预应力锚索工程长期运行的安全性和可靠性已成为业内关注的焦点与社会关心的问题。

在此背景下，中国长江三峡集团有限公司联合国内著名科研院所和高校，在国家相关重点科技项目研究成果的基础上，立项开展了预应力锚固系统长期有效运行及安全的研究工作，通过广泛的实际工程调研和开挖检测、室内外试验、理论分析和数值模拟，针对锚固材料特性及耐久性、锚固系统应力演化机理及耐久性和加固新技术开展了系统研究，提出了锚体-岩体长期耦合机理、锚固系统健康评价体系及使用年限定量预测方法等，以推动锚固工程长期安全性评价的技术进步。

作者团队历经四年的联合攻关，取得了一系列重大创新成果，填补了锚固系统长期安全性定量评价等技术空白：揭示了长期运行锚索的腐蚀机理、关键影响因素和长期演化规律；研发了锚索全浸、干湿循环和电解等成套腐蚀试验装置与技术；提出了考虑锚索健康状态的健康、亚健康、非健康三阶段使用年限划分方式和锚索性能衰变模型与使用年限定量预测方法；揭示了环境水对结构面和岩体劣化的影响规律，提出了锚固岩体力学参数演化模型；构建了考虑锚固结构拉剪作用和参数演化规律的岩体-锚体剪切力学模型；提出了岩体-锚固结构协同作用的锚固系统应力演变分析方法；研发了楔形压胀式内锚头、多层嵌套的防腐油充填外锚头的新型预应力锚索结构，有效提高了锚索结构的可靠性和安装功效；发明了与锚索全程协同变形的专用测量装置，实现了锚索全程应力动态监测，为预应力锚固工程长期运行安全提供了重要手段；综合考虑锚固系统赋存环境、锚固结构和锚固系统特点，建立了用于锚固结构耐久性评价的模型，提出了锚固结构自身承载安全评价方法，构建了锚固系统长期安全性评价的指标体系和方法。

该书将作者团队近四年的研究成果做了系统、全面的介绍和总结，在预应力锚固系统长期耐久性及其防控新技术方面进行了研究与探讨。由于预应力锚固长期服役健康评价是近十几年来逐步受到关注的新问题，仍有不少工作需要业界继续深化研究和持续攻关，不断推进该领域的技术进步。

希望该书的出版，能为我国锚固系统的技术发展做出有益的贡献，也能为该领域的工程技术人员与科研工作者提供参考和借鉴。

中国工程院院士

2024 年 2 月 20 日

岩土锚固技术主要通过埋设在岩土体中的锚杆（索），增强被加固岩土体的强度，改善岩土体的应力状态。自1911年美国首先使用岩石锚杆支护矿山巷道，1934年阿尔及利亚的舍尔法大坝加高工程使用预应力锚索并获得成功以来，锚固技术在许多国家迅速推广和应用。国内工程应用锚固技术始于20世纪60年代，自1964年安徽梅山水电站坝基加固采用预应力锚索以来，锚固技术广泛应用于水利水电、矿山、交通等工程领域，已经成为工程高边坡、地下洞室和结构加固的主要手段。尤其是在大型水利水电工程中，如漫湾水电站、小浪底水电站、三峡水电站、小湾水电站、向家坝水电站、溪洛渡水电站、锦屏水电站、白鹤滩水电站和乌东德水电站等主体工程大量使用了锚杆（索），锚杆（索）长期服役状况直接影响水电站的运行安全。

我国基础建设从初期的恢复和起步，到改革开放后的加速发展，再到新时代的高质量发展，每个阶段都体现了当时经济社会发展的要求和特点。自21世纪以来，我国建设了大量基础工程、水利水电工程、高速铁（公）路工程和地质灾害防治工程等，有效保障了我国经济建设的快速发展，提高了我国人民生活的幸福指数。在一批工程建设中，锚固技术作为主要的加固措施之一，为保障工程结构安全发挥了至关重要的作用。但同时，锚杆（索）作为主要的加固措施，其耐久性直接关系到工程的长期安全性。锚固工程的耐久性对于确保工程质量和长期安全至关重要。自1890年锚固技术首次在工程中应用以来，国内外部分工程中出现了锚杆（索）损伤、失效甚至影响工程安全的事件，造成了严重的经济后果和不良的社会影响，根本原因在于现有锚固技术的基础理论研究滞后于工程实践，缺乏系统评价锚固工程长期安全性的理论与方法。因此，亟须开展长期运行条件下锚固工程安全性研究，以保障水电站长期运行安全。

本书的主要内容包括：①通过查阅国内外文献、相关技术规范等资料，总结分析锚杆（索）发展应用历程、研究应用现状及存在的问题。②结合水电工程锚杆（索）腐蚀现状调研和检测，通过锚固材料室内腐蚀试验及理论分析，揭示锚固材料的腐蚀机理，提出锚固材料耐久性评价模型。③运用室内试验、数值仿真和理论分析等方法，研究锚固作用对岩体损伤的影响规律，揭示岩体-锚固结构协同作用机理，提出典型锚固结构应力演变分析方法。④研发新型预应力锚固结构体系及长期运行监测技术，形成结构防腐、应力可测的预应力锚固结构体系。⑤结合现场调查与监测、数值仿真和理论分析等方法，确定影响锚固系统长期安全性的关键指标及其等级划分阈值标准，提出锚固系统长期安全性评价方法，并应用于典型工程案例长期安全性评价。

本书相关研究得到了中国长江三峡集团有限公司的大力支持，主要研究单位包括中国三峡建工（集团）有限公司、中国水利水电科学研究院、中国地质大学（武汉）、长江设计集团有限公司和中国电建集团华东勘测设计研究院有限公司等；研究过程中也得到了湖北清江水电开发有限责任公司、中国长江三峡集团有限公司流域枢纽运行管理中心、小浪底水利水电工程有限公司、柳州欧维姆机械股份有限公司等单位的支持。

本书各章执笔分工如下：第 1 章由樊义林、李文伟、章广成、谭海、向欣、顾功开、李珂等执笔；第 2 章由樊义林、裴书锋、段杭、童广勤、李金河、刘杰、陈浩、卢坤铭等执笔；第 3 章由王汉辉、王玉杰、孙兴松、赵宇飞、李洪斌、廖灵敏、肖伟等执笔；第 4 章由唐辉明、王亮清、赵宇飞、熊承仁、姜耀飞、郑罗斌、王琛璐、高成程等执笔；第 5 章由唐辉明、章广成、杨新志、闻炼等执笔；第 6 章由汪小刚、王玉杰、林兴超、李洪斌等执笔；第 7 章由陈建林、胡新丽、李良权、肖伟、夏鹏、葛云峰、李长冬等执笔。全书由樊义林、唐辉明、汪小刚、王汉辉和陈建林统稿并定稿。

除列出的参加本书撰写的人员外，参加本书研究并做出贡献的还有胡斌、苏立、李晶华、张雪琴、李文涛、欧阳秋平、丁长青、朱林锋、宋明刚、刘君浩、刘雄飞、牛奕凯、王子宜、陈志伟、闫福根、樊少鹏、梁慧、苏振华和廖望阶等，在此一并表示感谢。

作　者

2024 年 2 月

第1章

绪　论

　　锚固工程在水利水电工程、铁路工程、公路工程、地质灾害防治工程等领域得到了广泛应用，其技术水平也随着科技进步一直在不断提升，有关锚固技术方面的规范和学术成果也越来越丰富，工程实践经验的积累和理论研究水平的提升对提高锚固工程的应用宽度与广度起到了良好的促进作用。大型水利水电项目中锚固工程的应用规模往往巨大，水利水电工程的设计服务年限一般不少于 100 年，随着服务年限的增长，大规模的锚固工程的健康状态如何变化、哪些因素影响锚固工程的健康状态、如何评价锚固工程的健康状态都是需要回答的问题。为此，本章从锚固工程在水利水电工程锚固中的发展与应用、锚固技术研究现状和存在的关键问题等方面开展论述。

1.1　水利水电工程锚固技术及应用概述

我国水电资源技术可开发量为 6.87 亿 kW，截至 2023 年底，我国水电站总装机容量为 4.215 亿 kW，占全国电力总装机容量的 14.44%。为落实"碳达峰、碳中和"目标，国家提出加快规划建设新型能源体系的要求。大力发展清洁能源是我国能源建设的重点，一是继续大力发展常规水电工程，二是要大力开发风光能源。近年来风光发电发展迅速，为保证电力系统的稳定运行，需配备储能系统。抽水蓄能电站是储能系统中最高效、经济的储能手段，根据国家能源局发布的《抽水蓄能中长期发展规划（2021—2035 年）》，到 2025 年，抽水蓄能投产总规模 6 200 万 kW 以上，到 2030 年，投产总规模 1.2 亿 kW 左右。因此，水电工程建设在后续能源建设中将发挥重要作用。

在水电工程建设中，锚杆（索）是重要的加固手段，锚杆（索）植入岩土体后形成锚固系统，锚固系统长期有效运行关系到水电工程的运营安全（张发明 等，2002）。了解锚固技术发展历史、应用现状及规范要求可以为锚固系统安全评价研究提供基础支撑，本节将主要从这三个方面进行概述。

1.1.1　锚固技术发展历史

岩土锚固技术主要是指锚索、锚杆和土钉一类岩土工程常用加固、支护技术，该技术发展至今已有 100 多年的历史。早在 1890 年，在北威尔士（Northern Wales）的煤矿加固工程中就开始用钢筋加固岩层，随后在 1905 年美国的矿山中也出现了类似的钢筋加固工程。

预应力锚固技术真正得到应用始于 20 世纪 30 年代。1934 年阿尔及利亚的舍尔法（Cheurfas）大坝首次采用预应力锚索加固大坝并取得成功。40 年代美国的密尔顿湖（Milton Lake）坝、摩洛哥的拉勒泰克豪期特（LallaTa Kerhoust）坝、法国的德努特坝等都采用了预应力锚固技术以加固大坝及其基础。50 年代以前，预应力锚固技术发展较慢，到 50～70 年代才有很多工程应用预应力锚固技术。70 年代以后，随着锚固体系商业化程度的提高，锚固加固理论、设计方法、规程规范日臻完善，防护体系不断加强，发展速度越来越快（程良奎，2001）。单束锚索预应力已达到 16 000 kN［德国黑森林施瓦岑巴赫-塔尔（Sckwarzenbach-Talsperre）大坝］，单根最大长度达 114 m（拉勒泰克豪期特坝）。国外锚固技术发展历程见表 1.1.1。

表 1.1.1　国外锚固技术发展历程

发展阶段	年代	代表性工程	国家	发展情况简述
起步阶段	20 世纪 30 年代前	弗里登斯（Friedens）煤矿	美国	主要应用在矿山领域，锚固技术包括钢筋加固和锚杆加固
缓慢发展阶段	20 世纪 30～50 年代	舍尔法大坝	阿尔及利亚	首次采用预应力锚索加固大坝，并取得成功
加速阶段	20 世纪 50～70 年代	利普诺（Lipno）水电站	捷克	预应力锚固技术被应用到水利、铁路等多工程领域
快速发展阶段	20 世纪 70 年代至今	施瓦岑巴赫-塔尔大坝	德国	锚固加固理论、设计方法、规程规范日臻完善，发展速度越来越快

　　我国预应力锚固技术起步较晚，最早的应用是 1964 年安徽梅山水电站大坝基础处理加固（徐年丰和陈胜宏，2001），共安装了 110 束 3 240 kN 的预应力锚索。之后，1974～1982 年湖南双牌水电站共安装了 27 束 3 250 kN 的锚索，成功地对大坝基础进行了加固。近 30 年来，预应力锚固技术在我国发展十分迅猛，已广泛应用于大坝、边坡、地下洞室、深基坑和地质灾害治理等诸多领域，涵盖的部门有水利、水电、矿山、交通及民用建筑等（刘宁 等，2002）。1989 年我国首台 6 000 kN 级张拉设备研制成功，并应用于丰满水电站加固 6 000 kN 级锚索张拉。之后，石泉水电站加固 8 000 kN 级锚索和龙羊峡水电站 10 000 kN 级锚索试验也获得成功。我国锚索的张拉设备和工艺均已达到世界先进水平。

1. 锚筋材料的发展

　　1988 年江西新华金属制品有限公司全套引进意大利瑞德利公司低松弛预应力钢绞线生产及检测设备，建成我国第一条高强度、低松弛预应力钢绞线生产线，可生产出抗拉强度达到 1 860 MPa 的低松弛钢绞线。随后，上海申佳金属制品有限公司、江苏华阳金属管件有限公司、无锡金羊金属制品有限公司等也分别引进国外先进的生产线生产高强度、低松弛钢绞线。此后，江西新华金属制品有限公司已能按美国材料与试验协会（American Society for Testing and Materials，ASTM）《预应力混凝土用低松弛七股钢绞线规范》（Standard specification for low-relaxation, seven-wire steel strand for prestressed concrete）（ASTM A416/A416M-24）生产出抗拉强度达 2 000 MPa 的高强度低松弛钢绞线。在锚筋防腐方面，国内已有多条生产线能生产出带油脂和塑料套管的无黏结钢绞线，并在工程中广泛应用。20 世纪 90 年代柳州从日本引进了一条生产线，能生产出喷环氧防护层的系列预应力筋，并能生产带两层聚乙烯（polyethylene，PE）塑料套管及油脂，共有 4 层防护的无黏结钢绞线。锚杆材料由早期的普通碳素钢，发展到 40Si2MnV 的高强精轧螺纹钢，极限抗拉强度达 980 MPa。三峡永久船闸已使用国产（天津钢铁集团有限公司、鞍山钢铁集团公司）的直径为 32～40 mm 的

40Si2MnMoV 高强结构锚杆约 10 万根。当前，多层保护钢绞线的生产及应用在桥梁、水利、电力等行业得到广泛应用。

　　2. 锚夹具的发展

　　我国最早使用的锚夹具为钢筋混凝土柱式锚头，像梅山水电站、双牌水电站和陈村水电站等坝基加固工程均使用这种锚头。这种锚头张拉后的钢丝束浇筑在直径为 0.8～1.0 m、高约为 1.0 m 的钢筋混凝土圆柱体内，由于施工工序繁杂，已不再使用。1966 年，我国同济大学研制成功液压冷镦器后，镦头锚具首先在桥梁工程中应用，之后在葛洲坝水电站预应力闸墩、铜街子水电站边墙加固、龚咀水电站边坡加固等工程中广泛应用。其类型主要有 DM 系列，镦头锚具仅适用于钢丝锚索。随着钢绞线在我国的应用，适用于钢绞线的夹片锚具不断涌现，如 JM、XM、QM、OVM 及 HVM 等。另外，还开发出适用于预应力钢筋锚杆的 LM 锚具。我国柳州欧维姆机械股份有限公司已开发出与 2 000 MPa 级钢绞线配套的 OVM 系列锚具，使我国锚具的夹持能力已达到世界先进水平。

1.1.2　锚固技术应用现状

　　现阶段锚固技术的应用囊括了深基坑与地下结构支护、边坡加固、结构抗倾覆、隧（巷）道与洞室工程支护，以及道桥基础加固、结构物补强加固和大坝下游冲击区支护等多个方面，其应用范围从坚硬岩体到软弱岩层、从小型巷道到大型洞室、从小型基坑到高陡边坡、从陆地到水域等都有所体现，几乎涵盖了土木建筑工程的所有领域。据不完全统计，1993～1999 年仅在深基坑与边坡工程应用的预应力锚杆就已经达到 2 000～3 500 km，由此可见，锚固技术对工程建设的重要性已无可替代。

　　在深基坑与地下结构支护应用方面，国内北京中国银行总行大厦、北京京城大厦、北京东方广场、上海太平洋饭店等工程是大量应用锚固结构对深基坑进行支护的典型案例。例如，建于 2001 年的北京中国银行总行大厦，其基坑开挖深度达到了 24.5 m，但该工程将锚固结构与地下连续墙结合的形式作为支挡结构，成功将基坑周边最大位移量控制在 30 mm 范围内，为维护基坑稳定提供了良好借鉴。

　　在水利水电工程应用方面，梅山水电站（1964 年）、隔河岩水电站（1987 年）、李家峡水电站（1988 年）、二滩水电站（1991 年）、小浪底水电站（1994 年）、三峡水电站（1994 年）、水布垭水电站（2001 年）、溪洛渡水电站（2005 年）、向家坝水电站（2006 年）、乌东德水电站（2015 年）、白鹤滩水电站（2017 年）等水利水电工程先后使用大量锚固结构对主体工程进行了加固，典型水利水电工程锚固结构应用参见图 1.1.1。例如，三峡永久船闸使用 4 000 余束 30～60 m 长的预应力锚索对高边坡进行了支护，在左厂 1#～5#坝段基础加固、临时船闸及升船机边坡加固和地下洞室支护中也大量使用了预应力锚索，白鹤滩水电站的 3.6 万束锚索更是将其应用推向了一个新的高度。同时，在重力坝加固工程中也应用了大量拉力型锚索，如丰满水电站、石泉水电站等。此外，在其他领域也广泛应用了锚固技术，如链子崖危岩体等地质灾害防治工程，沪蓉高速公路、渝昆高速铁路等高边坡锚固工程。

（a）三峡永久船闸高边坡锚固工程　　　　　（b）白鹤滩水电站地下厂房锚固工程

（c）小浪底水电站锚固工程　　　　　（d）小湾水电站高边坡锚固工程

图 1.1.1　我国部分大型水利水电工程中锚固结构的应用

1.1.3　锚固工程规范防腐概述

随着岩土锚固技术的迅速发展及广泛应用，很多国家和地区从 20 世纪 70~80 年代开始逐渐总结锚杆（索）使用经验，并制定了相应的锚杆（索）规范或标准，国际上具有代表性的锚杆（索）规范或标准有美国后张预应力混凝土学会（Post-Tensioning Institute，PTI）的《岩、土层预应力锚杆的建议》（Recommendations for prestressed rock and soil anchors）（PTIDC 35.1-14）、欧盟的《特种岩土工程的实施——锚杆（索）》（execution of special geotechnical works—ground anchors）（EN 1537：2013）、《特种岩土工程的实施——土钉》（Execution of special geotechnical works—soil nailing）（EN 14490：2010）、英国标准协会（British Standards Institution，BSI）的《锚杆（索）实践准则》（Code of practice for grouted anchors）（BS 8081：2015+A2：2018）、日本土质工学会的《地锚设计·施工标准及说明》（JGS 4101—2012）等。同时，我国也制定了

相应锚杆（索）规范/规程，包括《水电工程预应力锚固设计规范》（NB/T 10802—2021）、《水工预应力锚固技术规范》（SL/T 212—2020）、《岩土锚杆与喷射混凝土支护工程技术规范》（GB 50086—2015）、《岩土锚杆（索）技术规程》（CECS 22：2005）、《建筑基坑支护技术规程》（JGJ 120—2012）及《建筑边坡工程技术规范》（GB 50330—2013）。国际上现行锚杆（索）专项技术规范有十余部，其中欧洲作为锚杆（索）技术的发源地，目前仍代表国际上最先进的设计理念及技术水平，值得我国借鉴。对国内外规范针对锚杆（索）耐久性要求进行梳理，比较分析国内外就锚杆（索）耐久性要求的差别。

1. 国内外规范耐久性规定概述

国内外规范对锚杆（索）均从防护级别、材料、结构、构造等方面提出了不同的耐久性要求。

《岩土锚杆（索）技术规程》（CECS 22：2005）基于原规范《土层锚杆设计与施工规范》（CECS 22：90）修订而成。其中，与锚杆（索）防护有关的"材料""防腐"等章节的条款得到了修改和增补。用于锚杆（索）的防腐材料宜采用专用防腐油脂，锚杆（索）各部件的防腐材料和构造，应在锚杆（索）施工和设计使用期内不发生损坏，且不影响锚杆（索）的功能。

《岩土锚杆与喷射混凝土支护工程技术规范》（GB 50086—2015）设置了专门的防腐设计章节，强调锚杆的防腐保护等级与措施应根据锚杆的设计使用年限及所处地层的腐蚀性程度确定。腐蚀环境中的永久性锚杆应采用 I 级防腐保护构造设计，非腐蚀环境中的永久性锚杆及腐蚀环境中的临时性锚杆应采用 II 级防腐保护构造设计，非腐蚀环境中的临时性锚杆可采用 III 级防腐保护构造设计。

《水电水利工程预应力锚固施工规范》（DL/T 5083—2019）指出，预应力锚索外部的封锚结构应根据长期或临时防护需要，采取混凝土结构封锚、环氧树脂砂浆封锚、金属或塑料防护罩封锚措施予以保护。

《水工预应力锚固技术规范》（SL/T 212—2020）指出，应根据工程的重要程度、被锚固区域的地下水性质、设计锚固力等因素对预应力锚索进行防化学腐蚀、防应力腐蚀、防静电腐蚀等专项防护设计。

英国标准《锚杆（索）实践准则》（Code of practice for grouted anchors）（BS 8081:2015+A2:2018）对锚杆（索）腐蚀机理和类型、地层侵蚀性的检测与确定、锚杆（索）的防护级别和方法均有明确的规定，临时锚杆（索）可无防护、有单层或双层防护，永久锚杆（索）应有单层或双层防护。

欧洲标准《特种岩土工程的实施——锚杆（索）》（Execution of special geotechnical works—ground anchors）（EN 1537：2013）包括了防腐等级及选择原则、材料及产品指标、构造设计、施工要求等内容。附录 C 中专门对临时锚杆（索）和永久锚杆（索）

的防腐系统及永久锚头的典型细节做了阐述。

欧洲标准《特种岩土工程的实施——土钉》（Execution of special geotechnical works—soil nailing）（EN 14490：2010）附录 A "土钉实践"中给出了土钉头及面层防腐实例。附录 B "土钉设计"中对土钉防腐的评价和措施给出了具体的要求。土钉中钢材组件的防腐设计应考虑到地层环境的腐蚀性、土钉类型、荷载类型（张拉或压缩）、钢材类型及设计服务年限。

美国政府技术报告《岩土工程手册 4：地层锚杆（索）和锚固体系》（Geotechnical engineering circular no.4: ground anchors and anchored systems）（FHWA-IF-99-015）第 6 章 "锚杆（索）设计中有关腐蚀和防腐的考虑"分为"简介"、"腐蚀机理和预应力锚筋的腐蚀类型"、"锚杆（索）防腐体系"、"防腐等级的选取"及"结构钢筋、水泥浆和混凝土的腐蚀"共五部分，对锚杆（索）防腐设计给出了较为详细的指导，并给出了锚杆（索）施工防腐三个等级，从最严格开始分别为 I 级防护、II 级防护、无防护。

美国政府技术报告《岩土工程手册 7：土钉墙》（Geotechnical engineering circular no.7: soil nail walls）（FHWA-IF-03-017）指出，除了水泥浆可对土钉产生物理和化学防护外，如有必要还应采用其他设备来起到进一步防护的作用。例如，由波纹管合成材料制成的护套 [高密度聚乙烯（high density polyethylene，HDPE）或聚氯乙烯（polyvinyl chloride，PVC）管] 外包在土钉表面、土钉和外护套之间用水泥浆进行填充等。

2. 国内外规范对比分析

通过广泛调研国内外锚固规范，对比分析锚杆（索）防护级别及措施、锚杆（索）生产及制造、锚索结构认识差异、锚头防护等方面可知，我国岩土锚固技术的应用与发达国家相比，在施工工艺和防腐要求方面均还存在一定的差距。

1）锚杆（索）防护级别及措施

欧洲锚杆（索）技术标准中，锚杆（索）主要按设计使用年限分为临时锚杆（索）及永久锚杆（索），分别建议了临时、单层及双层防腐做法；美国锚杆（索）技术标准中，锚杆（索）按设计使用年限、地层的侵蚀性、破坏后果的严重性及工程造价因素，分为 I 级、II 级及无防护三级防腐做法。

相较而言，美国锚杆（索）技术标准中没有双层防腐要求，I 级防腐相当于欧洲锚杆（索）技术标准中的单层防腐，II 级防腐相当于欧洲锚杆（索）技术标准中的临时防腐。欧洲锚杆（索）技术标准对锚杆（索）防腐的要求较为严格、做法较为复杂，而美国锚杆（索）技术标准相对简单，比欧洲锚杆（索）技术标准低一个级别。我国锚杆（索）规范中的有关要求更接近于美国锚杆（索）技术标准。

2）锚杆（索）生产及制造

欧美国家比较重视锚杆（索）的工厂化生产，尤其是锚杆（索）黏结段，大多采用工厂预制包封做法，相对于现场制造而言，锚杆（索）的防腐效果更好。欧洲锚杆（索）技术标准中对腐蚀防护进行试验检验的做法值得国内借鉴。

3）锚索结构认识差异

我国与欧洲发达国家对锚索结构的认识有较大差别，国外以无黏结锚索为主。早期我国绝大多数锚索均采用全长黏结结构，认为只要锚索张拉后锚固体变形基本稳定，后期变形不引起锚索水泥浆保护层的破坏，这种锚索结构的耐久性就可以保证。近年来，由于无黏结锚固技术具有能够适应岩体变形和补偿预应力等优点，全长波纹管或内锚头段波纹管防护的无黏结锚索在国内应用得越来越广泛。

4）锚头防护

国外锚索施工工艺比较完备，锚头施工质量较好。国内锚索墩头施工较粗糙，外锚头保护措施不够完善，施工质量及保护措施有待加强。

锚固结构耐久性是影响锚固工程长期安全性的重要方面，如陕西省地方标准《公路边坡锚固工程耐久性评价与维护技术规程》（DB61/T 972—2015）给出了锚固结构工程单体和整体耐久性评价等级与划分原则，但未能与锚固工程使用年限对应。

1.2　锚固技术国内外研究现状

锚固技术是一种在充分发挥围岩自身强度的基础上，利用锚杆（索）对岩土体进行加固的技术。影响锚固工程长期安全性的因素需要从多角度考虑。首先，锚固结构防腐和材料耐久性影响锚固工程长期安全性；其次，锚固结构应力应变时空演化规律是描述锚固工程服役状态的主要指标，基于边坡/地下工程锚固机理的应力应变分析是主要的理论研究途径；最后，需要定量评价锚固工程长期安全性，构建相应的评价指标体系和评价方法。为此，分别从上述几个方面对国内外研究现状进行阐述。

1.2.1　锚固材料防腐和耐久性研究

国内外学者主要从锚杆（索）腐蚀失效案例分析、腐蚀机理及长期耐久性几个方面进行了探索性研究。

黎慧珊（2017）总结到国外学者收集了世界范围内 1951～1979 年预应力锚索腐蚀损伤的 242 个实例，并对腐蚀成因进行了统计分析，发现锚杆（索）的工作环境基本涵盖了所有腐蚀诱因。1986 年国际预应力协会（Fédération Internationale de la Précontrainte，FIP）对 35 例预应力锚杆（索）断裂事故展开了关于腐蚀破坏的研究，其中，24 例属于永久加固，11 例属于临时加固，临时加固除锚固段有水泥浆包裹和自由段有隔离套之外，没有采取其他保护措施。该研究表明：①就破坏部位而言，绝大部分事故发生在锚头处或自由段内，且锚索腐蚀具有局部性，表现出与锚索类型无关的特征。②就年限而言，约一半事故发生在 2 年内，其余事故发生在 2～31 年。③锚索的短期破坏是由于在腐蚀性较强的环境中，锚索没有防护层或防护不当，锚杆（索）出现应力腐蚀裂缝，或者是由氢脆作用所致。无独有偶，美国一个由单排预应力锚索加固的挡土墙在服役 2 年后，因酸性地下水腐蚀，数根锚索先后发生断裂破坏；瑞士一座管线桥台在服役 5 年后，因地下水腐蚀内锚固段倒塌；阿尔及利亚某大坝的加固锚索有 4 束在服役 31 年后因保护层流失而失效；德国柏林议会大厦预应力混凝土屋顶倒塌的根本原因是氢的应力腐蚀；印度孟买（Mumbai）某后张法预应力桥梁破坏的主要诱因是水泥浆体中盐分含量过高；英国南威尔士（South Wales）某单跨预应力混凝土桥梁的倒塌由桥面裂缝渗入的地表水导致。虽然在我国预应力锚索使用较晚，但也有一些腐蚀破坏的实例。例如，1965 年安徽梅山水电站的监测锚索在运行 6～8 年内由于应力腐蚀发生了断裂；1999 年广州海印大桥的两束斜拉预应力锚索断裂后被证实是由车辆疲劳荷载和应力腐蚀所致。

许多学者对锚固结构的腐蚀机理进行了一系列研究。程良奎等（2008）收集并分析了国内外多项锚固工程的长期性能，总结认为锚固工程病害主要包括锚固结构安全度不足、局部锚固件失效、锚固件控制应力过大和封孔灌浆不到位等。赵健等（2005）对服役了 17 年的锚杆腐蚀数据进行分析，给出了中等腐蚀环境下锚筋的强度、直径和截面积损失。李英勇等（2008）的试验结果表明，锚杆单位长度腐蚀量随 pH 的增大以负指数形式递减；且随着时间的增长，腐蚀量以幂函数形式不断增加。郑静等（2010）分析认为，在相同腐蚀环境条件下，存在注浆空洞（或 PE 套管、波纹管破损）缺陷的锚索的腐蚀速率比钢绞线裸筋要快，比无缺陷锚索更快，并且应力腐蚀对锚索锚筋的力学性能影响较大。朱杰兵等（2017）开展了室内腐蚀环境下预应力锚筋浸泡腐蚀试验和腐蚀试样材料力学性能试验，结果表明锚筋极限伸长率、极限抗拉荷载、弹性模量等指标随环境氧含量的增大呈明显下降趋势，且在同一通氧速率下，极限伸长率损失率最大，弹性模量损失率次之，极限承载力损失率最小。

国外由于较早使用预应力锚索技术，因此对锚索耐久性问题的认识比国内要早得多，早期研究大多集中在钢筋混凝土锚固结构的耐久性问题上，而对于锚固结构，特别是钢筋锈蚀的研究主要集中在锈蚀机理、寿命预测及锈蚀后的力学性能评价等方面。Bazant（1979）基于化学反应的质量守恒定律、菲克（Fick）第一扩散定律、麦克斯韦（Maxwell）静电方程和化学反应动力学对海洋环境下的钢筋锈蚀过程进行了定量描述；Gamboa 和 Atrens（2003）研究了澳大利亚某煤矿服役多年的预应力锚杆的应力腐蚀机制和不同钢材锚杆的临界应力腐蚀值；Proverbio 和 Longo（2003）采用浸泡法研究了高强度钢在碳酸氢钠溶液中发生阳极溶解后的失效机制。国内早期关于梅山水电站的研究表明，当水泥结石的 pH 大于 12、孔隙率小于 14% 和保护层厚度为 20～25 mm 时就具有足够的抗腐蚀能力。刘宇（2003）开展了锚固材料界面黏结力学性能的腐蚀试验，钢筋的极限黏结强度随表面腐蚀程度的增大而劣化，当钢筋腐蚀率低于某阈值时，其极限黏结强度略有降低，而当钢筋腐蚀率超过该阈值后，其极限黏结强度将会快速降低，直至可以忽略不计。曾宪明等（2004）通过现场取样研究发现，优质砂浆锚杆的使用寿命为 75～169 年，施工质量不良的使用寿命为 50 年，而施工质量不良且环境恶劣时使用寿命缩短至 20～25 年。

近年来，国内外学者针对锚索腐蚀问题尝试开展了材料腐蚀机理试验研究，并初步建立了腐蚀材料的耐久性分析方法。但关于室内腐蚀试验结果与实际工程对应关系的研究成果较少。作为锚固工程安全性评价的一项重要指标，锚杆（索）的耐久性主要表现为锚杆（索）在不同工作环境中的力学稳定性与化学稳定性，通过分析锚杆（索）的环境因素、腐蚀状态、预应力变化规律、锚固结构整体变形状况、服役时间等指标来建立锚杆（索）耐久性评价体系，定量评估锚杆（索）的健康状况，预测锚杆（索）的剩余使用寿命。

从目前国内外对预应力锚索耐久性的研究现状可以看出，众学者取得了很多有益的研究成果，但目前国内外关于锚杆（索）耐久性的研究较少，对锚杆（索）腐蚀的研究主要集中在定性的影响因素及腐蚀机理上，而对耐久性评估方法及使用寿命预测问题的研究还处于起步阶段。因此，开展锚固材料腐蚀机理及长期耐久性研究是非常迫切和必要的。

1.2.2　工程岩体锚固机理研究

几十年来大量工程的建设实施，使得岩体锚固技术得到了快速发展，同时也促进了对工程岩体锚固机理的研究。

1. 边坡工程锚固机理

对于边坡岩体锚固工程来说，锚固作用机理的实质就是将预应力锚杆（索）结构与岩土体连接在一起，形成共同作用的工作体系。

学界对锚固作用机理的研究主要从锚固角、锚固长度、锚固类型、锚固荷载，以及边坡形态、岩体结构、地质条件、地层岩性等方面考虑。Hryciw（1991）分析了端部型锚杆、摩擦型锚杆入射角、长度和间距等对锚固效果的影响。王敏强等（2002）按预应力锚索工作原理建立锚索模型，研究边坡塑性应变形成过程。温进涛等（2003）通过室内试验研究了锚固角和结构面粗糙程度对锚固岩体抗剪特性的影响。熊文林等

（2005）考虑了边坡坡角和滑面倾角对预应力最优锚固角的影响。Zheng 等（2019）探讨了锚固角、锚固位置和边坡高度对顺层岩质边坡局部加固效果的影响。王清标等（2016）研究了岩土体性质对预应力锚索锚固力损失的影响，研究表明岩土体质量越好，锚固力损失越小。言志信等（2018）研究认为，随砂浆层厚度的增加，砂浆-岩体界面脱黏增长，杆体-砂浆界面脱黏减小；随锚杆横截面积的增大，锚固界面剪应力向锚头和锚固段端部转移，脱黏增长；适当增加锚固段长度和减小锚杆间距均有利于边坡稳定。刘远洋（2020）结合工程及蠕变试验得出的结果表明，预应力锚索的锚固效应对限制岩质边坡的蠕变是有利的。Bi 等（2019）提出了一种有关加筋复杂岩质边坡的稳定性评价方法，并分析了抗剪力对边坡稳定性的影响。江权等（2019）探讨了采用预应力锚索控制深部卸荷变形和利用预应力锚杆抑制边坡岩体表面松弛的加固方案。

在锚固机理研究中，锚固荷载传递机制是十分重要的研究内容，锚固工程中岩体、砂浆体和锚筋等形成一个体系，预应力锚固荷载通过锚杆传递给砂浆体和岩体，见图 1.2.1，并相应产生变形。目前主要反映边坡锚固荷载传递机制的理论计算模型有剪切滞后模型和非线性的剪切滑移模型等。剪切滞后模型最早由 Cox（1952）提出，如图 1.2.2（a）所示，因该模型过于简化，一些学者（Kim et al.，2007；Monette et al.，1993；Tsai et al.，1990）对其进行了改进，使得该模型与实际岩土工程中的锚索、锚杆的受力特点更为接近，如图 1.2.2（b）所示。基于剪切滞后模型，何思明和李新坡（2006）、袁英鸿和刘帅（2016）推导出了弹性状态下受到荷载的锚固体轴力分布函数与界面剪应力分布函数；谷拴成等（2008）提出了一种改进的剪切滞后模型，并对预应力岩石锚杆作用机理进行了分析；姚国圣等（2007）采用改进的剪切滞后模型分析了软岩隧道中锚杆与岩体之间的联合作用机理；Cai 等(2004)提出了隧道设计中注浆锚杆轴向力预测的解析模型，阐述了锚杆与软岩体的相互作用机理；Lahouar 等（2018）提出了一种适用于玻璃纤维锚杆的非线性剪切滞后模型，可以预测其在任意温度下的应力分布曲线和耐高温极限。非线性的剪切滑移模型是研究锚固体系荷载传递规律的重要手段。Chin（1970）、张季如和唐保付（2002）推导出了锚杆荷载传递的双曲函数模型；根据双曲线模型，黄明华等（2014）建立了锚杆-砂浆体界面的非线性剪切滑移模型；周世昌等（2018）、文竞舟等（2013）、周炳生等（2017）建立了多种双曲线剪切滑移模型来反映随外荷载增大，剪应力峰值向深部迁移的现象。在诸多模型中，三折线模型应用较为广泛，典型的有图 1.2.3 所示的三折线剪切滑移模型。Benmokrane 等（1995）采用经典三折线模型将锚固结构的整个拉拔过程分为弹性黏结、局部脱黏及残余摩擦三个阶段；Ren 等（2010）基于三折线模型将整个拉拔过程分为弹性、弹性软化、弹性软化脱黏、软化脱黏和脱黏五个阶段；周浩等（2016）和刘国庆等（2017）结合简化的三折线模型揭示了围岩与锚杆相互作用下锚固界面上的剪应力分布情况；Ma 等（2013）提出了一种非线性剪切滑移模型，建立了锚固段轴力和界面剪应力表

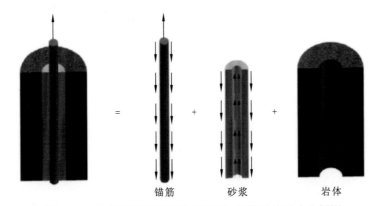

图 1.2.1　拉荷载作用下岩体-砂浆体-锚筋结构受力分析图

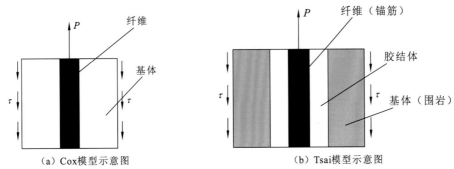

（a）Cox模型示意图　　　　　　　（b）Tsai模型示意图

图 1.2.2　剪切滞后模型示意图

P 为拉拔力；τ 为剪应力

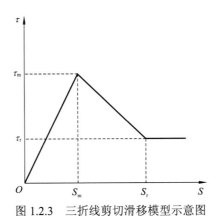

图 1.2.3　三折线剪切滑移模型示意图

τ 为剪应力；S 为界面剪切滑移值；τ_{m} 和 S_{m} 分别为峰值处的界面剪应力与剪切滑移值；

τ_{r} 和 S_{r} 分别为模型残余段起始处的界面剪应力与剪切滑移值

达式。除上述理论模型之外，杨庆等（2007）提出的局部变形理论解法，牟瑞芳等（1999）、高永涛等（2002）给出的共同变形原理解法，何思明等（2004）提出的考虑损伤理论的修正剪切滞后模型等。

2. 地下洞室锚固机理

对于地下洞室锚固机理目前尚未有统一定论（Goto，1971）。地下洞室因施工开挖，围岩压力降低，地层向开挖形成的临空面发生分离、折叠并屈曲（Aydan et al.，2018）。岩石张力较弱，这种屈曲作用可能导致地层破裂，并最终导致顶板破坏。为了防止岩层的相对移动和破裂，锚杆和锚索等钢筋束是最主要的支护手段。

Hyett等（1992）通过现场和室内试验研究认为，影响锚索承载力的因素主要有水泥砂浆特性、锚固长度和围压，并揭示了锚索破坏机理；何满潮等（2000，1993）运用工程地质学和现代大变形力学方法，提出了以转化复合型变形力学机制为核心的软岩巷道支护理论；Fuller和Cox（1995）研究了锚固力在锚索与水泥砂浆之间的传递特性；Farmer（1975）、Holmberg（1991）基于试验和力学理论建立了一个包含锚杆、注浆体、围岩体三者参数的应力分布模型；Li和Stillborg（1999）在此基础上提出了三个解析分析模型，即完全拉拔试验分析模型、均匀岩体原位分析模型、节理岩体锚杆分析模型；邓宗伟等（2007）基于统一强度理论和极限平衡原理，推导了考虑锚索破裂面形状、锚固角、注浆压力、岩体类型等因素的预应力锚索极限抗拔承载力计算公式；陈俊涛等（2008）在地下洞室预应力锚索拉拔试验中进行了张拉荷载反分析，研究了最优化的锚索初始张拉系数；于远祥等（2010）基于现场拉拔试验，分析了锚固长度、拉拔荷载及锚索体直径对预应力锚索在特定黄土地层条件下荷载传递规律的影响；董志宏等（2019）深入分析了系统锚索长期安全监测成果，研究了针对高应力区岩体的开挖卸荷稳定与锚固支护系统长期承载安全问题；张建海等（2018）依托锦屏一级水电站地下厂房，研究了高地应力地下厂房开挖过程中围岩表现出的显著时效变形特征，提出了围岩时效释放荷载计算方法，并推导了预应力锚索预紧系数计算公式；王克忠等（2019）基于原位监测和数值计算分析，研究了高边墙、大跨度地下洞室开挖过程中顶拱、边墙的变形演化过程及锚索拉力的时效特征。

经过多年的研究，国内外现有的主要锚固支护理论可以大致总结如下：①松动圈理论（董方庭，1991）。该理论认为松动圈的形成主要取决于原岩应力和强度，并认为小松动圈无须支护，随松动圈范围的增大，支护措施应逐步加强。②围岩强度强化理论（侯朝炯和勾攀峰，2000）。该理论认为通过锚杆提供的锚固力，巷道围岩各项力学性质得到加强，塑性区围岩的残余强度得到提高，加大支护密度，围岩强度相应增大。③锚固平衡拱理论（黄庆享和郑超，2016）。该理论认为锚杆轴向抗剪作用使巷道围岩形成一个锚固平衡拱，支护可以有效提高巷道围岩的残余强度与承载能力。④关键承载圈理论（康红普，2008，1997；康红普等，2007）。该理论认为任何巷道围岩内均存在着关键承载圈，承载圈内承受的应力越小，厚度越大，应力分布越均匀，巷道越容易维护；在不采取人工应力控制措施的情况下，承载圈离巷道周边越近，巷道越容易维护；关键承载圈有向厚度大、应力分布和受力均匀方向发展的趋势。此外，还有全长锚固中性点理论、锚固与围岩变形量关系理论等。

3. 锚固结构应力应变分布与演化规律

基于上述锚固荷载传递机制理论模型，采用不同的应力应变分析原理，众多学者建立了工程锚固结构应力应变分析理论解。李术才等（2006）基于等效应变能原理，运用断裂损伤力学理论建立了加锚断续节理岩体的本构模型及其损伤演化方程；尤春安（2004）基于开尔文（Kelvin）问题和明德林（Mindlin）问题的位移解，分别推导出了非全黏结和全黏结锚杆锚固段的剪应力分布特征，其结果表明两者的分布形式具有一致性；饶枭宇（2007）基于明德林问题解推导了内锚固段的注浆体与岩石黏结界面上的应力分布弹性解，并在考虑界面本构模型的基础上推导了锚索与注浆体黏结界面上的应力分布弹性解；郑小毅和武金博（2011）通过布西内斯克（Boussinesq）问题解推导出了锚索体轴力及剪应力的数值解；邓宗伟等（2011）根据剪切位移公式和明德林问题解，推导出了锚固岩体影响范围内任一点的应力分布解析解；董宏晓等（2012）推导了全长黏结锚杆锚固段受力的理论解和锚杆体轴力及界面剪应力的分布；张健超等（2012）基于开尔文模型，根据拉力型锚杆实际工作状态，推导出了拉力型锚杆锚固段轴向应力和剪应力分布的理论解；李桂臣等（2014）利用开尔文模型、布西内斯克问题解推导出了注浆前后锚固剂与孔壁之间剪应力分布的理论解析式。上述三种经典力学方法的示意图如图1.2.4所示。Liu等（2012）对比研究了在等长布置和梅花形布置两种情况下锚固岩质边坡位移与锚固力的变化；李桂臣等（2014）分析了中空注浆锚索注浆前后剪应力的分布规律；屈文瑞（2017）建立了改进后的锚杆体-砂浆界面、砂浆-岩体界面的数值模型；Wang等（2018）评价了几种常用的预应力碳纤维复合材料（carbon fiber reinforced polymer，CFRP）索锚固体系的锚固机理和性能；刘波等（2011）通过室内短锚拉拔试验和现场长锚拉拔试验研究了锚杆与砂浆界面的黏结滑移关系；沈俊等（2012）采用现场试验研究了浆体与钢绞线、浆体与岩体间的剪应力分布规律；马安锋等（2016）研究认为锚杆承受的应力与其在锚固体系中的位置直接相关；崔国建等（2018）基于直剪试验分析了锚杆体-砂浆界面的力学特性与破坏模式；何永（2018）推导了砂浆-岩体界面剪胀应力与加载速率、黏滑应力降的关系；Yao等（2019）通过拉拔试验研究了含水量对岩石-树脂界面剪切黏结强度和破坏模式的影响；Chen等（2020）探讨了层状岩体在剪应力和拉应力作用下的锚固机理；朱维申等（2002）、朱维申和李术才（2002）利用室内模型试验对锚杆加固机理进行了探讨，提出了锚杆对节理面的增韧止裂作用机制。

当前理论主要可以求解锚固应力在空间上的变化规律，而现场锚杆（索）预应力监测结果表明，锚杆（索）预应力随时间会发生变化。当前学者（张发明 等，2004）认为，预应力锚索锚固荷载的变化可以分为三个主要阶段，即快速下降阶段、波动变化阶段与稳定变化阶段；控制预应力锚索锚固长期荷载的因素主要为钢绞线松弛、岩体蠕变、温度变化等。研究表明，出现预应力损失的主要原因为钢绞线松弛、混凝土徐变和岩土体蠕变等，其中钢绞线松弛和混凝土徐变引起的锚索预应力损失量较少，岩土体蠕变导致的预应力损失较为明显（陈永春和马国强，1981）。

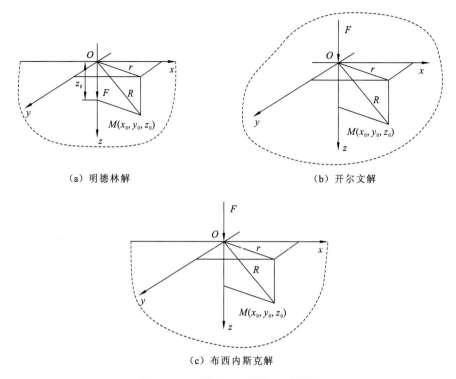

（a）明德林解 　　　　　　　　　　　（b）开尔文解

（c）布西内斯克解

图 1.2.4　三种经典力学方法示意图

F 为作用力；$M(x_0,y_0,z_0)$ 为半无限、无限体内部任意一点坐标位置；$r=\sqrt{x_0^2+y_0^2}$；$R=\sqrt{x_0^2+y_0^2+z_0^2}$

目前国内外对锚固机理和锚固结构应力分布等形成了一些共识，主要包括锚杆周界面剪应力沿锚固段长度分布不均匀、峰值随荷载增大向底端转移、黏结效应呈渐进性衰减、锚杆荷载及黏结应力分布长度有限等。

1.2.3　锚固工程长期安全性研究

岩土锚固在我国土木、水利和建筑工程中已得到广泛应用，其成效显著。岩土锚固的长期性能与安全评价是当前岩土工程界普遍关注的一个热点问题，也是影响岩土锚固工程安全性的一个关键问题。岩土锚固工程的长期性能是岩土锚杆（索）及被锚固的结构物在经历较长时间（一般在 2 年以上）后，在不同工作环境条件下工程稳定性的客观真实反映，它直接关系着岩土锚固工程的安全状态。检验岩土锚固工程长期性能的指标一般应包括锚杆锁定荷载（初始预应力）变化量、锚杆现有承载力的降低率、被锚固地层与结构物的变形及锚杆的腐蚀损伤程度（程良奎 等，2008）。

程良奎等（2008）认为，岩土锚固工程的危险源辨别、长期性能的检测和监测、危险度评价及锚固工程病害处治是岩土锚固长期安全性评价系统中不可分割的重要环节。夏鹏（2022）将涉及边坡几何条件、水文气象条件、偶然因素、岩体条件和锚固结构参数五个方面的 24 个指标作为岩体边坡锚固结构长期安全性评价指标,构建了岩体边坡锚固结构长期安全性评价指标体系。俞强山(2019)研究了运营期边坡锚固工程的病害模式、影响因素及破坏机理,特别对锚固结构预应力损失规律进行了深入研究,运用模糊层次分析法建立了锚固结构安全性评价的理论模型,研究了不同张拉方式对锚固工程长期性能的影响。王建松等(2010)从锚固工程质量和长期性能安全检测新技术角度,介绍了福建高速公路在锚固工程质量控制和安全检测方面所做的工作与经验。

一般而言,锚固失效主要有下列形式:黏结失效、锚筋断裂失效、预应力松弛失效及锚具失效。对于岩土锚固失效模式及影响因素,近年来国内不少学者开展了广泛的调查研究。何思明等(2004)通过研究认为,预应力锚索内锚固段只能沿最薄弱环节破坏,其对应的抗拔荷载才是预应力锚索的极限抗拔承载力,且最有可能的薄弱位置包括灌浆材料与锚束体(钢绞线)的接触面、灌浆材料与周围岩体的接触面、灌浆材料内部、围岩体内部及锚束体(钢绞线)本身 5 处;杨松林等(2001)通过对三峡水电站灌浆锚杆的现场试验研究和理论分析指出,灌浆锚杆可能的破坏形式有钢筋破坏、岩体破坏、钢筋与砂浆接触面破坏和岩石与砂浆接触面破坏四种;张发明等(2002)根据岩质边坡锚固成功和失败的典型实例,得到最有可能的失效模式包含锚索内锚固段沿孔壁拔出、钢绞线从注浆体中拔出、群锚失效及钢绞线断裂这四种。在地下锚固工程方面,高勤福和马道局(2001)对煤矿被动锚失效现象进行了分析总结,归纳得出了五种失锚现象,即约 2%的杆体断裂失锚、5%~6%的托板失效失锚、约 15%的螺母失效失锚、约 48%的黏结锚固段失效失锚、29%~30%的锚杆锚空失锚;官山月和马念杰(1997)采用室内试验和现场测试相结合的手段,研究总结出了围岩岩体中树脂锚杆锚固失效的四种形式,即锚固卷沿钻孔孔壁滑动、钻孔孔壁岩体被剪切破坏、锚杆从锚固卷中拉出、锚杆附近的锚固剂被剪切破坏;刘金海(2015)采用现场调研、理论分析等方法,对深埋巷道锚杆坡段的失效模式进行了总结,主要失效形式有剪断失效、脆断失效、折断失效、崩盘失效和松脱失效。

锚索有效预应力的大小是影响锚索加固工程有效性的重要因素,然而在工程施工期及运行期,锚索预应力会不可避免地出现损失,若预应力小于设计值一定水平,将导致其锚固功能的失效,因此深入研究锚固体系预应力的变化规律及其影响因素是研究锚固工程长期安全性的重要内容之一。大多研究者根据实际锚固工程的监测数据对锚索预应力损失阶段进行了划分,探究了预应力损失实测规律,较理论假设分析更具有说服力。张川龙等(2021)将实测的锚固后的预应力损失用松弛损失、收缩徐变损失及温度变化损失来表示,提出了一种预应力长期损失预测模型。方志森等(2012)通过室内锚杆拉拔试验,对锚杆应力变化与位移的对应关系及锚杆应力的长期变化进行了总结。在边坡锚固工程方面,张发明等(2004)基于对大量现场长期监测资料的统计分析,提出了预应力锚索长期荷载的变化规律及预测模型,其研究表明预应力锚索锚固荷载的变化分为快速下降阶段、波动变化阶段与稳定变化阶段,并将其应用于小浪底水电站进水口高边坡加固锚索的荷载变化规律分析,证明了所提方法的适用性;李英勇等(2008)在综合分析锚索预应力阶段变化特点的基础上,将影响锚索预应力变化的因素归结为可补救、长期作用和周期波动三类,并根据预应力锚索施工过程,将锚索预应力损失分为张拉损失、锁定损失和随时间的损失;宋修广等(2005)对山东某高速公路边坡的预应力锚索进行了预应力监测,锚索的预应力变化曲线总体呈下降趋势,预应力损失及波动主要受到锚夹具、岩体性质(软岩)、外界因素(工程施工、爆破)等的影响;夏雄和周德培(2006)对京珠高速公路工程5束锚索的预应力进行了监测,发现预应力随时间的衰减过程可以分为三个阶段,即降低阶段、调整阶段及相对稳定阶段,其中降低阶段一般在张拉锁定后30天内,调整阶段一般在张拉锁定后180天内,相对稳定阶段一般在张拉锁定180天以后;张思峰等(2011)对边坡预应力锚索进行了长期监测,发现预应力波动呈现出"平稳衰减并叠加波动"的特征。在地下锚固工程方面,李超(2011)通过对地下主厂房顶拱和边墙预应力锚索预应力的监测分析发现,绝大部分锚索锁定后预应力的变化分为三个阶段,即锚索锁定后预应力快速损失阶段、预应力波动下降阶段及预应力稳定阶段;顾欣等(2007)采用室内物理相似模拟试验研究了洞室锚索预拉力的变化特征,在洞室开挖过程中锚索预拉力普遍减小,主要由开挖引起的螺母或锚索垫震动引起,洞室超载时锚索预拉力普遍增大,预应力变化较大的部位与侧压系数有关,预拉力的初始值越大,预拉力波动变化量越小,自由式锚索预拉力的变化幅度比全长黏结式锚索小;董志宏等(2019)基于锚索长期监测数据研究了锦屏一级水电站地下厂房系统锚索开挖期和开挖完成后5年的受力特征、时空变化规律,结果表明该地下洞室大部分深层锚索超过了设计锁定值,锚索系统负载高,持续增长时间长,开挖全部完成后2年才逐步趋于收敛,2~5年基本稳定。

目前锚固系统长期运行的安全性评价研究工作尚处于起步阶段,没有得到一致认可的锚固系统长期安全性评价方法,难以为飞速发展的预应力技术提供重要支撑,需要开展锚固系统长期耐久性和安全性评价指标、标准及方法研究。目前,国内外关于锚固系统长期有效运行及安全,主要通过失效锚索案例分析、室内模拟环境腐蚀试验研究锚固材料的耐久性,还未建立起锚固系统的耐久性评价指标和评价标准;现有的研究和设计中很少考虑锚固应力与岩体变形之间的耦合作用,缺少锚固系统长期安全性评价方法。

综合国内外文献可知,无论是学术界还是工程界,当前对锚固工程长期安全性的考虑均严重不足,缺乏开展锚固工程长期安全性评价的指导原则、方法或系统性技术路线等,亟须构建有效的锚固工程长期安全性评价方法。

1.3 存在的关键问题

根据工程调研、国内外规范对比和文献查阅等手段，可将当前锚固工程面临的关键问题归纳总结为如下几点。

（1）锚固机理有待深入揭示。锚固技术得以在边坡工程和地下洞室工程中推广应用首先需要解决锚固机理问题，包括锚固结构对岩土体的加固作用和单根锚筋本身的受力问题。尽管国内外学者和工程师提出了各种锚固机理，但理论分析结果与锚固工程监测和检测所反映的实际情况还是存在一定的差异，同时，也基本未有效反映锚固预应力随时间的变化规律。目前国内外所执行的技术标准往往是以一定理论为基础的，以多方面考虑安全系数的经验法为主，设计和施工中存在一定的盲目性。边坡锚固理论概化模型较为简单，未考虑边坡工程运行状况与锚固预应力的协同演化；地下洞室锚固技术研究以简单理论推导和数值模拟相结合为主，地下洞室围岩变形及其对锚固结构应力的影响均有待深入研究。

（2）锚固材料防腐特性和防护结构亟须研发。工程中已大量使用了压力集中型、拉力集中型、压力分散型和拉力分散型锚索等多种形式的锚固结构，锚固材料方面也有新的发展，未来在新型锚固结构和材料方面还会继续创新，需同步发展相应锚固理论。同时，防腐结构设计是锚固工程必不可少的环节，腐蚀作用是影响支护结构耐久性最主要的因素之一，如何定量评价锚固结构腐蚀程度，提出锚固结构使用寿命的量化方法，是工程界当前面临的难题。

（3）锚固工程质量和运行状态评价方法亟待完善。锚固工程质量和运行状态是直接影响锚固结构完整性与长期有效性的关键环节。由于锚固工程属于隐蔽性工程，难以准确评价工程质量和运行状态的好坏，而合理评价锚固工程当前运行状态，可为锚固工程长期安全性评价提供重要依据。

（4）监测与大数据挖掘反馈技术有待研发。一方面，监测技术可以确定岩土工程"黑箱"或"灰箱"的内部状况；另一方面，监测技术可以为预测后续发展趋势提供重要数据。目前，尽管监测技术在不断发展，但锚固工程以表观位移、外锚头荷载、温度、湿度等的监测为主，少量开展了内部应力应变监测，总体而言，内部监测技术尚显不足，其往往仅进行纯粹的数据分析而没有很好地考虑工程特点，反馈作用和指导作用有一定的局限性。

（5）锚固工程长期安全性评价理论与方法亟须创新。锚固工程技术已相当成熟，在大量边坡和地下洞室中都得到了广泛利用，但由于其在多年的运营过程中受到了气候环境及人类活动的影响，锚固结构的工作性状会产生不同程度的变化，如何客观、准确地评价运营期锚固结构的工作性状和长期安全性，并对其进行科学有效的补强加固，已显得十分迫切和必要。

1.4 本书主要内容

通过腐蚀试验、物理模型试验、理论分析、数理统计和数值模拟等方法，开展锚固结构体系耐久性评价，锚固系统长期安全性评价指标、标准、方法，典型工程锚固系统长期安全性评价研究，形成锚固系统长期安全性评价体系。

本书的主要内容如下：

（1）典型水利水电锚固工程运行状态。通过查阅国内外文献、相关技术规范等资料，总结分析锚杆（索）发展应用历程、研究应用现状及存在的问题；通过调研长江流域不同年代典型水利水电工程高边坡、地下工程中锚杆（索）的运行情况，收集、分析工程资料和监测数据，总结锚杆（索）运行状态及存在的问题。通过文献检索、资料收集、工程调研等方法，开展锚杆（索）发展应用研究、锚杆（索）工程运行状态分析，形成锚固工程运行现状及问题分析研究成果。

（2）锚固材料特性及耐久性。结合水电工程锚杆（索）腐蚀现状调研和检测，通过锚固材料室内腐蚀试验及理论分析，揭示复杂环境下锚固线材、水泥砂浆包裹体、防护套等材料的腐蚀机理及演化规律，提出锚固材料耐久性评价模型，为我国水利水电工程锚固系统的长期安全性评价提供技术支撑。通过长期室内试验、现场试验、检测等方法，开展锚杆（索）及胶凝材料特性、不同环境条件下锚杆（索）材料腐蚀、锚固材料耐久性评价模型研究，形成锚固材料特性及耐久性研究成果。

（3）岩体-锚固结构协同作用机理。综合运用锚固工程现场监测、室内物理模型试验、数值仿真试验和理论分析方法等，研究工程岩体损伤规律；揭示岩体-锚固结构协同作用机理，分析边坡/地下洞室锚固工程荷载随时间的演化规律，建立边坡/地下洞室锚固结构应力分析模型，提出锚固结构应力空间分析方法。

（4）新型锚固结构和防护技术。根据长期运行条件下锚固体系性能演化规律与特征，以提高锚固系统长期耐久性、有效控制岩土体变形和全面监测锚固系统运行健康性态为目标，研发新型的预应力锚固结构体系及新型锚索体系长期运行监测技术，形成结构防腐、应力可测的预应力锚固结构体系，改善和提升岩土工程预应力锚固系统长期运行的安全性能。开展新型锚固结构和防护技术、锚索长期运行监测新技术的研发，形成结构防腐、应力可测的锚固工程防控新技术研究成果。

（5）水电工程锚固系统长期安全性评价方法。综合前述研究成果，结合现场实地调查、现场监测、数值仿真试验和理论分析方法等，确定影响锚固系统长期安全性的关键指标，划分等级，提出相应阈值标准，建立锚固系统长期安全性评价方法，并针对国内部分典型工程案例，进行长期安全性评价。

参 考 文 献

崔国建, 张传庆, 刘立鹏, 等, 2018. 锚杆杆体-砂浆界面力学特性的剪切速率效应研究[J]. 岩土力学, 39(S1): 275-281.

陈俊涛, 刘钢, 肖明, 2008. 地下洞室预应力锚索合理张拉吨位快速反分析[J]. 岩石力学与工程学报, 27(S2): 3919-3927.

陈永春, 马国强, 1981. 考虑混凝土收缩徐变和钢筋松弛相互影响的预应力损失的计算[J]. 建筑结构学报, 2(6): 31-46.

程良奎, 2001. 岩土锚固的现状与发展[J]. 土木工程学报(3): 7-12, 34.

程良奎, 韩军, 张培文, 2008. 岩土锚固工程的长期性能与安全评价[J]. 岩石力学与工程学报, 27(5): 865-872.

邓宗伟, 冷伍明, 李志勇, 等, 2007. 基于统一强度准则的预应力锚索极限承载力计算[J]. 岩石力学与工程学报, 26(6): 1138-1144.

邓宗伟, 冷伍明, 邹金锋, 等, 2011. 预应力锚索荷载传递与锚固效应计算[J]. 中南大学学报(自然科学版), 42(2): 501-507.

董方庭, 1991. 软岩巷道支护基础理论的研究[J]. 建井技术(Z1): 40-44, 95.

董宏晓, 范俊奇, 李燃, 等, 2012. 基于 Mindlin 位移解的全长粘结锚杆锚固段剪应力分析[J]. 防护工程, 34(6): 29-33.

董志宏, 丁秀丽, 黄书岭, 等, 2019. 高地应力区大型洞室锚索时效受力特征及长期承载风险分析[J]. 岩土力学, 40(1): 351-362.

方志森, 詹斑, 赵祥, 2012. 滑坡锚杆锚固力时间效应试验研究[J]. 中国地质灾害与防治学报, 23(1): 103-106.

高勤福, 马道局, 2001. 锚杆失锚现象分析与防治措施[J]. 煤矿开采(4): 76-79.

高永涛, 吴顺川, 孙金海, 2002. 预应力锚杆锚固段应力分布规律及应用[J]. 工程科学学报, 24(4): 387-390.

谷拴成, 邵红旗, 张礼魁, 2008. 锚杆与围岩相互作用机理分析[J]. 矿业工程, 6(6): 7-10.

顾欣, 夏元友, 陈安敏, 2007. 在开挖与超载过程中锚固洞室锚索预应力变化特征[J]. 岩石力学与工程学报, 26(S2): 4238-4244.

官山月, 马念杰, 1997. 树脂锚杆锚固失效的力学分析[J]. 矿山压力与顶板管理(Z1): 204-206.

何永, 2018. 不同加载速率下锚固体系中砂浆岩石界面力学性能研究[D]. 大连: 大连交通大学.

何满潮, 邹正盛, 邹友峰, 1993. 软岩巷道工程概论[M]. 北京: 中国矿业大学出版社.

何满潮, 景海河, 孙晓明, 2000. 软岩工程地质力学研究进展[J]. 工程地质学报, 8(1): 46-62.

何思明, 李新坡, 2006. 预应力锚杆作用机制研究[J]. 岩石力学与工程学报, 25(9): 1876-1880.

何思明, 张小刚, 王成华, 2004. 基于修正剪切滞模型的预应力锚索作用机理研究[J]. 岩石力学与工程学报, 23(15): 2562-2567.

侯朝炯, 勾攀峰, 2000. 巷道锚杆支护围岩强度强化机理研究[J]. 岩石力学与工程学报, 19(3): 342-345.

黄明华, 周智, 欧进萍, 2014. 拉力型锚杆锚固段拉拔受力的非线性全历程分析[J]. 岩石力学与工程学报, 33(11): 2190-2199.

黄庆享, 郑超, 2016. 巷道支护的自稳平衡圈理论[J]. 岩土力学, 37(5): 1231-1236.

江权, 冯夏庭, 李邵军, 等, 2019. 高应力下大型硬岩地下洞室群稳定性设计优化的裂化-抑制法及其应用[J]. 岩石力学与工程学报, 38(6): 1081-1101.

康红普, 1997. 巷道围岩的关键圈理论[J]. 力学与实践(1): 35-37.

康红普, 2008. 深部煤巷锚杆支护技术的研究与实践[J]. 煤矿开采(1): 1-5.

康红普, 姜铁明, 高富强, 2007. 预应力在锚杆支护中的作用[J]. 煤炭学报, 32(7): 680-685.

黎慧珊, 2017. 预应力锚索腐蚀规律及耐久性研究[D]. 邯郸: 河北工程大学.

李超, 2011. 向家坝水电站地下主厂房锚索预应力监测分析[J]. 水电能源科学, 29(1): 93-96, 108.

李桂臣, 孙辉, 张农, 等, 2014. 中空注浆锚索周边剪应力分布规律研究[J]. 岩石力学与工程学报, 33(S2): 3856-3864.

李术才, 王刚, 王书刚, 等, 2006. 加锚断续节理岩体断裂损伤模型在硐室开挖与支护中的应用[J]. 岩石力学与工程学报, 25(8): 1582-1590.

李英勇, 王梦恕, 张顶立, 等, 2008. 锚索预应力变化影响因素及模型研究[J]. 岩石力学与工程学报, 27(S1): 3140-3146.

刘波, 李东阳, 段艳芳, 等, 2011. 锚杆-砂浆界面黏结滑移关系的试验研究与破坏过程解析[J]. 岩石力学与工程学报, 30(S1): 2790-2797.

刘国庆, 肖明, 周浩, 2017. 地下洞室预应力锚索锚固机制及受力特性分析[J]. 岩土力学(S1): 439-446.

刘金海, 2015. 深埋巷道锚杆破断失效机理[J]. 湖南科技大学学报(自然科学版), 2(30): 8-13.

刘宁, 高大水, 戴润泉, 等, 2002. 岩土预应力锚固技术应用及研究[M]. 武汉: 湖北科学技术出版社.

刘宇, 2003. 锈蚀钢筋混凝土柱抗爆性能研究[D]. 广州: 广州大学.

刘远洋, 2020. 既有锚索边坡的预应力损失规律及对长期稳定性的影响[D]. 淮南: 安徽理工大学.

马安锋, 程辉, 许锐, 等, 2016. 锚固体系中全长粘结型锚杆应力分布研究[J]. 路基工程(3): 93-98.

牟瑞芳, 王建宇, 张武国, 1999. 按共同变形原理计算地锚锚固段粘结力分布[J]. 路基工程(2): 31-34.

屈文瑞, 2017. 地震作用下含软弱层岩质边坡锚固界面剪切作用数值模拟[D]. 兰州: 兰州大学.

饶枭宇, 2007. 预应力岩锚内锚固段锚固性能及荷载传递机理研究[D]. 重庆: 重庆大学.

沈俊, 顾金才, 张向阳, 等, 2012. 拉力型和压力型自由式锚索现场拉拔试验研究[J]. 岩石力学与工程学报, 31(A01): 3291-3297.

宋修广, 张思峰, 李英勇, 2005. 路堑高边坡动态监测与分析[J]. 岩土力学, 26(7): 1153-1156.

王建松, 朱本珍, 刘庆元, 等, 2010. 锚固工程质量及长期安全检测新技术在公路建设中的应用[J]. 公路交通科技(应用技术版)(3): 63-66.

王建松, 俞强山, 刘庆元, 等, 2019. 预应力锚索张拉方式对预应力损失影响探究[J]. 公路交通科技, 36(9): 37-42.

王克忠, 李仲奎, 王玉培, 等, 2013. 大型地下洞室断层破碎带变形特征及强柔性支护机制研究[J]. 岩石力学与工程学报, 32(12): 2455-2462.

王克忠, 金志豪, 麻超, 2019. 深部地下泵站厂房锚固岩体时效变形特征与加固效应[J]. 岩石力学与工程学报, 38(11): 2263-2271.

王敏强, 刘晓刚, 艾建申, 2002. 某厂房边坡施工过程仿真及稳定分析[J]. 岩石力学与工程学报(S2): 2506-2510.

王清标, 王以功, 孙彦庆, 等, 2016. 不同岩性条件下预应力锚索锚固力损失规律研究[J]. 预应力技术, 20(5): 849-854.

温进涛, 朱维申, 李术才, 2003. 锚索对结构面的锚固抗剪效应研究[J]. 岩石力学与工程学报, 22(10): 1699-1703.

文竞舟, 张永兴, 王成, 2013. 隧道围岩全长黏结式锚杆界面力学模型研究[J]. 岩土力学, 34(6): 1645-1651, 1686.

夏鹏, 2022. 岩体边坡锚固结构体系长期安全性评价方法研究[D]. 武汉: 中国地质大学(武汉).

夏雄, 周德培, 2006. 预应力锚索框架型地梁在边坡加固中的应用[J]. 路基工程 (2): 68-70.

熊文林, 何则干, 陈胜宏, 2005. 边坡加固中预应力锚索方向角的优化设计[J]. 岩石力学与工程学报, 24(13): 2260-2265.

徐年丰, 陈胜宏, 2001. 我国岩土预应力锚索加固技术的发展与存在的问题[J]. 水利水电快报 (10): 20-23.

言志信, 屈文瑞, 龙哲, 等, 2018. 地震作用下锚固参数对岩体边坡锚固界面剪应力分布影响分析[J]. 岩土工程学报, 40(11): 2110-2119.

杨庆, 朱训国, 栾茂田, 2007. 全长注浆岩石锚杆双曲线模型的建立及锚固效应的参数分析[J]. 岩石力学与工程学报, 26(4): 692-698.

杨松林, 荣冠, 朱焕春, 2001. 混凝土中锚杆荷载传递机理的理论分析和现场实验[J]. 岩土力学, 22(1): 71-74.

姚国圣, 李镜培, 谷拴成, 2007. 软岩隧道中锚杆与岩体的相互作用模型研究[J]. 地下空间与工程学报, 3(7): 1216-1219.

尤春安, 2004. 锚固系统应力传递机理理论及应用研究[D]. 青岛: 山东科技大学.

于远祥, 谷拴成, 吴璋, 等, 2010. 黄土地层下预应力锚索荷载传递规律的试验研究[J]. 岩石力学与工程学报, 29(12): 2573-2580.

俞强山, 2019. 运营期边坡锚固工程性状评价及补强加固方法研究[D]. 北京: 中国铁道科学研究院.

袁英鸿, 刘帅, 2016. 基于剪滞模型的锚杆锚固力学分析[J]. 煤炭技术, 35(11): 73-75.

曾宪明, 陈肇元, 王靖涛, 等, 2004. 锚固类结构安全性与耐久性问题探讨[J]. 岩石力学与工程学报, 23(13): 2235-2242.

张川龙, 谢发祥, 张峰, 等, 2021. 基于实测的锚下有效预应力时变效应模型研究[J]. 武汉理工大学学报(交通科学与工程版), 45(5): 982-988.

张发明, 刘宁, 赵维炳, 等, 2002. 岩质边坡预应力锚索加固的优化设计方法[J]. 岩土力学, 23(2): 187-190.

张发明, 赵维炳, 刘宁, 等, 2004. 预应力锚索锚固荷载的变化规律及预测模型[J]. 岩石力学与工程学报, 23(1): 39-43.

张季如, 唐保付, 2002. 锚杆荷载传递机理分析的双曲函数模型[J]. 岩土工程学报, 24(2): 188-192.

张健超, 贺建清, 蒋鑫, 2012. 基于 Kelvin 解的拉力型锚杆锚固段的受力分析[J]. 矿冶工程, 32(4): 16-19.

张建海, 王仁坤, 周钟, 等, 2018. 高地应力地下厂房预应力锚索预紧系数[J]. 岩土力学, 39(3): 1002-1008.

张思峰, 宋修广, 李艳梅, 等, 2011. 边坡预应力单锚索耐久性分析及其失效特性研究[J]. 公路交通科技, 28(9): 22-29.

赵健, 冀文政, 张文巾, 等, 2005. 现场早期砂浆锚杆腐蚀现状的取样研究[J]. 地下空间与工程学报, 1(7): 1157-1162.

郑静, 曾辉辉, 朱本珍, 2010. 腐蚀对锚索力学性能影响的试验研究[J]. 岩石力学与工程学报, 29(12): 2469-2474.

郑小毅, 武金博, 2011. 基于 Boussinesq 问题解的锚索受力分析[J]. 武汉理工大学学报(交通科学与工程版), 35(3): 637-640, 644.

周炳生, 王保田, 梁传扬, 等, 2017. 全长黏结式锚杆锚固段荷载传递特性研究[J]. 岩石力学与工程学报, 36(A02): 3774-3780.

周浩, 肖明, 陈俊涛, 2016. 大型地下洞室全长黏结式岩石锚杆锚固机制研究及锚固效应分析[J]. 岩土力学, 37(5): 1503-1511.

周世昌, 朱万成, 于水生, 2018. 基于双指数剪切滑移模型的全长锚固锚杆荷载传递机制分析[J]. 岩石力学与工程学报, 37(A02): 3817-3825.

朱杰兵, 李聪, 刘智俊, 等, 2017. 腐蚀环境下预应力锚筋损伤试验研究[J]. 岩石力学与工程学报, 36(7): 1579-1587.

朱维申, 李术才, 2002. 弹塑性损伤岩锚支护模型和地下洞群稳定性分析及施工顺序优化[C]//中国岩石力学与工程学会. 新世纪岩石力学与工程的开拓和发展——中国岩石力学与工程学会第六次学术大会论文集. 武汉: 中国科学院武汉分院岩土力学研究所: 36-39.

朱维申, 李术才, 陈卫忠, 2002. 节理岩体破坏机理和锚固效应及工程应用[M]. 北京: 科学出版社.

AYDAN Ö, TAKAHASHI Y, IWATA N, et al., 2018. Dynamic response and stability of un-reinforced and reinforced rock slopes against planar sliding subjected to ground shaking[J]. Journal of earthquake and tsunami, 12(4): 1841001.

BAZANT Z P, 1979. Physical model for steel corrosion in concrete sea structures-theory[J]. Journal of the structural division, 105(6): 1137-1153.

BENMOKRANE B, CHENNOUF A, MITRI H S, 1995. Laboratory evaluation of cement-based grouts and grouted rock anchors[J]. International journal of rock mechanics and mining sciences & geomechanics abstracts, 32(7): 633-642.

BI J F, LUO X Q, ZHANG H T, et al., 2019. Stability analysis of complex rock slopes reinforced with prestressed anchor cables and anti-shear cavities[J]. Bulletin of engineering geology and the environment, 78(3): 2027-2039.

CAI Y, ESAKI T, JIANG Y J, 2004. A rock bolt and rock mass interaction model[J]. International journal of rock mechanics and mining sciences, 41(7): 1055-1067.

CAO C, NEMCIK J, AZIZ N, et al., 2013. Analytical study of steel bolt profile and its influence on bolt load transfer[J]. International journal of rock mechanics and mining sciences, 60: 188-195.

CHEN Y L, TENG J Y, SADIQ R A B , et al., 2020. Experimental study of bolt-anchoring mechanism for bedded rock mass[J]. International journal of geomechanics, 20(4): 04020019.

CHIN F K, 1970. Estimation of the ultimate load of piles from tests not carried to failure[C]//Proceedings of the 2nd Southeast Asian Conference on Soil Engineering. Singapo: SEACCE: 81-90.

COX H L, 1952. The elasticity and strength of paper and other fibrous materials[J]. British journal of applied physics, 3(3): 72-79.

FARMER I W, 1975. Stress distribution along a resin grouted rock anchor[J]. International journal of rock mechanics and mining sciences & geomechanics abstracts, 12(11): 347-351.

FULLER P G, COX R H T, 1995. Mechanics load transfer from steel tendons of cement based grouted[C]//Fifth Australasian Conference on the Mechanics of Structures and Materials. Melbourne: Australasian Institute of Mining and Metallurgy.

GAMBOA E, ATRENS A, 2003. Environmental influence on the stress corrosion cracking of rock bolts[J]. Engineering failure analysis, 10(5): 521-558.

GOTO Y, 1971. Cracks formed in concrete around deformed tension bars[J]. Journal proceedings, 68(4): 244-251.

HOLMBERG M, 1991. The mechanical behaviour of untensioned grouted rock bolts[D]. Stockholm: Royal Institute of Technology.

HRYCIW R D, 1991. Anchor design for slope stabilization by surface loading[J]. Journal of geotechnical engineering, 117(8): 1260-1274.

HYETT A J, BAWDEN W F , REICHERT R D, 1992. The effect of rock mass confinement on the bond strength of fully grouted cable bolts[J]. International journal of rock mechanics and mining sciences & geomechanics abstracts, 29(5): 503-524.

KIM N, PARK J, KIM S, 2007. Numerical simulation of ground anchors[J]. Computers and geotechnics, 34(6): 498-507.

LAHOUAR M A, PINOTEAU N, CARON J F, et al., 2018. A nonlinear shear-lag model applied to chemical anchors subjected to a temperature distribution[J]. International journal of adhesion and adhesives, 84: 438-450.

LI C, STILLBORG B, 1999. Analytical models for rock bolts[J]. International journal of rock mechanics and mining sciences, 36(8): 1013-1029.

LIU X M, CHEN C X, ZHENG Y, 2012. Optimum arrangement of prestressed cables in rock anchorage[J]. Procedia earth and planetary science, 5(8): 76-82.

MA S, NEMCIK J, AZIZ N, 2013. An analytical model of fully grouted rock bolts subjected to tensile load[J]. Construction and building materials, 49: 519-526.

MONETTE L, ANDERSON M P, GREST G S, 1993. The meaning of the critical length concept in composites: Study of matrix viscosity and strain rate on the average fiber fragmentation length in short‐fiber polymer composites[J]. Polymer composites, 14(2): 101-115.

PROVERBIO E, LONGO P, 2003. Failure mechanisms of high strength steels in bicarbonate solutions under anodic polarization[J]. Corrosion science, 45(9): 2017-2030.

REN F F, YANG Z J, CHEN J F, et al., 2010. An analytical analysis of the full-range behaviour of grouted rockbolts based on a tri-linear bond-slip model[J]. Construction and building materials, 24(3): 361-370.

TSAI H C , AROCHO A M , GAUSE L W, 1990. Prediction of fiber-matrix interphase properties and their influence on interface stress, displacement and fracture toughness of composite material[J]. Materials science and engineering: A, 126(112): 295-304.

WANG L C, ZHANG J Y, XU J , et al., 2018. Anchorage systems of CFRP cables in cable structures: A review[J]. Construction and building materials, 160: 82-99.

YAO Q L, TANG C J, ZHU L, et al., 2019. Study on the weakening mechanism of anchorage interface under the action of water[J]. Engineering failure analysis, 104: 727-739.

ZHENG Y, CHEN C X, LIU T T, et al., 2019. Stability analysis of anti-dip bedding rock slopes locally reinforced by rock bolts[J]. Engineering geology, 251: 228-240.

第2章

典型水利水电锚固工程
运行状态分析

　　随着我国西部大开发、能源强国等战略的推进，西南地区水电基地建设日益加快，高山峡谷地形下高边坡和引水发电系统地下洞室群等工程建设需要借由大量的锚杆（索）加固支护。我国许多大型水利水电工程的锚固系统已运行多年，如三峡永久船闸边坡等工程的锚固系统已运行约 20 年，亟须查清大型水利水电工程锚固系统的运行状况及其影响因素，以期为后续工程建设提供研究基础。为此，作者团队设立了"锚固系统长期有效运行及安全研究"科研项目，调研了长江流域典型水利水电锚固工程，并在某水电站的边坡开挖了一束锚索。本章主要介绍典型水利水电工程的锚杆（索）应用情况和运行状况，并研究其可能的影响因素。

2.1　典型水利水电锚固工程概述

2.1.1　总体情况

20 世纪 90 年代以来，我国大型水利水电工程建设大量使用锚杆（索）支护，并朝着大规模、高吨位的趋势迅猛发展（图 2.1.1、图 2.1.2）。许多水利水电工程的主体工程均大量应用锚固支护技术，而且投运时间从 20 世纪 90 年代到 21 世纪 20 年代初不等，其主要锚固工程量如下。

（a）某船闸边坡锚固工程　　　　　　　　（b）某水电站坝肩边坡锚固工程

图 2.1.1　典型边坡锚固工程

图 2.1.2　某水电站地下洞室锚固工程

三峡永久船闸高边坡使用锚索约 4 000 束，锚杆约 13.50 万根；水布垭水电站主体工程使用锚索约 2 000 束，锚杆约 14 万根；隔河岩水电站主体工程使用锚索约 2 000束，锚杆约 9 万根；向家坝水电站主体工程使用锚索约 1 万束，锚杆约 155 万根；溪洛渡水电站主体工程使用锚索约 1 万束，锚杆约 109 万根；白鹤滩水电站主体工程使用锚索约 3.6 万束，锚杆约 380 万根；乌东德水电站主体工程使用锚索约 2.4 万束，锚杆约 178 万根。

调研的几座典型水利水电工程均位于长江流域，雨量丰沛，大部分地区年降水量在 800～1 600 mm，地下水主要接受大气降水补给，边坡锚杆（索）浅表层存在干湿循环环境。年气温主要分布在 -3～42 ℃，平均气温为 14.2～21.9 ℃。

几座典型水利水电工程的岩性以花岗岩、砂岩、灰岩和玄武岩为主，岩体渗透性微弱。地下水总体呈弱碱性，pH 为 7～10，地下水中含有一定浓度的 HCO_3^-、SO_4^{2-}、Cl^- 等化学离子，总体对混凝土和钢筋无腐蚀性，局部裂隙水呈微腐蚀性。

2.1.2　锚固系统类型

水利水电工程应用的锚索从布置形式上分主要有端头锚索和对穿锚索两类，其中端头锚索从受力形式上又可分为拉力型、拉力分散型、压力型和压力分散型等，根据钢绞线自由段与胶结材料之间能否发生相对滑动又可分为有黏结和无黏结两类。我国在 21 世纪之前锚索以拉力型为主，近年来压力分散型锚索的应用逐渐增多。

调研的长江流域上的几座水利水电工程的边坡使用的锚索类型主要为无黏结拉力型端头锚索、有黏结拉力型端头锚索，少数为有黏结压力分散型端头锚索、有黏结拉力型对穿锚索或无黏结拉力型对穿锚索，锚索设计荷载为 750～4 000kN；地下洞室使用的锚索类型主要为无黏结拉力型端头锚索、无黏结拉力型对穿锚索、有黏结拉力型端头锚索，少数为无黏结拉力分散型端头锚索或无黏结压力分散型端头锚索，锚索设计荷载为 1 000～3 000 kN。几种主要锚索类型的结构示意图见图 2.1.3～图 2.1.5。锚杆以普通砂浆锚杆为主，局部采用了高强锚杆和预应力锚杆。

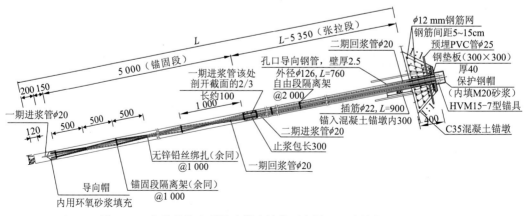

图 2.1.3　有黏结拉力型端头锚索结构示意图（尺寸单位：mm）

L 为长度；@为间距；ϕ 为直径；M20 为砂浆等级；HVM 为锚具类型；C 为混凝土等级

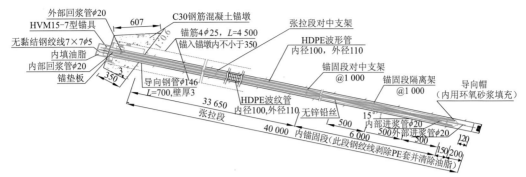

图 2.1.4　无黏结拉力型端头锚索结构示意图（尺寸单位：mm）

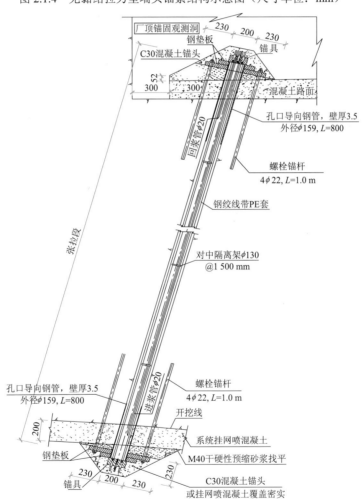

图 2.1.5　无黏结拉力型对穿锚索结构示意图（尺寸单位：mm）

2.1.3　典型锚固工程监测系统布置

作为锚固工程验收和工程安全评价的依据之一，锚杆（索）工作状态和被锚固对象的锚固效果需要进行监测。几座典型锚固工程的监测布置比较齐全，根据边坡及地下洞室建筑物等级，监测锚杆（索）数为锚杆（索）总数的5%～10%，主要监测设备包括锚索测力计、锚杆应力计和监测岩体内部变形的多点位移计，同时也设立了外观变形监测网，对边坡和洞室的整体外观变形进行监测。

1. 边坡监测系统布置

边坡针对锚固系统一般布置锚索测力计、锚杆应力计和监测岩体内部变形的多点位移计，长江流域五座水电站的高边坡布置锚索测力计超1 000台、锚杆应力计超1 300支，某工程边坡监测布置参见图2.1.6和图2.1.7。

图2.1.6　某工程边坡监测剖面布置示意图

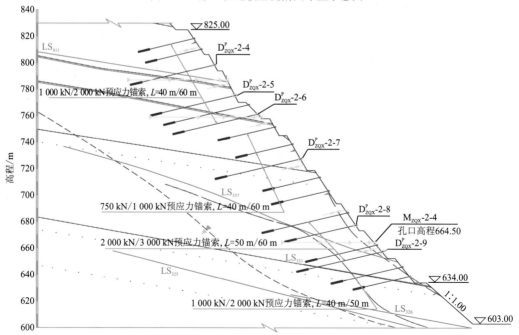

图2.1.7　某工程边坡监测典型剖面图

LS 为错动带编号；D^P_{ZQX} 为锚索测力计编号；M_{ZQX} 为多点位移计编号

2. 地下洞室监测系统布置

地下洞室对锚固系统一般布置锚索测力计、锚杆应力计和监测围岩内部变形的多点位移计，长江流域五座水电站的地下洞室布置锚索测力计超 1 200 台、锚杆应力计超 2 500 支，地下洞室锚固系统监测布置参见图 2.1.8。

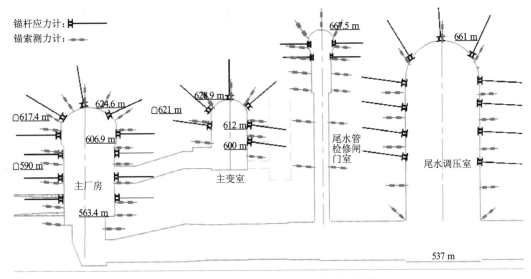

图 2.1.8 地下洞室锚固系统监测布置示意图

2.1.4 锚固工程施工

1. 锚索施工工艺

锚索施工工艺流程见图 2.1.9。

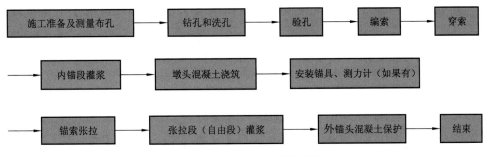

图 2.1.9 锚索施工工艺流程图

（1）施工准备及测量布孔：施工准备包括修整边坡，清理工作面，地质编录及基础验收，搭设承重脚手架钢管排架，铺设木板、跳板，钻机吊上排架，钻机定位，运索道路、穿索平台及施工材料的准备等。

（2）钻孔和洗孔：根据不同锚索的孔深和孔径选择相应的钻孔设备进行钻孔，钻孔结束后，采用高压风/水将孔内岩粉吹出。

（3）验孔：采用全站仪或经纬仪复检，端头锚索孔采用经纬仪极坐标定位加上用半圆导板和手电筒测试等。对于对穿锚索的验孔方式，采用全站仪测量两端孔口坐标，并进行计算验证。

（4）编索：按设计图纸要求发放编索通知单，先把钢绞线、灌浆管、排气管等下好料放在编索平台上编制。编索完成并经过检查验收后，对应锚索孔号登记并挂合格牌，入库存放。

（5）穿索：端头锚索主要靠人工推送穿索，对穿锚索采用小卷扬机与人工配合完成穿索。

（6）内锚段灌浆（端头锚索）：浆材采用纯水泥浆（添加减水剂和膨胀剂），灌浆压力为 0.2～0.3 MPa。

（7）墩头混凝土浇筑：人工运料，小型振捣棒振捣。

（8）安装锚具、测力计（如果有）：锚索测力计位于锚垫板和锚具之间，尽可能保持三者同轴，并与孔口端轴线垂直。

（9）锚索张拉：对钢绞线逐根进行预紧，后分五级进行整体张拉，分别记录各级张拉伸长值，以便比较分析。张拉至设计荷载后稳定 10 min，再锁定。

（10）张拉段（自由段）灌浆：采用水泥浆封孔灌浆，灌浆压力为 0.2～0.7 MPa，待回浆管排出孔内积水、气体并溢出浓浆后屏浆 30 min 即结束灌浆。

（11）外锚头混凝土保护：灌浆结束并终凝后，用手持砂轮切割机将锚板外多余的钢绞线（留 50 mm）切除，对混凝土墩面进行凿毛，并将工作锚、钢绞线及垫座清洗干净，然后立模浇筑混凝土，对外锚头进行永久保护。

2.锚杆施工工艺

锚杆施工工艺流程见图 2.1.10。

图 2.1.10　锚杆施工工艺流程图

（1）造孔：选用轻型锚杆钻以便在高排架上施工，造孔孔径为 76mm、90mm。

（2）验孔：采用全站仪或经纬仪测量，按总量的 10%～20%进行随机抽检。

（3）锚杆防腐处理：主要指高强锚杆的加工处理。高强锚杆是将混凝土衬砌墙与岩体连为一体的主要加固措施，技术要求高。钢材为 V 级精轧螺纹钢，在混凝土与岩石连接部位设有自由段，自由段在防腐厂进行了除锈、喷锌、涂刷封闭涂料、外加橡胶套管保护。

（4）锚杆安装与保护：采取人工用手动葫芦或卷扬机把锚杆吊到排架上，人工穿进孔内，高强锚杆留好自由段及外露段的位置。孔口用棉纱加水泥浆进行封堵。随机锚杆不需要安装进、回浆管，直接先灌浆再插入杆体。

（5）锚杆灌浆：灌注水泥砂浆（外加剂有减水剂、膨胀剂），灌浆压力为 0.1～0.2MPa。

（6）锚杆拉拔检测：灌浆结束后，用混凝土找平岩面，使锚杆垂直岩面，找平混凝土达到设计强度后，按比例要求进行锚杆拉拔检测。

2.2　水电工程锚固系统运行状态分析

2.2.1　高边坡锚固系统运行状态

1. 锚固系统外观

各水电站高边坡锚索墩头的混凝土和钢罩保护完好，无明显裂缝或锈蚀。锚杆露头大部分被喷护混凝土覆盖，预应力锚杆墩头涂刷防腐油漆保护，未发现锚杆（索）有渗水痕迹，可见各水电站锚固系统总体保护良好、运行正常，各水电工程高边坡锚索外观参见图 2.2.1。

（a）某船闸高边坡锚索外观

（b）某进水口高边坡锚索外观

（c）某坝肩高边坡锚索外观

（d）某升船机高边坡锚索外观

图 2.2.1　水电工程高边坡锚索外观

2. 锚索荷载

各水电站高边坡锚索测力计的完好率在 66.7%～94.4%，监测设备运行时间越久，完好率越低。锚索荷载绝大部分在设计范围之内，在施工期变化显著，进入运行期后逐渐平稳或随温度变化呈现出低值波动的周期性变化。高边坡锚索荷载绝大多数表现为松弛损失，损失率多数在 15% 以内，少部分因岩体变形略有增长。典型高边坡锚索荷载时程曲线参见图 2.2.2。

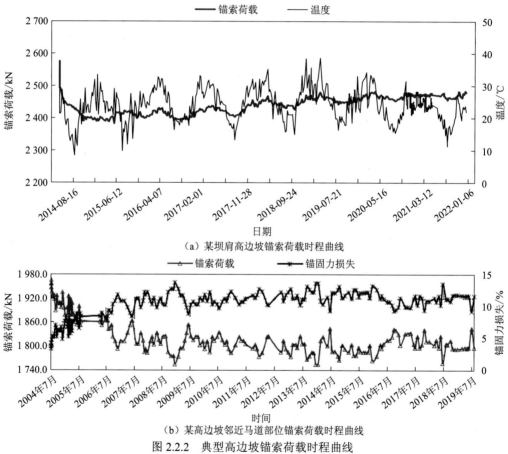

（a）某坝肩高边坡锚索荷载时程曲线

（b）某高边坡邻近马道部位锚索荷载时程曲线

图 2.2.2　典型高边坡锚索荷载时程曲线

坝前边坡位于蓄水位以下的锚索和锚杆，在正常蓄水以后，锚索荷载、锚杆应力只有轻微变化，未出现明显增长。例如，某水电站蓄水前后锚索荷载变化量基本不超过设计值的 5%，锚杆应力变化量未超过设计值的 10%，锚索荷载和锚杆应力变化参见表 2.2.1。

表 2.2.1　某水电站坝前边坡蓄水前后锚杆应力和锚索荷载变化

工程活动	锚杆应力变化量 /MPa	锚索荷载变化量/kN			
		设计荷载 1 000 kN	设计荷载 1 400 kN	设计荷载 1 500 kN	设计荷载 2 000 kN
第一次蓄水 2020 年 1 月 15 日～2010 年 1 月 21 日 库水位 895 m	−21.2～18.3	−29.1～15.1	−12.8～25.1	−14.7～72	−97.8～46.6
第一次蓄水 2020 年 5 月 6 日～2020 年 6 月 6 日 库水位 945 m	−29.4～33.8	−19.1～35.1	−38.3～15.6	−89～18.7	−115.6～64.2

3. 锚杆应力

各水电站高边坡锚杆应力计的完好率在 67.3%～89.8%，普通砂浆锚杆的应力主要在 −50～100 MPa，年变化量在 ±5 MPa 以内，在施工期变化显著，进入运行期后逐渐平稳或随温度变化呈现出负相关的低值波动周期性变化，温度升高时，锚杆拉应力呈较小趋势。锚杆应力随温度变化的负相关变化主要与岩体和锚杆的热膨胀性差异有关。部分水电工程采用的高强锚杆或预应力锚杆，其应力也均在设计范围内，年变化量较小。典型高边坡锚杆应力时程曲线参见图 2.2.3。

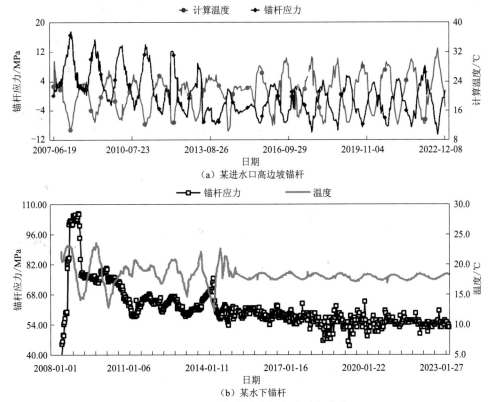

（a）某进水口高边坡锚杆

（b）某水下锚杆

图 2.2.3　典型高边坡锚杆应力时程曲线

2.2.2　地下洞室锚固系统运行状态

1. 锚固系统外观

各水电站地下洞室锚索外锚头浇筑在混凝土（墩）内，保护良好，锚索露头被喷护混凝土覆盖，参见图 2.2.4。极个别处于石灰岩地区水位以下小洞室中的锚索墩头附近出现了钙质析出现象，参见图 2.2.5。

（a）某地下厂房锚索外观　　　　　　　　（b）某廊道内锚索外观

图 2.2.4　水电工程地下洞室锚索外观

（a）锚索墩头附近钙质析出　　　　　　　　（b）锚索墩头下方钙质沉积

图 2.2.5　某水电站防掏墙锚索墩头附近的钙质析出现象

2. 锚索荷载

各水电站地下洞室锚索测力计的完好率在 73.6%～96.3%，监测设备运行时间越久，完好率越低。地下洞室锚索荷载在施工期变化显著，进入运行期后逐渐平稳或随温度变化呈现出低值波动的周期性变化。地下洞室锚索荷载演化规律与地应力相关，中高地应力下地下洞室锚索荷载绝大多数表现为增长，典型地下洞室锚索荷载时程曲线参见图 2.2.6。

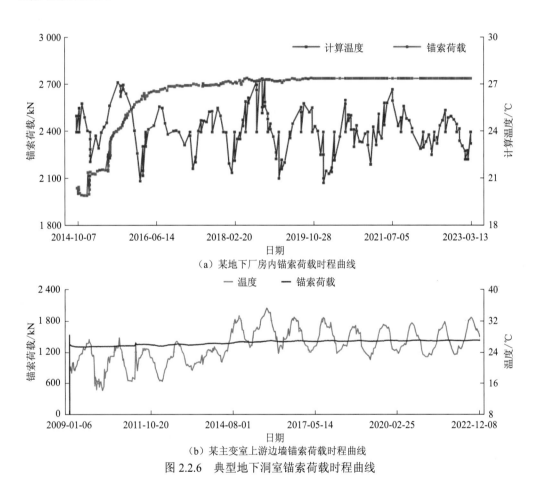

（a）某地下厂房内锚索荷载时程曲线

（b）某主变室上游边墙锚索荷载时程曲线

图 2.2.6　典型地下洞室锚索荷载时程曲线

地下洞室锚索荷载变化存在显著的洞径效应，在同一水电工程中，洞径越大的洞室，锚索荷载的均值和变化量均越大。洞径效应主要与洞室开挖后围岩应力调整和位移变化相关，大洞室开挖尺寸大，应力调整和位移变化显著，导致锚索荷载及其变化更为显著。某水电站地下洞室各洞室锚索荷载与损失率参见表 2.2.2。

表 2.2.2　某水电站地下洞室各洞室锚索荷载与损失率

项目	洞室名称		
	主厂房	主变室	尾水调压室
锚索测力计数量/台	44	20	33
开挖尺寸（长×宽×高）/m	439.74×31.90×75.60	349.289×19.80×33.32	317.0×26.5×95.5
锚索荷载/kN	1 013.39～2 285.15	1 184.65～1 553.81	1 000.84～2 221.70
平均锚索荷载/kN	1 827.40	1 383.01	1 553.92
损失率/%	−23.2～25.28	−11.54～8.16	−21.18～23.76
平均损失率/%	−10.25	−2.76	−2.46

3. 锚杆应力

各水电站地下洞室锚杆应力计的完好率在 71.5%～94.6%，地下洞室普通砂浆锚杆以受拉为主，部分处于受压状态。锚杆应力变化主要在施工期，进入运行期后逐渐平稳或随温度变化呈负相关变化，预应力锚杆也表现出类似规律。地下洞室中交叉洞口、岩墩和块体等部位的锚杆应力较大。典型地下洞室锚杆应力时程曲线参见图 2.2.7。

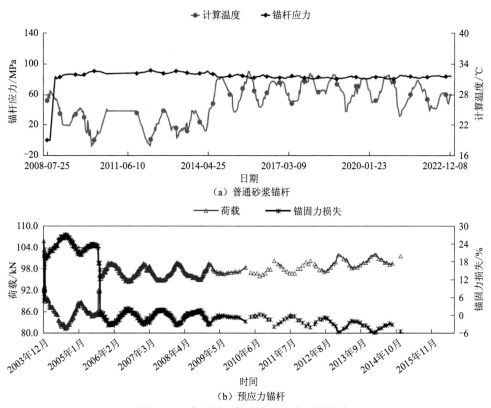

（a）普通砂浆锚杆

（b）预应力锚杆

图 2.2.7　典型地下洞室锚杆应力时程曲线

2.3　某水电站高边坡锚索开挖检测分析

2.3.1　开挖概况

为研究水利水电工程中预应力锚索的长期运行状况，作者团队在某水电站升船机后边坡 170 m 高程马道上方开挖了一根服役超过 20 年的锚索。

为了不影响周围锚索的运行和边坡稳定，选用胀裂法小断面隧洞开挖方案，开挖隧洞尺寸为宽 1.5 m、高 1.7 m，断面形状为马蹄形，平行于锚索轴线开挖。开挖时先在四周钻孔，然后在内部岩块水平和垂直方向中部分别钻一排小孔，利用楔形胀块和钢筋胀杆进行岩块人工胀裂（图 2.3.1）。

隧洞开挖完成后采用冲击钻沿锚索位置进行锚索开挖，锚索开挖后进行切割取样并运至试验室开展相关试验。现场取样完成后对开挖隧洞进行混凝土回填。

（a）隧洞四周钻孔

（b）岩石开裂

（c）岩石脱落

图 2.3.1　隧洞开挖施工

2.3.2 锚索形貌特征及力学性能

1. 锚索形貌特征

开挖前，锚索的锚墩及保护层结构完整，没有破坏迹象。在锚墩和混凝土保护层结合处，有轻微白色析出物痕迹[图 2.3.2（a）]。打开锚索锚头保护层，可以看到锚索锚板及钢绞线处混凝土包裹良好，未发现锈蚀。锚索测力计及其垫板上也几乎没有发生锈蚀，只在局部存在少许锈斑[图 2.3.2（b）]。锚索开挖完成后将开挖锚索运至试验室，对锚头部位锚板、测力计、钢绞线和套管进行分离以观察其内部情况。将锚头清理干净，取出 4 根钢绞线，观察钢绞线与夹片及锚板接触部位的锈蚀情况[图 2.3.2（c）]。从图 2.3.2 中可以看出，锚索夹片外表面及锚板夹片孔部位表面光滑，呈金属色，有光泽，没有锈蚀痕迹。夹片内部表面螺纹清晰，无锈蚀，螺纹缝隙夹有棕色杂物[图 2.3.2（d）]。

锚索开挖随着隧洞的开挖分多次进行。锚索开挖后及时进行了外观检测，并进行了拍照记录。刚揭露的锚索表面呈现金属光泽，绝大部分表面无锈蚀痕迹，只在部分位置出现零星的黄色锈斑，锈蚀程度较轻（图 2.3.3，图中桩号起始位置为开挖隧洞洞口，外侧有混凝土台和锚墩，距锚头约 2.00 m）。总体来看，自由段锚索基本不存在锈蚀问题。

（a）锚索锚墩及保护层

（b）锚头

（c）锚板夹片孔

（d）夹片

图 2.3.2　锚头部位形貌特征

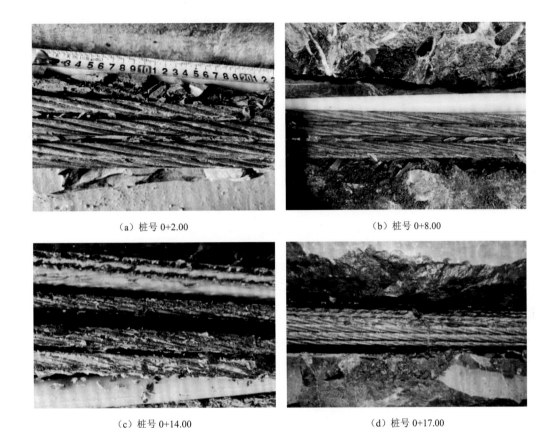

（a）桩号 0+2.00　　　　　　　　　　　（b）桩号 0+8.00

（c）桩号 0+14.00　　　　　　　　　　　（d）桩号 0+17.00

图 2.3.3　自由段形貌特征

锚固段锚索的开挖在隧洞开挖完成后进行。锚固段锚索和自由段相似，表面几乎未发现锈蚀痕迹，钢绞线表面光滑完整，只零星地散布锈斑，如图 2.3.4 所示。

2. 锚索力学性能

将所取试样按 1.2 m 进行切割，开展力学性能测试。从测试结果可以看出，服役后的预应力锚索的力学性能满足要求，力学性能无太大改变（表 2.3.1）。

（a）桩号 0+21.00　　　　　　　　　　　（b）桩号 0+23.00

（c）桩号 0+25.00　　　　　　　　　　　　（d）桩号 0+28.00

图 2.3.4　锚固段形貌特征

表 2.3.1　锚索试样力学性能检测结果

试样编号	0.2%屈服力 $F_{p0.2}$/kN （≥229）	整根钢绞线最大力 F_m/kN （260～288）	抗拉强度 R_m/MPa （1 860～2 060）	最大力总伸长率 A_{gt}/% （≥3.5）	弹性模量/GPa （195±10）	0.2%屈服力与整根钢绞线最大力之比 $F_{p0.2}/F_m$ （0.88～0.95）	破坏状态
1	241.6	263.7	1 880	6.1	195	0.92	中部断7丝
2	242.1	264.1	1 890	6.0	198	0.92	中部断7丝
3	242.1	264.4	1 890	6.1	197	0.92	中部断7丝
4	242.5	264.7	1 890	6.0	197	0.92	中部断7丝
5	242.0	264.3	1 890	6.0	196	0.92	中部断7丝
6	241.7	264.3	1 890	6.1	194	0.91	中部断7丝
7	241.3	263.9	1 880	6.3	197	0.91	中部断7丝
8	242.3	264.4	1 890	6.1	202	0.92	中部断7丝
9	241.9	264.3	1 890	6.0	197	0.92	中部断7丝
10	242.0	264.0	1 890	6.1	197	0.92	夹头断1丝
11	236.8	264.5	1 890	6.4	175	0.90	中部断7丝
12	242.1	264.3	1 890	6.2	192	0.92	中部断7丝
13	241.2	263.3	1 880	5.8	197	0.92	中部断7丝
14	241.9	263.5	1 880	6.0	200	0.92	中部断7丝
15	242.0	264.1	1 890	6.1	197	0.92	中部断7丝
16	242.8	264.8	1 890	6.2	197	0.92	中部断7丝
17	242.4	264.5	1 890	6.0	197	0.92	中部断7丝
18	242.3	264.4	1 890	6.1	197	0.92	中部断7丝
19	243.0	264.7	1 890	6.1	197	0.92	中部断7丝
20	242.3	264.4	1 890	6.0	196	0.92	中部断7丝
21	242.5	264.6	1 890	5.9	195	0.92	夹头断1丝
22	—	219.7	1 570	0.7	194	—	中部断1丝

注：表头括号内数值均为规范要求范围。

3. 锚索伸长量

在锚索的原始施工记录中，记录了锚索张拉伸长量过长的问题。施工时记录的伸长量为 196.25 mm，锚固段长度为 7.91 m。根据施工时钢绞线力学性能检测结果，弹性模量 E 为 213 GPa，钢绞线截面积为 140 mm²，则锚固力应为 3 179.09 kN，基本接近 12 根钢绞线理论最大力 3 238.92 kN。而施工时按千斤顶压力表对应换算的锚固力为 2 231 kN，锚索测力计测量的锚固力为 2 106 kN。因此，施工记录的伸长量不是锚索的实际伸长量，锚索在张拉过程中可能发生了滑移，导致伸长量过大。如果根据锚索测力计测量的锚固力计算，锚索的伸长量应该为 130.00 mm，因此锚索发生的滑移量应该约为 196.25 mm－130.00 mm＝66.25 mm。

开挖后实测的回缩量为 203.00 mm，实测的锚固段长度为 7.45 m，自由段长度为 22.57 m，则可计算锚固力为 3 221.35 kN，这与施工时锚固力的实测记录是不符的。考虑到锚索在张拉过程中发生了滑移，而实测的回缩量包含了开挖后锚头和锚固段导向帽的滑移，即该回缩量中包含了锚索张拉时锚索的滑移量，因此扣除此部分滑移量，即 66.25 mm，按回缩量 136.75 mm 计算，则锚固力为 2 170.05 kN，与施工时压力表和锚索测力计反映的锚固力基本接近。这也从侧面证明了锚索张拉时伸长量过大应该是因为锚索发生了约 66.25 mm 的滑移。

2.3.3　注浆体形貌特征及力学性能

1. 注浆体形貌特征

锚索开挖过程中，对注浆体的形貌特征进行了记录。对于自由段部分，注浆体的整体质量较高，注浆体填充密实，无孔洞等缺陷。在开挖过程中发现，注浆体和钢绞线及围岩的直接胶结良好，有效地起到了密封保护的作用[图 2.3.5（a）～（c）]。对于锚固段，在桩号 0+21.00～0+23.00 段夹有灰泥层，只在没有灰泥的部位与围岩及钢绞线胶结；在桩号 0+24.00 位置，钻孔上部 3/4 基本为灰泥，没有水泥浆；在桩号 0+25.00 位置，上部也基本为灰泥，下部只有薄层注浆体；至桩号 0+26.00 位置，灰泥层减少，上部约 1/2 为灰泥；至桩号 0+27.00 位置，灰泥逐渐变薄并消失，钻孔内注浆体恢复完整，直至锚固段最里端[图 2.3.5（d）～（f）]。

经检测，注浆体缺陷处灰泥的成分主要为碳酸钙，即灰岩的主要成分，因此推测此段注浆体出现缺陷主要是由于沉积的岩粉在锚固段注浆时由浆液挤压反顶推至钻孔上部，浆液沿钻孔底部穿过岩粉，在此段形成注浆缺陷。

（a）桩号 0+5.00

（b）桩号 0+11.00

（c）桩号 0+18.00

（d）桩号 0+23.00

（e）桩号 0+25.00

（f）桩号 0+27.00

图 2.3.5　注浆体形貌特征

2. 注浆体碳化检测

在现场对注浆体表面进行了碳化检测。检测结果显示，注浆体表面几乎未发生碳化（图 2.3.6）。

(a) 桩号 0+6.00　　　　　　　　　　　(b) 桩号 0+8.00

(c) 桩号 0+14.00　　　　　　　　　　　(d) 桩号 0+18.00

图 2.3.6　注浆体碳化检测

3. 注浆体抗压强度

为了更好地了解注浆体的抗剪强度特性，在现场取样的基础上，根据样品条件制作了 8 组试样进行抗压强度试验，试验结果表明：①注浆体抗压强度为 43.04～85.98MPa，除了桩号 0+21.00～0+27.00 段缺陷位置，均大于 52.5MPa（525#水泥抗压强度要求）；②随着深度的增加，抗压强度略有增大；③缺陷位置的注浆体抗压强度明显降低（表 2.3.2、图 2.3.7）。

表 2.3.2　注浆体抗压强度试验结果统计表

桩号	实测结果/MPa		统计结果/MPa	
	试样 1	试样 2	平均值	修正值
0+1.00	71.81	51.15	61.48	54.89
0+4.00	82.38	90.88	86.63	77.35
0+8.00	88.35	46.95	67.65	60.40
0+13.00	90.6	92.37	91.49	81.68
0+18.00	98.01	94.25	96.13	85.83
0+23.00	60.5	36.47	48.49	43.29
0+26.00	56.35	40.07	48.21	43.04
0+27.00	95.69	96.91	96.30	85.98

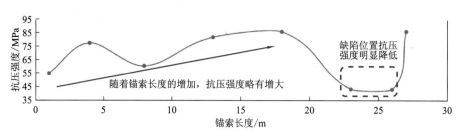

图 2.3.7　注浆体抗压强度随锚索孔深度的分布

2.3.4　围岩结构特征及力学性能

1. 围岩结构特征

为了更好地了解锚索赋存环境的岩体结构特征，对开挖隧洞与锚索相交的结构面和溶蚀裂隙进行了测量（图 2.3.8）。结构面 L1～L4 显示，这些节理位于石英岩脉位置，在部分结构面能看到明显的锈斑。结构面 L5～L8 与锚索相交，具有明显结构特性的裂隙均位于石英岩脉位置，裂隙张开和破坏程度不同，以陡倾角结构面为主，只有 L5 是缓倾角结构面，倾角大概为 10°。结构面 L9～L12 在止浆环附近，结构面 L12 的铁锈非常明显，说明结构面本身有一定的导水性。结构面 L13～L19 在导向帽附近，结构面较多、规模较小。溶蚀裂隙 R1 和 R2 规模较大，主要分布在右壁，但溶蚀裂隙 R1 通过结构面 L1、L2 和锚索相交，溶蚀裂隙 R2 直接贯通至锚索附近，但规模较小。查阅原始施工记录发现，锚索在施工钻孔过程中曾进行了两次固结灌浆，从部分结构面中能观测到浆体渗入围岩，对锚索起到了较好的保护作用。

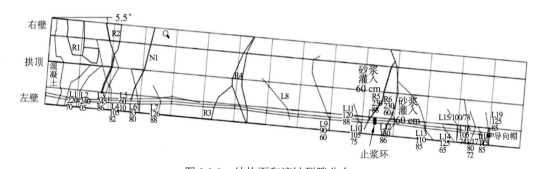

图 2.3.8　结构面和溶蚀裂隙分布

L1～L19 下两个数字为结构面编号；R1～R6、N1 为溶蚀裂隙

2. 围岩单轴抗压强度

为了进一步了解围岩强度特征，在隧洞不同位置取样进行了 15 组单轴抗压试验。试验结果表明，围岩单轴抗压强度的平均值大约为 88.29 MPa，属于硬岩，岩体强度比较高（表 2.3.3）。

表 2.3.3 围岩单轴抗压强度试验结果

序号	单轴抗压强度/MPa			
	试验 1	试验 2	试验 3	平均值
1	74.89	78.00	101.23	84.71
2	109.58	75.01	75.96	86.85
3	77.64	82.25	106.08	88.66
4	110.67	88.12	95.15	97.98
5	94.69	115.70	92.53	100.97
6	133.69	111.43	122.97	122.70
7	53.87	68.97	98.76	73.87
8	71.92	82.06	61.86	71.95
9	88.46	106.83	70.21	88.50
10	103.48	90.61	86.92	93.67
11	38.10	100.54	42.58	60.41
12	70.54	109.54	117.21	99.10
13	109.97	88.26	103.60	100.61
14	60.68	79.67	80.19	73.51
15	72.55	94.11	75.88	80.85
平均值				88.29

2.3.5 锚索开挖检测总结

通过本次高边坡预应力锚索开挖和检测分析,可以得到如下结论。

(1)所开挖的锚索总体状态较好,锚索索体和锚具均未发现锈蚀。

(2)锚索开挖后发生回缩,表明钢绞线处于弹性变形状态,未发生松弛。

(3)锚固段注浆体存在 3~4 m 缺陷,使得实际锚固段长度偏短,可能对安全裕度产生影响。

(4)除了注浆体缺陷位置,锚固段和自由段注浆体抗压强度均大于 52.5MPa(525# 水泥抗压强度要求),缺陷位置的注浆体抗压强度较低。

(5)注浆体缺陷可能与清孔工艺有关,推测可能是注浆时将孔底残留的岩粉反顶推至钻孔上部,导致此段无法形成完整的注浆体,因此加强锚索钻孔的清孔检查十分有必要。

（6）注浆体缺陷处的钢绞线未发生锈蚀，其原因可能与缺陷两端注浆体质量较好，以及施工过程中钻孔固结灌浆形成了封闭环境有关。

（7）锚索张拉过程中伸长量过长，与张拉力不匹配，推测可能是由于施工过程中锚固段发生了位移，注浆体缺陷处的注浆体拉裂形态也间接证明了这种可能性。

（8）在注浆体存在缺陷的情况下，锚索仍能达到设计锚固力要求，锚固段长度设计安全裕度发挥了重要作用。

2.4 综合分析

通过长江流域几座水电站锚固系统的现场调查、运行状况分析，以及某水电站高边坡锚索现场开挖监测分析，可以得出以下认识。

（1）各水电站高边坡和地下洞室锚杆（索）墩头总体保护良好，运行正常。

（2）各水电站高边坡和地下洞室锚索测力计的完好率为66.7%～96.3%，锚杆应力计的完好率为67.3%～94.6%，监测仪器服役时间越久，完好率越低。

（3）高边坡和地下洞室锚索荷载、锚杆应力绝大多数在设计范围内，锚索荷载损失率多数在-15%～15%。锚索荷载在施工期变化显著，进入运行期后逐渐平稳或随温度变化呈现出低值波动的周期性变化，锚杆应力也表现出同样的规律。高边坡锚索荷载绝大多数表现为松弛损失，少部分因岩体变形略有增长。地下洞室锚索荷载演化规律与地应力相关，中高地应力下地下洞室锚索荷载绝大多数表现为增长。水库蓄水并未引起锚杆（索）运行状态的显著变化。

（4）现有锚索施工工艺可以保证锚索的有效运行，增长有效锚固段长度和加强锚索钻孔清孔检查是非常重要的。

总体而言，长江流域各水电站高边坡和地下洞室处于稳定状态。

研究也发现，现有锚固系统内监测设备的使用年限不能完全满足锚固系统长期运行的需要，亟须研发可长期健康工作或便于更换的新型监测设备。高边坡和地下洞室锚杆（索）的运行状况与其工作环境密切相关，温度、地应力、施工和围岩变形等因素对锚杆（索）结构的运行状况有重要影响，需要加强锚固系统运行环境监测，并对锚固材料在不同环境下的腐蚀特性、岩体-锚固结构协同作用机理进行深入研究，如何有效评价锚固系统及其加固对象（高边坡和地下洞室）的长期安全性也是需要研究的。

第3章

锚固材料特性及耐久性研究

　　工程结构耐久性问题的研究最早可追溯到 19 世纪初，主要是关于将波特兰水泥作为混凝土胶凝材料的海上构筑物耐久性的研究；19 世纪末期，钢筋混凝土结构首次应用于工业建（构）筑物，该时期开始关注混凝土的耐久性问题。直到 20 世纪中期，混凝土结构耐久性研究才开始关注钢筋的腐蚀问题，我国混凝土结构的耐久性研究始于 20 世纪 60 年代，并逐渐成为土木工程领域研究的前沿课题。锚固结构在材料和结构上与钢筋混凝土结构具有类似性，因此在锚固材料耐久性研究中常参考钢筋混凝土耐久性的研究成果，但岩土锚固结构作为埋入岩土中的人工结构，其工作环境与常规的钢筋混凝土结构存在差异。本章通过理论总结和不同环境影响下的腐蚀试验研究，揭示锚杆（索）材料的腐蚀规律，并结合现场环境构建锚杆（索）材料的腐蚀演化模型和耐久性评价方法。

3.1　锚杆（索）防护材料

3.1.1　胶凝材料长期性能

1. 影响因素

1）碳化

混凝土充分水化后，孔隙溶液为氢氧化钙饱和溶液，pH 为 12～13，呈碱性。在水化过程中，由于化学收缩、自由水蒸发等多种原因，混凝土内部存在大小不同的毛细管、孔隙、气泡等，大气或水土中的二氧化碳通过这些孔隙向混凝土内部扩散，并溶解于孔隙溶液中，与水泥水化过程中产生的可碳化物质发生反应，生成碳酸钙。混凝土碳化的主要化学反应式如下：

$$CO_2+H_2O \Longrightarrow H_2CO_3 \tag{3.1.1}$$

$$Ca(OH)_2+ H_2CO_3 \Longrightarrow CaCO_3+2H_2O \tag{3.1.2}$$

$$3CaO \cdot 2SiO_2 \cdot 3H_2O+3H_2CO_3 \Longrightarrow 3CaCO_3+2SiO_2+6H_2O \tag{3.1.3}$$

$$2CaO \cdot SiO_2 \cdot 4H_2O+2H_2CO_3 \Longrightarrow 2CaCO_3+SiO_2+6H_2O \tag{3.1.4}$$

由于碳化反应的主要产物碳酸钙属于非溶解性钙盐，混凝土的胶凝孔隙和部分毛细孔隙将被碳化产物堵塞，混凝土的密实度和强度有所提高，在一定程度上阻碍了二氧化碳和氧气向混凝土内部的扩散。另外，混凝土碳化使混凝土的 pH 降低，完全碳化后混凝土的 pH 为 8.5～9.0，易使混凝土中的钢筋脱钝。混凝土的碳化速度主要取决于二氧化碳的扩散速度和二氧化碳与混凝土中可碳化物质的反应。而二氧化碳气体的扩散速度则与混凝土本身的密实性、二氧化碳气体的浓度、环境温湿度等因素有关。

2）溶蚀

（1）溶蚀机理。

早在 20 世初期，国外就开始对水泥基材料溶蚀的试验方法、影响因素，以及抗溶蚀混凝土的结构和安全渗透系数的设计等进行了相关研究。近年来，对溶蚀的研究已逐渐从宏观性能向微观结构过渡，尤其注重溶蚀前后的微观性能、孔结构变化和脱钙劣化机理的研究。

我国对水泥基材料溶蚀的试验研究工作开展得较晚，20 世纪 70 年代后期才陆续开始对水泥基材料溶蚀进行试验研究。但由于溶蚀破坏这一问题本身的复杂性，后续有关水泥基材料溶蚀特性的研究在很长一段时间基本处于停滞状态，直到 20 世纪末，对溶蚀问题才开始重新重视起来。与国外稍有不同，国内侧重于研究不同水灰比、不同矿物掺合料及不同掺量对溶蚀过程中材料宏观特性与微观结构的影响，试图确定抵抗溶蚀的最佳水灰比和最佳矿物掺量或临界掺量。在溶蚀中微观结构的时变规律及溶蚀动力学等方面虽有研究，但仍比较少见。

水泥基材料遭受软水溶蚀时，常表现为水化产物分解溶出，固相钙含量降低，孔结构劣化，孔隙率增加，扩散系数增大，抗渗性降低，导致硬化浆体质量受损，强度和耐久性下降。溶蚀的劣化过程大致可以表述为水泥基材料处于软水环境作用下，由于其孔溶液和环境水之间存在浓度差，孔溶液中的 Ca^{2+}、Na^+、K^+ 等离子发生迁移溶出，当孔溶液中的 Ca^{2+} 浓度下降到一定值时，水泥水化产物开始分解或脱钙转型，失去胶凝性能；随着溶蚀的不断进行，水化产物从表层区域至内部区域逐渐溶解，最终造成浆体孔隙率增加、混凝土强度和耐久性降低。

（2）溶蚀影响因素。

除时间因素外，专家学者一般将溶蚀的影响因素归纳为外部因素和内部因素。外部因素包括水体环境、温度、水压力与接触面积等。内部因素是指导致溶蚀的水泥基材料自身因素，主要包括水胶比和骨料用量、水泥种类和掺合料，以及材料本身的密实性、孔隙、裂缝情况等。

一，水体环境。水体的化学成分，特别是其中氢氧化钙的物质的量浓度和其他影响氢氧化钙溶解度的物质的物质的量浓度及其更新速度都对溶蚀有很大影响。多种水质条件都会对水泥基材料造成侵蚀，但程度不尽相同。腐蚀溶液的种类对水泥浆体动力学性质的改变起着重要作用，去离子水使得水泥浆体中的氢氧化钙和C-S-H溶解，而在硫酸钠溶液腐蚀下可观察到试样中有钙矾石和石膏生成。

二，温度。温度越高，溶蚀速度越快。这主要是因为温度增高，离子的有效扩散系数增大，水化产物的溶解加速，混凝土的孔隙率增大。例如，高温下C-S-H中会发生如下反应：$2Si-OH \rightleftharpoons Si-O-Si + H_2O$，生成大量的水，使得孔隙率增加。

三，水压力与接触面积。根据水泥基材料在溶蚀过程中所受水压力的大小，可以将溶蚀分为两类：①不受水压力或所受水压力可以忽略不计时所遭遇的溶蚀为接触溶蚀；②所受水压力不能忽略时所遭遇的溶蚀为渗透溶蚀。接触溶蚀的溶蚀程度与接触面积有很大的关系，混凝土与水体的接触面积越大，溶蚀速度越快，程度越深；而渗透溶蚀在很大程度上受到水压力大小的影响，随着水压力的增大，混凝土的渗透性增大，溶蚀程度也增大。

四，水胶比和骨料用量。对水泥结石溶蚀的动力学特性影响最大的因素是水胶比，降低水胶比能增加混凝土的密实度，从而有效提高其抗溶蚀的能力。当水胶比一定时，骨料用量越大，Ca^{2+} 的溶出量越小；当骨料用量一定时，水胶比越小，Ca^{2+} 的溶出量也越小。

五，水泥种类和掺合料。不同种类的水泥，其各组分的质量分数也不尽相同，实质就是掺合料的种类和掺量不同。粉煤灰、硅粉等掺合料中含有二氧化硅，在水泥硬化过程中逐渐与石灰化合成硅酸钙，其极限石灰物质的量浓度极低，可以降低混凝土的溶蚀。

六，密实性、孔隙及裂缝情况。密实的水泥基材料经过一段时间后由于自动密实而停止渗透，氢氧化钙的溶出也随之停止。而孔隙率较大、不密实的水泥基材料，渗透不会停止，但可能由于在渗透路径处形成了保护性薄膜层，氢氧化钙不会继续溶出。只有当水的力学作用使胶膜破坏时才继续发生溶蚀。裂缝或极不密实混凝土的溶蚀是由很大的渗透流量引起的，在这类水泥基材料中，渗透和溶蚀程度将不断增大，以致其完全破坏。因此，提高水泥基材料的密实性、抗渗性和抗裂性是解决渗透溶蚀的另一个关键。

2. 长期性能预测模型

1）碳化模型

碳化模型主要分为理论碳化预测模型、经验碳化预测模型和实用碳化预测模型。

（1）理论碳化预测模型。

理论模型主要有阿列克谢耶夫（Алексеев）模型和帕帕达基斯（Papadakis）模型。阿列克谢耶夫模型是基于菲克第一扩散定律和 CO_2 在介质中扩散、反应与吸收特征建立的，其一维扩散的数学表达式为 $J = D \cdot dc/dt$（J 为扩散通量，D 为扩散系数，c 为扩散物质的体积浓度，t 为时间），如单位体积混凝土结合 CO_2 体积浓度为 a，则单位面积混凝土在 dt 时间内结合 CO_2 的量为 $da = a \cdot dx$，由菲克第一扩散定律可得

$$x = \sqrt{\frac{2DC_0}{m_0}t} = k\sqrt{t} \tag{3.1.5}$$

式中：D 为扩散系数，m^2/s；C_0 为 CO_2 质量浓度，kg/m^3；m_0 为单位体积材料结合 CO_2 的能力，kg/m^3；x 为时间为 t 时的碳化深度；t 为时间，s；k 为碳化速度系数。

帕帕达基斯模型根据质量守恒定律，运用化学动力学原理建立微分方程组，求解得

$$x = \sqrt{\frac{2D_e^c[CO_2]^0}{[Ca(OH)_2]^0 + 3[CSH]^0 + 3[C_3S]^0 + 2[C_2S]^0}}\sqrt{t} \tag{3.1.6}$$

式中：D_e^c 为 CO_2 有效扩散系数，m^2/s；$[CO_2]^0$ 为表面 CO_2 质量浓度，kg/m^3；$[Ca(OH)_2]^0$、$[CSH]^0$、$[C_3S]^0$、$[C_2S]^0$ 为可碳化物质的初始质量浓度，kg/m^3。

（2）经验碳化预测模型。

一，朱安民模型（朱安民，1992）：

$$x = \alpha_1\alpha_2\alpha_3(12.1w/c - 3.2)\sqrt{t} \tag{3.1.7}$$

式中：α_1 为水泥品种影响系数，矿渣水泥取 1.0，普通水泥取 0.5～0.7；α_2 为粉煤灰取代量影响系数，掺量≤55%时取 1.1；α_3 为气象条件系数，中部地区取 1.0，南方潮湿地区取 0.5～0.8，北方干燥地区取 1.1～1.2；w/c 为水灰比。

二，日本建筑学会模型（岸谷孝一，1963）：

$$x = \frac{1}{\sqrt{a_{ja} \cdot b_{ja} \cdot c_{ja} \cdot s \cdot A_0}} \sqrt{t} \qquad (3.1.8)$$

式中：a_{ja} 为材质差异系数，考虑水灰比、水泥品种、外加剂的影响；b_{ja} 为区域系数，考虑温度和 CO_2 浓度的影响；c_{ja} 为状态差异系数，考虑裂缝、部位等的影响；s 为碳化延迟系数；A_0 为某标准状态下的碳化常数，取 7.2 a/m^3；t 为时间。

三，许丽萍和黄士元模型（许丽萍和黄士元，1991）：

$$x = k \cdot 104.27 \cdot k_c^{0.54} \cdot k_w^{0.47} \sqrt{t}, \quad w/c > 0.6 \qquad (3.1.9)$$

$$x = k \cdot 73.54 \cdot k_c^{0.01} \cdot k_w^{0.13} \sqrt{t}, \quad w/c \leqslant 0.6 \qquad (3.1.10)$$

式中：k 为碳化速度系数，普通硅酸盐水泥取 1，矿渣水泥取 1.43，掺 20%~30%粉煤灰硅酸盐水泥取 1.76；k_c 为水泥用量影响系数，取$(-0.019\,1w/c+9.311)\times10^{-3}$；$k_w$ 为水灰比影响系数，取$(9.844w/c-2.982)\times10^{-3}$；$t$ 为时间。

（3）实用碳化预测模型。

张誉和蒋利学（1998）在混凝土碳化机理的基础上，建立了水灰比、水泥用量等混凝土碳化主要影响因素与理论模型中有效扩散系数及单位体积混凝土 CO_2 吸收量等抽象概念之间的定量关系，推导得到了基于碳化机理的混凝土碳化深度实用数学模型：

$$x = 0.839(1-RH)^{1.1} \sqrt{\frac{w/c-0.34}{c} v_0} \sqrt{t} \qquad (3.1.11)$$

式中：RH 为相对湿度，%；w/c 为水灰比；v_0 为 CO_2 体积分数，%；t 为时间。该模型适用于相对湿度高于 55%的情况，且没有考虑温度等其他因素的影响。

2）溶蚀模型

钙离子是水泥水化产物的重要组成成分，在溶蚀过程中起核心作用，并且随着侵蚀深度的不同浓度不断改变，是混凝土溶蚀程度的一个较好的指示剂，现有的钙离子侵析模型将浓度作为分析混凝土溶蚀过程的变量。钙离子的侵析扩散可通过非线性的扩散方程来模拟。现有的钙离子侵析模型主要有 Gérard 模型（Gérard，1996）、Detlef Kuhl 模型（Kuhl et al.，2000）和日本 Yokozeki 模型（Yokozeki et al.，2004）。

（1）Gérard 模型。

离子浓度差的存在，会引起钙离子的向外扩散及材料内部含钙水化物的分解，从而导致内部液相钙离子浓度的变化。以内部孔隙溶液中的钙离子浓度为侵析状态变量，则钙溶蚀下混凝土的侵析过程可以用不同时间孔隙溶液中钙离子的浓度变化来模拟。由混凝土中钙的质量守恒可以得到关于钙离子的如下扩散方程：

$$\frac{\partial \theta \cdot [Ca^{2+}]}{\partial t} + \frac{\partial \theta \cdot [Ca_{solid}]}{\partial t} = div[D \cdot grad[Ca^{2+}]] \qquad (3.1.12)$$

式中：θ 为孔隙率；D 为扩散系数；$[Ca^{2+}]$为孔隙溶液中的钙离子浓度；$[Ca_{solid}]$为内部固相钙含量；t 为时间。

（2）Detlef Kuhl 模型。

该模型下钙化物的分解和扩散依然由钙的宏观质量守恒来控制，钙离子侵析的扩散方程为

$$\operatorname{div}(q\{r[c_{Ca}(X,t)],\phi_c(X,t)\}) = \dot{s}_{Ca}[c_{Ca}(X,t),\dot{c}_{Ca}(X,t)] \tag{3.1.13}$$

式中：q 为溶液的相关摩尔流量；c_{ca} 为孔隙溶液中的钙离子浓度；r 为负向的物质的量浓度的梯度；ϕ_c 为钙溶蚀条件下的孔隙率；s_{Ca} 为固相钙离子浓度；X 为位置变量；t 为时间。

控制方程的边界条件由 Dirichlet 和 Neumann 边界条件与初始时刻 t_0 的溶液浓度初始条件确定：

$$c_{Ca}(X,t) = \dot{c}_{Ca}(X,t) \tag{3.1.14}$$

$$q(X,t) \cdot n(X,t) = \dot{q}(X,t) \tag{3.1.15}$$

$$c_{Ca}(X,t_0) = c_{0Ca}(x) \tag{3.1.16}$$

式中：n 为外法线单位向量；c_{0Ca} 为孔隙溶液中初始钙离子浓度。

通过以上控制方程和边界条件，利用有限元模型可以得到不同时刻材料的钙离子浓度，从而得到其侵蚀深度。

（3）日本 Yokozeki 模型。

假定水泥基材料（单元）被软水充满，该模型描述在固相钙离子溶出的过程中（首先从氢氧化钙中溶出，然后从 C-S-H 凝胶产物中溶出），材料固相物质被溶出的过程和孔隙增大的过程。

$$\frac{\partial(\theta C)}{\partial t} = \frac{\partial}{\partial x_c}\left(D_{eff}\theta\frac{\partial C}{\partial x_c}\right) - \frac{\partial(v_d C)}{\partial x_c} - \frac{\partial C_p}{\partial t} \tag{3.1.17}$$

$$C(t,0) = C_{out}(t) \tag{3.1.18}$$

$$C(0,x_c) = C_{0Ca} \tag{3.1.19}$$

式中：θ 为孔隙率；C 为水泥基材料孔隙溶液中的钙浓度，mol/m^3；D_{eff} 为水泥基材料中钙离子的有效扩散系数，m^2/s；C_p 为水泥基材料中单位体积浆体中的钙浓度，mol/m^3；C_{out} 为环境中的钙离子浓度，mol/m^3；C_{0Ca} 为孔隙溶液中初始的钙离子浓度，mol/m^3；v_d 为水力梯度引起的达西（Darcy）速度，m/s；x_c 为和水泥基材料与水交界面的距离，m；t 为时间，s。

对于锚索中注浆体的耐久性，可以根据注浆体的性质、包裹厚度及环境选择合适的碳化模型和溶蚀模型计算服役寿命。

3.1.2　钢绞线套管长期性能

钢绞线套管为包裹在预应力钢绞线和防腐润滑涂层外，用来保护预应力钢绞线，使之不受腐蚀，并防止其与周围混凝土发生黏结的塑料管，通常为 PE 套管。

PE 是一种热塑性高分子材料，易加工成型，具有优良的绝缘性、较高的化学稳定性和介电性能，广泛用于制作薄膜、管材、电线电缆、塑料制品及包装材料。近年来，

随着用于公路、机场等建筑设施的 PE 产品的增多，PE 材料的耐久性能越发引起人们的关注。

PE 材料的耐久性是指材料在室外紫外线、热、氧、臭氧、水分等环境因素的作用下保持长期服役性能的能力。大量研究结果表明，PE 材料的氧化是自由基的自氧化支化链反应过程，热、紫外线或机械切削都能造成 PE 的氧化降解。氢过氧化物的生成和积聚是 PE 材料降解的关键步骤。PE 材料的老化根据反应机理的不同主要可以分为热氧老化、光氧老化及环境应力开裂三种。PE 的热氧老化反应过程是典型的自由基链式反应，并按照自动催化的步骤进行，初级产物是氢过氧化物，氢过氧化物分解成游离基，引发链式反应，热可以加速氢过氧化物的分解。PE 的光氧老化是指 PE 材料在光的作用下生成自由基，同时有氧存在，材料被氧化。PE 的光氧老化过程和机理相当复杂，光氧化和光降解是光氧老化的主要反应过程。PE 的环境应力开裂是指材料在远低于瞬间强度的低应力和环境介质的协同作用下发生提早破坏的现象，当其作为工程材料时，一旦开裂将造成严重后果。对于 PE 环境应力开裂的机理目前没有明确的结论，最具有代表性的观点是格里菲斯（Griffith）强度理论、麦克斯韦理论和拉姆（Rahm）理论。

塑料管材使用寿命取决于塑料材料本身，并与工作温度、工作压力及管材壁厚密切相关。根据《塑料管道和导管系统——用外推法测定热塑性塑料管材的长期静液压强度》（Plastics piping and ducting systems—Determination of the long-term hydrostatic strength of thermoplastics materials in pipe form by extrapolation）（ISO 9080:2012E）、《埋地聚乙烯排水管管道工程技术规程》（Technical specification for buried PE pipeline of sewer engineering）（CECS164—2004）和德国标准《交联聚乙烯（PE-X）管——一般质量要求、试验》（Crosslinked polyethylene (PE-X) pipes—General quality requirements，testing）（DIN16892），从理论角度可以推导出 PE 管材在 70℃温度内使用寿命可确保50 年。对于边坡工程，钢绞线套管的使用环境通常位于地下，不存在高温和光照环境，对于无黏结锚索，也不存在应力影响，因此，可以参考上述标准，将钢绞线套管的寿命保守估计为 50 年。

3.1.3 锚索结构波纹管耐久性

锚索结构波纹管通常采用 PE 材料，与钢绞线套管类似。根据《塑料管道和导管系统——用外推法测定热塑性塑料管材的长期静液压强度》（ISO 9080：2012E）、《埋地聚乙烯排水管管道工程技术规程》（CECS 164—2004）和德国标准《交联聚乙烯（PE-X）管——一般质量要求、试验》（DIN16892），可将波纹管的寿命保守估计为 50 年。

3.1.4 外锚头等结构耐久性

锚头锚板、夹具和钢垫板位于混凝土保护层内，当混凝土保护层完好时，锚固结构的寿命主要由混凝土保护层的寿命控制，参考前期研究成果，保守考虑其寿命不少于 210 年。如果混凝土保护层破坏或近锚头防腐措施失效，将使锚头锚板、夹具和钢垫板与环境直接接触，此时由于锚索钢丝存在间隙，近锚头部位的锚索也同样暴露于环境中。此时，钢绞线腐蚀破坏成为控制因素，可直接将钢绞线的寿命作为锚固结构的寿命，不需要考虑锚板、夹具和钢垫板耐久性的影响。

3.2　锚杆（索）材料腐蚀规律

　　水电工程预应力锚固结构的应用正朝着大规模、高吨位的趋势迅猛发展，工程长期运行安全与埋置于岩土中的锚固结构的寿命密切相关。预应力锚固技术自 1934 年首次应用于阿尔及利亚的舍尔法大坝加高工程并获得成功以来（李英勇，2008），这项技术便在许多国家迅速推广和应用。目前，预应力锚固结构已广泛应用于国内外水电、矿山、铁路、公路、桥梁等工程领域。其中，我国水电工程完成的锚固工程的规模当属世界首位。近年来，我国在建的水电工程中均使用了大量的锚杆和锚索。例如，三峡永久船闸高边坡使用了 4 200 余束 1 000～3 000 kN 级的预应力锚索和近 10 万根 400 kN 的高强预应力锚杆；小湾水电站坝肩抗力体使用了 462 束 6 000 kN 级的预应力锚索，两岸边坡布置了 10 609 根 1 000～3 000 kN 级的预应力锚索；锦屏一级水电站缆机平台仅边坡加固工程一项所需锚索就达 6 900 余束。运行在恶劣的岩土环境中（如低 pH 地下水的长期浸泡、地下电流、岩土体中氯离子的侵蚀等），且长期受预应力作用的锚索系统，其结构寿命直接关系到工程的长期运行安全。

　　近年来，这一问题开始受到国内外学者的广泛关注。1986 年，FIP 曾对 35 起腐蚀造成的锚索体断裂事故进行了调查。结果显示，约一半事故发生在 2 年内，其余事故发生在 2～31 年。我国安徽梅山水电站的预应力锚索在使用 6～8 年后，有 3 束锚索的部分钢绞线因应力腐蚀而断裂。此外，在国内交通、铁道等行业的边坡锚固工程中，锚索腐蚀（锈蚀）破坏失效的事例也屡见不鲜。

　　材料使用寿命是结构使用寿命的基础。预应力锚固体（锚索、锚杆）的材料均为钢材，如预应力锚索的钢绞线为高碳钢，含碳量一般在 0.70%～0.85%，锚杆多采用HRB335、HRB400 级螺纹钢筋，含碳量约为 0.25%。相对于地上结构，应用于岩体工程的预应力锚固结构所处环境更为恶劣，其工作环境中存在高应力、侵蚀性介质、杂散电流及双金属作用等不利因素，使其更易发生材料腐蚀，致使结构损伤失效，腐蚀破坏已成为严重威胁锚固结构工程安全的主要因素。鉴于这类结构已出现和正面临一些问题，预应力锚固结构材料的腐蚀耐久性问题已引起国内外学术界、工程界的重点关注。研究锚固材料的腐蚀耐久性，对于现有锚固结构使用寿命、锚固工程安全水平的评价、防腐措施的确定都具有重要的科学价值和借鉴意义。

　　本节在充分吸取其他领域钢材腐蚀加速试验的经验和总结当前预应力锚索腐蚀耐

久性研究成果的基础上，以常用的黏结型预应力锚索钢绞线为研究对象，开展了考虑预应力水平、pH、Cl^- 和 SO_4^{2-} 腐蚀离子的多因素耦合环境下的室内加速腐蚀试验，从材料科学角度研究了锚索腐蚀破坏机理，探明了上述因素对锚固材料腐蚀性的影响程度及各因素相互之间的影响，揭示了锚杆（索）长期运行腐蚀机理及长期演化规律，研究成果可为掌握现有锚固结构的耐久性演变特性提供科学依据和技术支持。

3.2.1 预应力锚杆（索）材料腐蚀研究

1. 预应力锚固结构材料的腐蚀机理

在腐蚀环境中，锚杆（索）钢材在其表面或界面上易发生化学和电化学的多相反应，致使锚杆（索）转化为氧化态（刘道新，2006）。预应力锚固结构在高拉应力作用下长期处于围岩、土壤中，且大多会穿过软弱地层，受到地下径流、气体、湿度和岩石成分等多环境因素的影响。在如此复杂的环境因素和高拉应力作用下，预应力锚固结构的腐蚀机理主要包括电化学腐蚀、化学腐蚀、应力腐蚀、氢脆等，其中电化学腐蚀和应力腐蚀是产生破坏的两大主要原因。

1）电化学腐蚀

电化学腐蚀是由于锚固体表面与周围介质（如潮湿空气、电解质溶液等）发生电化学反应而引起的腐蚀现象。钝化膜破坏的锚杆（索）发生电化学腐蚀需要满足以下三个条件（方灵毅，2010）：①锚杆（索）表面存在电位差，不同电位的区段之间形成阳极—阴极，构成锈蚀电池；②对于阳极区段，锚杆（索）表面处于活化状态，能进行失去电子的氧化反应；③对于阴极区段，有足够数量的水分和氧气，能进行得到阳极区段电子的还原反应。由于锚固钢材本身含有铁、碳等多种成分，这些成分的电极电位不同，加之所处的环境潮湿复杂，表面形成了许多微电池，所以电化学腐蚀比较容易发生，这是预应力锚固材料腐蚀中最常见的一种腐蚀形态。

2）化学腐蚀

化学腐蚀与电化学腐蚀的区别在于腐蚀过程没有电流产生，是锚杆（索）表面直接与气体（如氧气和水蒸气等）或非电解质溶液接触并发生化学反应而引起的腐蚀现象，整个反应过程服从多相反应化学动力学的基本规律。

3）应力腐蚀

应力腐蚀是锚杆（索）钢材在拉应力和侵蚀环境共同作用下发生的一种腐蚀现象。钢材表面被环境中的侵蚀性介质腐蚀而受到破坏，加上拉应力作用，破坏处逐渐产生裂纹。这些微裂纹为侵蚀性介质进入钢材内部提供了通道，腐蚀沿裂纹深入，由腐蚀产生的应力集中再促进裂纹沿晶粒边界和穿过晶粒发展，如此反复循环直至断裂（余万超 等，2007）。这种破坏不同于单纯的机械应力破坏和单纯的电化学腐蚀，它可能在较低的拉应力的作用下发生，也可能在腐蚀性介质较弱的情况下发生。值得一提的是，应力腐蚀往往导致预应力锚固结构在远低于自身抗拉强度时发生脆性断裂，破坏发生的时间短，而且事先往往无预兆，对工程安全威胁较大。

4）氢脆

氢脆是预应力锚固结构在服役过程中发生脆性断裂的另一种腐蚀类型。锚杆（索）受拉应力作用，内部应力分布不均匀。同时，在侵蚀性介质腐蚀作用下，锚杆（索）表面发生化学反应，产生了少量氢气。在应力梯度作用下，氢原子可能在晶格内扩散或跟随位错运动至应力集中区域。氢原子富集区域容易萌生裂纹，并不断扩展，导致锚杆（索）脆断。

2. 锚杆（索）材料现场取样试验研究进展

国外预应力锚固技术应用较早，自 20 世纪 60 年代起，美国、法国、瑞士等欧美国家先后颁布了关于锚杆和锚索的技术条例，充分考虑了锚固类结构在腐蚀环境中的防护问题。1995～1997 年，连续三年先后在奥地利、中国和英国举办了关于地层锚固和锚固结构的国际学术会议，会议对岩土锚固工程长期性能问题都给予了高度关注。我国相关研究工作尽管起步较晚，但近年来也得到了快速发展。

由于锚固结构的腐蚀情况主要取决于服役环境条件，对实际工况下运行的锚固结构进行现场取样和腐蚀试验研究，可直接、真实地反映其在岩土体中的长期运行性能的演变特征和耐久性。多年来国内外研究者通过现场取样测试对在不同工程服役的预应力锚固结构进行了腐蚀情况调查研究，并结合这些现场试验数据开展了腐蚀耐久性影响分析和服役寿命预估。

英国、南非和德国等有关部门专门对部分使用了 10～22 年的岩土锚固结构的长期性能进行了全面调查与检测。例如，Davies 和 Knottenbelt（1997）在 1992～1995 年对南非 8 个不同地点的锚固工程进行了长期监测，认为锚杆在近锚头处出现腐蚀主要是由其所处地下环境、验收拖延和防护不良等引起的。

Weerasinghe 和 Anson（1997）对某造船厂在海水中使用了 20 余年的锚杆进行了现场取样并做了腐蚀程度、残余应力等测试，探明了周围环境条件对锚杆腐蚀程度的影响。Fedderwen（1997）调查研究了德国埃德尔（Eder）大坝、英国利物浦（Liverpool）桑登多克（Sandon Dock）废水处理工程等未出现腐蚀征兆、性能良好的工程，认为采用优良的防护系统和完全有效的封孔灌浆阻止水与空气接触钢绞线及锚头，可解决锚固结构腐蚀破坏问题。但在实际施工中，锚固注浆时孔道灌浆不实或水泥浆体开裂的情况仍有发生，锚固结构材料存在腐蚀风险。

国内报道的较早开始进行的预应力锚固结构现场长周期条件下的取样测试和腐蚀

试验研究是中国人民解放军总参谋部工程兵科研三所于 1985 年 7 月～1987 年 7 月开展的以"砂浆锚杆的腐蚀及防护研究"为题的研究（雷志梁 等，1987），其在锚杆的腐蚀耐久性方面取得了一些有益的成果。该所曾宪明等（2002）后续又对分布于湖北、河南、山东等地区的 5 个锚固工程中不同服役期（3～28 年）的锚杆进行了取样分析，发现锚杆因各地环境条件和使用年限不同而具有不同的腐蚀速率，其中处于干湿交替或出水条件下的腐蚀速率最大，年平均直径腐蚀速率为 0.03～0.08 mm/a，相应地其承载力下降也最大；该项研究还指出，锚杆使用寿命对其砂浆握裹层厚度的变化极为敏感，1 cm 的砂浆握裹层厚度的变化将导致锚杆使用寿命几十年的差异。赵健等（2006，2005）对河南焦作某煤矿现场取出的一批已埋设 17 年的试验锚杆进行了研究，在其宏观腐蚀特性和力学性能下降程度方面进行了较为全面的测试分析，获得了锚杆在中等腐蚀环境下运行 17 年后包括截面积损失率、强度损失率等表征锚杆腐蚀程度的定量数据，其研究结果表明运行 17 年后锚杆的平均屈服荷载和极限荷载与使用年限为 0 的锚杆相比要分别低 49.2%～52.9%和 18.4%～22.2%。

以上多是针对锚杆的现场试验研究，事实上，锚索在大吨位锚固工程中应用更为广泛。资料显示，我国运行超过 10 年的绝大多数锚索均采用全长黏结结构，其中拉力集中全长黏结型锚索得应用得尤为普遍。陈祖煜院士课题组（任爱武 等，2011）在"十一五"国家科技支撑计划项目资助下，从漫湾水电站成功开挖出一根服役 20 年的预应力锚索，开了国内外开挖长、大预应力锚索的先河。这次开挖试验的成功为进一步推进预应力锚索长期性能研究奠定了基础。该课题组从锚头锈蚀状态、缩进量、水泥砂浆防锈效果、内锚固段特征和钢绞线力学化学性质变化等方面对该锚索的耐久性进行了研究与评价。结果表明，水泥砂浆对锚索内的锚固段可以起到很好的防锈效果，初揭露的锚索钢绞线为亮黑色，具有金属光泽。但取出预应力锚索并暴露在空气中 3～5 天后，锈蚀就会产生，并迅速布满钢绞线表面。锚索经过 20 年运行后，其化学性质和力学性质变化仍在相应规范要求范围内，但锚头位置仅采用混凝土浇筑防锈工艺并不能达到理想的效果。同样，以此开挖锚索为试验样品，进行了侵蚀性离子（Cl^-）腐蚀极化试验（任爱武 等，2014），发现长期处于密闭环境中使得服役 20 年的钢绞线的耐蚀性能降低，其处于活化腐蚀状态，表面无法产生钝化膜，因此开挖后与周围岩体中的地下水、氧气接触，迅速发生锈蚀。

卢云贵（2013）针对贵州思南至剑河高速公路沿线镇远段 3 处锚索边坡工点分别采集了 3 组水、土试样，并对其进行了腐蚀性指标分析，进而评价了环境对锚索的腐蚀等级。在此基础上，主要考虑影响锚索腐蚀程度的 3 个指标（锚索表面氯离子浓度与氢氧根离子浓度的比值、锚索表面温度及锚索与外围注浆体表面间混凝土的电阻值）计算锚索锈蚀速率，分析不同 pH 时其对锚索锈蚀速率的影响，认为：该段土质对锚索和外围注浆体均具有弱腐蚀性，水质对外围注浆体具有中等腐蚀性，对锚索具有弱腐蚀性；该段锚索的腐蚀速率均较小，环境条件可满足锚索耐久性的要求；pH 接近外围环境的 pH 时，锚索的腐蚀速率急剧增大，说明外围注浆体的质量对锚索的耐久性有着重要影响。

对济南绕城高速公路 K24 高边坡锚固工程不同部位的预应力锚索进行了开挖研究，发现钢绞线的腐蚀程度与锚索所处部位的土体含水量有很大关系，含水量越小，腐蚀程度越低；钢绞线表面局部坑槽的腐蚀速率远大于均匀腐蚀速率，腐蚀较重的钢绞线年均直径腐蚀速率达到 0.26 mm/a，预估其使用年限仅为 16 年左右。

现场试验研究不仅仅限于取样进行性能测试，还包括实时的受力情况监测及防腐情况的调查。高大水和曾勇（2001）在长江三峡水电站对船闸高边坡锚索体预应力的变化规律进行了监测，对锚索的受力状态、锚固效果及预应力损失情况进行了重点分析，并对一些特殊部位、具有代表性的锚索的受力状态进行了探讨，得到了锚索预应力变化的一些规律。但是其研究成果只是针对指定地质条件下的工程，三峡水电站高边坡岩体是坚硬的花岗岩，岩体受压时蠕变较小，而实际边坡工程中遇到的岩体都比较破碎，岩性较差，目前对于破碎岩质边坡的锚索体有效预应力变化规律的研究还比较少。张发明等（2004）通过对大量拉拔试验资料的分析和锚索预应力变化规律的监测，推导出了锚索预应力在不同岩质条件下的长期变化规律，为岩质边坡锚索预应力变化规律的研究提供了试验依据和定量表达式，促进了岩质边坡预应力锚索使用寿命预测模型的建立。

通过以上现场服役构件的取样分析和腐蚀试验研究，研究者取得了部分服役环境下不同龄期锚固材料的腐蚀情况和耐久性，为预测同类条件下锚固结构的使用寿命提供了数据依据。但考虑到各地区各类锚固工程的复杂性和多样性，以及现场开挖取样的难度，目前现场服役试验范围尚不广泛，其腐蚀规律预测和服役寿命评估方法的普适性存在一定的局限性。

3. 锚杆（索）材料室内模拟试验研究进展

预应力锚固结构实际工况的腐蚀环境千差万别，不能等同视之。工程现场可获得的不同服役期的预应力锚固结构的试样有限，通过类比替代分析仅能获知部分同类工况下锚固结构的使用寿命信息，难以满足当前大规模工程的应用需求。针对此情况，综合考虑影响锚杆（索）耐久性的各种因素，探明其腐蚀行为演化过程和影响规律，以期建立普适性的寿命预测模型，成为众多研究者共同努力的方向。由于自然服役试验周期过长，室内模拟加速试验方法可以克服现场试验时间过长的不足，实时再现各种环境因子作用的全过程，成为研究预应力锚固结构腐蚀耐久性规律的有效手段。针对此情况，更多研究者采用了另外一类耐久性研究方法——室内加速腐蚀试验，以探明其腐蚀行为的规律和机理。

Hassell 等（2006）通过室内腐蚀试验和力学试验，研究了三片式锚具腐蚀对锚索长期耐久性的影响，试验结果表明，三片式锚具的腐蚀将导致锚索最大承载力的降低。针对成都某建设项目基坑支护所采用的锚索的腐蚀问题，周玮博（2017）分别将施加预应力钢绞线裸筋、施加预应力注浆空洞缺陷锚索锚筋、未施加预应力钢绞线裸筋和未施加预应力注浆空洞缺陷锚索锚筋试样埋设至人工配制的高腐蚀性土中，在不同时间段内测试 4 种试样的力学性能，并绘制出力学性能指标随时间的变化曲线。研究结果表明，在相同的腐蚀环境中，注浆空洞缺陷锚索锚筋的腐蚀速率比钢绞线裸筋快一倍左右，比无缺陷锚索更快。因此，施工过程中要避免注浆空洞缺陷的出现。在强腐蚀条件下，应力腐蚀对锚索锚筋力学性能的影响较大。在成本范围内，可通过增加锚筋截面积、降低锚索应力水平等手段降低应力腐蚀，延长锚索寿命。在对锚索锚筋进行安全性评价时，可在得出断裂荷载与腐蚀时间的关系后，推断一定腐蚀条件下锚索锚筋的断裂荷载。曾辉辉等（2011）利用自行制作的试验装置，以配制出的强腐蚀环境土为介质，对非预应力锚索和预应力锚索的裸筋及有注浆空洞缺陷的锚索试件进行了腐蚀试验，对外观腐蚀状况和腐蚀后的钢绞线力学性能的改变特性进行了研究。研究结果表明：从外观上看，预应力锚索裸筋的腐蚀程度总体上比非预应力锚索裸筋的腐蚀程度要重，有注浆缺陷的锚索试件的腐蚀程度比裸筋的腐蚀程度要重；从力学性能上看，各指标的变化量和外观腐蚀状况是对应的，但是对于有注浆空洞缺陷的锚索试件，预应力锚索力学指标的变化量和非预应力锚索力学指标的变化量在数值上相差不是很大，这说明对于有注浆缺陷的锚索，尽管外应力也影响其力学性能的改变，但是注浆条件才是其决定性因素，所以建议施工中注意控制注浆质量。

通过工程界和学术界的不断探索，研究人员对影响锚固结构耐久性的腐蚀因素逐渐有了一定的认识，其主要影响因素一般有以下几种：pH、应力水平、侵蚀性离子、材料自身性能、时间等。一些研究者通过单因素室内加速腐蚀试验，分别研究了各个因素对预应力锚杆（索）腐蚀耐久性的独立影响规律。Manns（1997）采用加速试验研究了侵蚀性碳酸环境下岩土锚杆性能的变化，测试了在侵蚀性碳酸环境下锚杆承载力的衰减情况，认为承载力和碳酸的浓度具有明显的关系，碳酸的浓度越高，承载力下降越大。Gamboa 和 Atrens（2005，2003a，2003b）、Villalba 和 Atrens（2008）通过一系列线性应力增加试验，研究了锚杆的应力腐蚀机理，分析了应力、环境和杆体材料等因素对腐蚀开裂的影响，认为锚杆的应力腐蚀开裂现象仅在拉应力增大到一定程度和周围环境可以发生析氢反应的情况下才发生，其中 1355AX 型钢材质的锚杆发生应力腐蚀的临界拉应力为 900 MPa，锚杆发生应力腐蚀的环境条件是酸性溶液环境，且自腐蚀电位为 350 mV（SHE，标准氢电极）。

实际上，预应力锚固结构由于其工作环境的复杂性，整个腐蚀过程不会仅仅受单一腐蚀因素的影响，往往是多种因素耦合作用的结果。而且，诸多不利因素的耦合不是各单因素效应的简单叠加，研究并确定这些多因素耦合的影响与作用规律，对于预测实际工程中预应力锚固结构的使用寿命和指导防腐措施的确定很有必要。Divi 等（2011）通过电化学腐蚀试验分析了温度、离子类型、氧气浓度等对锚杆腐蚀速率的影响，在常温（25℃）下各类锚杆都表现出了良好的耐腐蚀性，在较高温度（60℃和 90℃）下，受氯化物和溶解氧的影响，岩石锚杆的耐腐蚀性有所降低，尤其是在 90℃ 时会严重退化。汪剑辉等（2006）考虑了 SO_4^{2-} 与荷载应力的耦合影响，利用基于杠杆原理的重物加载方法在室内模拟了加载缩尺锚杆在硫酸钠溶液中的腐蚀过程，分析认为锚杆的腐蚀程度随溶液浓度的变化大体上呈现凸函数形式，即存在一个腐蚀程度最强的临界浓度，而荷载对于腐蚀过程有明显的促进作用，具体表现为荷载越大，腐蚀作用越明显。由此指出，采用常用腐蚀数据来预测锚杆的使用寿命，存在较为严重的隐患，不可信度大幅增加。梁健（2016）采用不锈钢弹簧加载装置系统模拟了锚固体在受拉状态下的腐蚀过程，研究了荷载应力、氯盐、硫酸盐复合作用下锚固结构的腐蚀扩散规律，发现荷载的存在使锚固体抵抗 Cl^- 侵蚀的能力下降，而硫酸盐在腐蚀初期和腐蚀后期的影响有所不同，前期在一定程度上提高了锚固体抵抗 Cl^- 侵蚀的能力，后期则表现出显著的劣化作用。Wang 等（2019）同样对灌浆岩锚进行了加载不同荷载应力且浸泡在不同浓度氯化钠或硫酸钠溶液中的腐蚀试验，结果表明，对于锈蚀较多的锚杆，氯化钠溶液的腐蚀性比硫酸钠溶液强，时间对锚杆腐蚀效应的影响最为重要，其次是荷载应力，腐蚀环境对灌浆岩锚黏结强度的影响较小。朱杰兵等（2017a，2017b）、李聪等（2015）通过开展室内浸泡预应力锚杆的加速腐蚀试验，改变溶液 pH、应力、供氧浓度等因素水平，基于试验成果分析了各因素对锚杆筋材外观变化、腐蚀速率、单位长度腐蚀量及力学性能损失的影响规律，认为：弱酸性环境下，pH 越小，锚杆腐蚀速率越大；在恒定的 pH 条件下，随着供氧浓度的增大，对腐蚀速率的影响呈现出先急剧增大后趋于稳定的态势，单位长度腐蚀量不断增加；在强腐蚀条件下，筋材应力水平越高，腐蚀程度越严重。刘贞国（2014）以氯盐和硫酸盐侵蚀环境为背景，针对预应力锚索内锚段和锚头部位的腐蚀行为展开了研究。基于氯盐侵蚀环境条件，针对锚索内锚段钢索腐蚀引起的受拉性能退化问题，考察了索孔灌浆体中氯盐浓度、孔隙水饱和度、含氧状态及浆体强度等因素的影响。同时发现，索体腐蚀可在一定范围内提高极限黏结强度，而硫酸盐对浆体的腐蚀会降低极限黏结强度，且降低程度随硫酸盐浓度的增大而增大；岩体的环向约束作用可以显著提高极限黏结强度。另外，锚头部位各金属部件都存在一定程度的局部腐蚀现象，其中钢垫板的腐蚀程度相对最大。

以上这些研究的室内模拟试验方案或针对特定腐蚀环境及特定工作年限下预应力锚固结构的耐久性问题进行设计，对不同腐蚀环境的普适性不足，或存在应力水平设置偏离实际工况较多，以及未全面考虑溶液酸碱性、侵蚀性离子和含量等重要影响因素的不足。要实现对实际工况下预应力锚固结构腐蚀耐久性的评估和预测，必须更全面、综合地考虑影响其腐蚀耐久性的各种因素的协同作用。而且，上述研究对预应力锚固结构腐蚀形貌的观察和性能的测试主要在宏观与细观尺度，对其微观形貌和结构变化少有分析，腐蚀对锚固结构的破坏作用机理还有待进一步深入研究。

需要指出的是，尽管室内加速腐蚀试验所得到的试验结果可以作为实际工程中预应力锚固结构使用寿命预测的理论基础，但还不完全等同于实际工况下预应力杆件的腐蚀情况。因此，将室内加速腐蚀试验结果与现场试验结果相结合，实现对室内试验所得拟合公式或模型的修正，使其能够准确预测实际工程中预应力锚固结构的使用寿命也是未来研究的重点。

3.2.2　基于干湿循环腐蚀试验的锚索腐蚀机理研究

1. 试验设计

锚杆（索）的干湿循环腐蚀试验装置首先要能实现干湿循环过程，其次还应满足结构简单、循环自动化控制及可大规模开展等要求。在试验方案设计阶段，作者团队自主研发了适用于锚索腐蚀试验的干湿循环装置，并对该装置进行了测试和优化，经过了 4 个版本的改良，已形成一套稳定、可靠的锚索干湿循环试验装置，如图 3.2.1 所示。

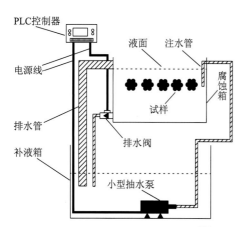

图 3.2.1　干湿循环试验装置

PLC 为可编程逻辑控制器，programmable logic controller

除试验装置研发外，合理选取试验参数并进行控制也是需要严格论证的，试验变量的选择应基于对腐蚀过程的理解及合理的工程原理。

锚索服役环境中以水为载体的侵蚀性离子主要有 Cl^- 和 SO_4^{2-}，从侵蚀性来看，Cl^- 要强于 SO_4^{2-}，其原因在于 Cl^- 能够破坏钝化膜。SO_4^{2-} 在引起索体腐蚀的同时，也会腐蚀浆体材料，从而降低浆体的胶合强度和咬合强度，对结构的锚固性能会产生重大影响。本节研究的对象是干湿交替条件下的锚索腐蚀规律，不涉及浆体，因此对 SO_4^{2-} 腐蚀浆体材料的特性不予考虑。根据《水利水电工程地质勘察规范》（GB 50487—2008）附录 L，环境水对钢筋混凝土结构中钢筋的腐蚀性判别标准为，当环境水中同时存在氯化物和硫酸盐时，Cl^- 质量浓度是指氯化物中的氯离子与硫酸盐折算后的 Cl^- 质量浓度之和，即 Cl^- 质量浓度 $=Cl^-$ 质量浓度$+SO_4^{2-}$ 质量浓度$\times 0.25$，单位为 mg/L。该规定表明，从离子的侵蚀性来看，SO_4^{2-} 的影响可以在一定意义上按照 0.25 的比例折算成 Cl^-。

综上，本次试验中选用 Cl^- 质量浓度作为试验因素之一。试验采用的腐蚀液由蒸馏水与分析纯氯化钠晶体配制而成，Cl^- 质量浓度以氯化钠溶液的质量分数来区分。为探索 Cl^- 质量浓度对干湿交替环境下锚索腐蚀规律的影响，考虑环境水对钢筋混凝土结构中钢筋的腐蚀性判别标准，试验配制的氯化钠溶液的质量分数分别为 0、0.02%、0.2%、1%及 3.5%。

干湿比是指在一个循环周期内试样的干燥时间与浸润时间之比，其取值可能会对试样的腐蚀效率产生影响。Vandermaat 等（2016）基于干湿循环腐蚀试验讨论了锚杆的应力腐蚀问题，研究选用了 1∶1 的干湿比（干 1 h，湿 1 h）；李富民等（2015）在硫酸盐腐蚀对锚索与砂浆黏结性能影响的研究中也采用了 1∶1 的干湿比（干 10 天，湿 10 天）；Wang 等（2010）的研究中采用的干湿比为 4∶1（干 12min，湿 3min）。但上述研究均未介绍干湿比的选取依据和影响。《金属和合金的腐蚀　盐溶液周浸试验》（GB/T 19746—2018）指出，如果试验条件没有在约定的规范中描述，宜浸没 10 min 后取出，之后 50 min 干燥，相应的干湿比为 5∶1。

考虑到存在注浆缺陷的锚索所处环境易受降雨和水位的影响，干湿比的选取理应基于对锚索实际服役环境的大量调研。考虑到降雨天气出现频率较低、持续时间较短，锚索所处环境的干湿比较大，综合上述文献调研，本节选取干湿比 5∶1 对锚索在干湿交替条件下的腐蚀规律展开研究。

室内干湿循环腐蚀试验可视为对现场腐蚀情形的模拟与加速，为方便后期与实际情形的换算和分析，循环周期应为 24 h 的整数或能够被 24 h 整除，因此试验考虑的最小循环周期为 0.5 h，最大循环周期为 24 h。考虑到循环周期可能会对锚索的腐蚀规律产生影响，相应地设置了 8 个水平，分别为 0.5 h、1 h、2 h、6 h、12 h、24 h、48 h 及 120 h。

2. 干湿循环腐蚀试验结果及分析

1）锚索腐蚀特征

在干湿条件下，随着试验时间的增长，索体表面逐渐丧失金属光泽，锈蚀产物开始附着在索体表面并逐渐累积；随着腐蚀程度的加重，索体最终被一层较厚的锈蚀产物包裹（图 3.2.2）。但是，在不同循环周期下，索体腐蚀外貌有较大的差异，如图 3.2.3 所示。

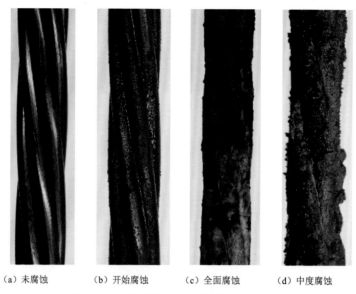

（a）未腐蚀　　　（b）开始腐蚀　　　（c）全面腐蚀　　　（d）中度腐蚀

图 3.2.2　干湿循环试验下的锚索腐蚀形态

图 3.2.3　不同循环周期下索体腐蚀外貌的对比

　　图 3.2.4 和图 3.2.5 为不同循环周期下的索体腐蚀外貌特征。低循环周期（<12 h）下，以 2 h-0.8%为例，从图 3.2.4 中可以观察到索体在不同试验时间节点的外貌特征及其变化。在试验开始仅 20 天时（腐蚀率为 2.348%），索体表面已经布满锈蚀产物，但依旧可见钢绞线轮廓；在试验开始 80 天时（腐蚀率为 7.049%），索体已不能观察到钢绞线轮廓。随着试验时间的进一步增长，锈蚀产物堆积越来越厚，从锈蚀产物颜色可以判断其主要成分为 Fe_2O_3。同时，还可以观察到，锈蚀产物表面湿润，表明低循环周期下，试样在干燥过程中并不能达到干燥状态。

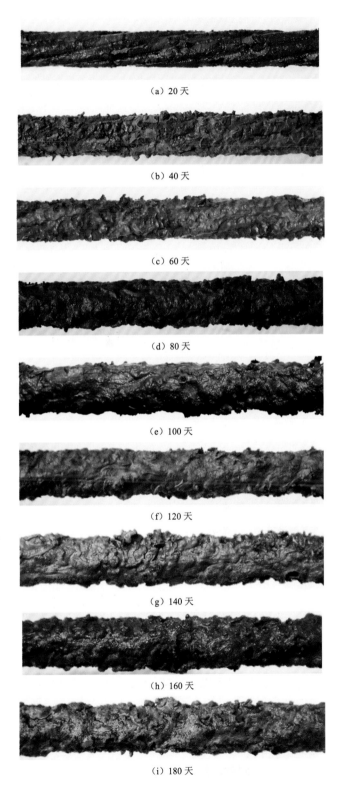

（a）20 天

（b）40 天

（c）60 天

（d）80 天

（e）100 天

（f）120 天

（g）140 天

（h）160 天

（i）180 天

图 3.2.4　低循环周期下索体腐蚀外貌（2 h-0.8%）

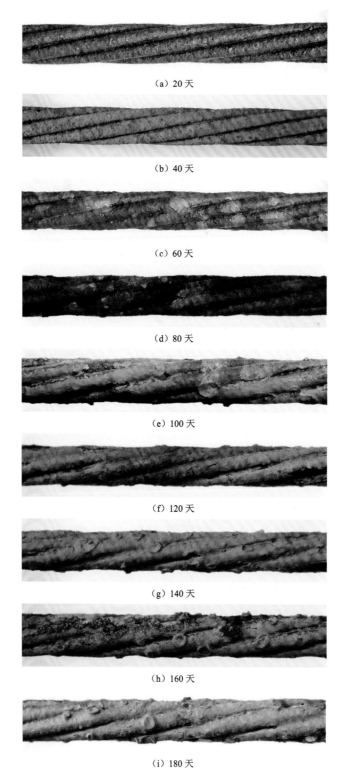

（a）20 天

（b）40 天

（c）60 天

（d）80 天

（e）100 天

（f）120 天

（g）140 天

（h）160 天

（i）180 天

图 3.2.5　高循环周期下索体腐蚀外貌（24 h-0.8%）

高循环周期（≥12 h）下，以 24 h-0.8%为例，从图 3.2.5 中可以观察到，在试验开始 20 天后（腐蚀率为 3.308%），索体表面已经被锈蚀产物覆盖。随着试验时间的增加，锈蚀产物的厚度也在增加。但是整个试验过程中，索体表面可以比较清晰地观察到钢绞线轮廓，且试样表面比较干燥。这表明高循环周期下，试样表面的锈蚀产物较为密实，且试样在干燥过程中能达到干燥状态。

2）不同腐蚀时间下的干湿循环周期影响

试验干湿比为 5∶1，第一阶段共设置了 0.5 h、1 h、2 h、6 h、12 h、24 h 6 个循环周期的腐蚀试验，试验结果见图 3.2.6～图 3.2.9。从腐蚀试验时间上看，循环周期对锚索腐蚀率的影响并不明显，也未呈现出一致的规律性。从图形试验数据的重叠性

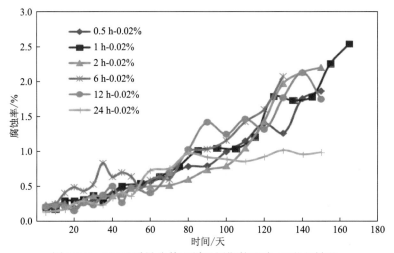

图 3.2.6　0.02%质量分数下循环周期的影响（不同时间）

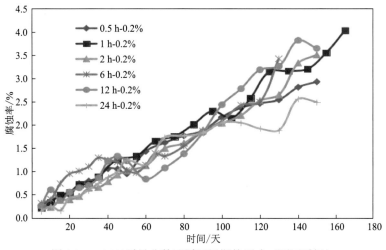

图 3.2.7　0.2%质量分数下循环周期的影响（不同时间）

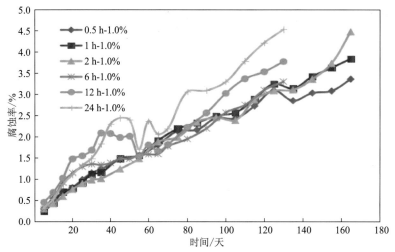

图 3.2.8　1.0%质量分数下循环周期的影响（不同时间）

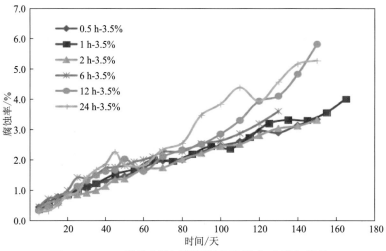

图 3.2.9　3.5%质量分数下循环周期的影响（不同时间）

看，同一时间下，不同循环周期下的试验数据（锚索腐蚀率）较为随机，在时间一定的情况下，锚索腐蚀率对循环周期似乎并不敏感。当循环周期不超过 24 h 时，如果仅改变循环周期，锚索腐蚀率与循环周期整体呈现出先增后减的关系。循环周期超过 24 h 后，锚索腐蚀率与循环周期整体也呈现出先增后减的关系。因此，综合来看，锚索腐蚀率与循环周期的关系分为两个阶段：第一阶段，在循环周期低于 24 h 的情况下，锚索腐蚀率随着循环周期的增大而逐渐增大，到达一个峰值过后，开始逐渐下降；第二阶段，循环周期超过 24 h 后，锚索腐蚀率随循环周期的变化又重复了上一个过程。从现有的试验结果来看，第一阶段的峰值对应的循环周期在 6～12 h，第二阶段的峰值对应的循环周期在 48 h 附近。

3.2.3　基于全浸腐蚀试验的锚索腐蚀演变规律研究

1. 试验设计

1) 影响因素的选取与组合

试验选用公称直径为 15.24 mm（1×7）、标准强度为 1 860 MPa 的高强度低松弛预应力钢绞线模拟预应力锚索试件。试验重点考虑应力水平、pH、SO_4^{2-} 和 Cl^- 及时间等多因素耦合对预应力锚索腐蚀耐久性的影响。

（1）腐蚀介质。

锚索握裹水泥浆体产生的碱性环境（pH 大于 12.0），可使钢材表面形成钝化膜，钢材可以得到较好的防腐保护。但当水泥结石受碳化作用或受到氯离子和其他酸性离子的侵蚀时，水泥结石的碱性环境遭到破坏，就会使钢材产生腐蚀。一般来说，影响锚索腐蚀的主要介质为锚孔中的渗漏水或静水，岩土体介质并不能与索体结构直接接触。因此，室内将配制的溶液作为腐蚀介质，把试件浸泡在溶液中进行模拟试验。而且，在锚索工作的地层中，地下水中常见的侵蚀性阴离子包括 HCO_3^-、CO_3^{2-}、SO_4^{2-} 和 Cl^- 等，以 SO_4^{2-} 和 Cl^- 对锚固结构及其握裹层砂浆的腐蚀最为强烈，破坏性最大。结合典型工程服役环境的实际情况和《岩土工程勘察规范》（GB 50021—2001）、《水工预应力锚固技术规范》（SL/T 212—2020）等相关规范的要求，水中的 Cl^- 质量浓度按对钢筋的弱、中、强三个腐蚀等级控制，质量浓度分别为 0、10 000 mg/L、20 000 mg/L，SO_4^{2-} 与之类似。

为了提高后期数据拟合的精确度，尽量多选取了一些 pH 样本，故本试验选取的 pH 为弱酸或弱碱环境，分别为 4.0、6.5、8.5 及 3.0、7.0、10.0 两组。腐蚀加速用介质溶液由 NaCl、Na_2SO_4、NaOH、H_2SO_4 试剂（国药集团化学试剂有限公司）和蒸馏水配制而成。将 NaCl 试剂作为 Cl^- 的来源，将 Na_2SO_4 试剂作为 SO_4^{2-} 的来源，溶液 pH 通过稀 HCl、稀 H_2SO_4 和 NaOH 来调整。对于 Cl^- 质量浓度和 SO_4^{2-} 质量浓度均为 0 的情况，溶液 pH 通过醋酸和氨水来调整。

（2）应力水平。

应力大小以钢绞线强度利用系数来表示。根据规范要求，锚索强度利用系数为 0.6，单根钢绞线的张拉力 $P=156$ kN，即锚索张拉控制应力不应超过 60% 的抗拉强度标准值。在本试验中，考虑到预应力波动和松弛现象的存在，对预应力钢绞线所选用的应力水平在 45%～70% 取值。为了提高后期数据拟合的精确度，选取了 6 个应力水平样本，分别为 50%、60%、70% 及 45%、55%、65% 两组。

（3）因素组合。

由于试验参数较多，为优化试验，对应力大小、Cl^- 及 SO_4^{2-} 质量浓度、pH 等参数因子进行了正交组合试验，具体的试验组合见表 3.2.1。为了进行对比，另外选取了钢绞线试件（无应力），并将其置于空气环境（湿度小于 60%）下进行了相关试验。

表 3.2.1　全浸腐蚀试验正交组合试验表

试验编号	因素			
	Cl⁻质量浓度/（g/L）	SO_4^{2-}质量浓度/（g/L）	pH	应力大小/%
Ⅰ	1	1	1	1
Ⅱ	1	2	2	2
Ⅲ	1	3	3	3
Ⅳ	2	1	2	3
Ⅴ	2	2	3	1
Ⅵ	2	3	1	2
Ⅶ	3	1	3	2
Ⅷ	3	2	1	3
Ⅸ	3	3	2	1

注：表中 1、2、3 分别表示所选取的离子质量浓度、pH、应力大小的 3 个水平。

（4）试验持续时间。

多个工程现场的锚杆运行情况研究表明，处于干湿交替或与水接触条件下的锚杆年腐蚀率加快，承载力下降较大（曾宪明 等，2002）。本试验对主要环境因子进行了强化加速模拟，试验观测时间点可设定为 0 个月、3 个月、6 个月、8 个月、10 个月、12 个月，按此间隔取样进行宏微观形貌、结构表征和性能试验，根据试验情况酌情进行调整。

2）加速腐蚀试验装置

作者团队自主设计了一套便于加载高应力和浸泡腐蚀液的目字形腐蚀试验槽，其主体框架为 C45 钢筋混凝土结构，分上、下两层各穿孔加载 3 根钢绞线，能承受195 kN/孔的预应力。每根钢绞线穿过盛放腐蚀液的 PVC 管，以保证相应的试验段浸泡在腐蚀液中。测试期间使用 pH 计定期检测腐蚀液的 pH，发现 pH 变化则更换溶液，以保证溶液成分、浓度、pH 基本保持恒定。试验槽的设计如图 3.2.10 所示。

钢绞线横穿腐蚀试验槽之前部分区域表面需进行打磨处理。打磨段区域的起始和结束位置分别在钢绞线锚固后离腐蚀试验槽中每个独立矩形槽两端约 20 cm 处，采用砂纸整圈打磨至表面光亮。在 6 个时间点分别取出第①、②、③、④、⑤、⑥根钢绞线（卸除张拉应力后抽出）进行一系列观察和测试。腐蚀试验槽每个独立矩形槽的 PVC管中采用同样的腐蚀液，即一个腐蚀试验槽可以模拟一种腐蚀介质和应力耦合环境。溶液的更换坚持"实时监测、实时更换"的原则，即定期监测 pH 的变化，发现 pH 降低，则更换溶液。定期通过振弦读数仪对每根钢绞线的应力状态进行监测。必要时进行补充张拉，以便保持恒定应力状态。

3）表征测试方法

通过 BGK-4900 型钢弦式锚索测力计对钢绞线的荷载状态进行定期监测。观察钢绞线腐蚀试件的形态变化，包括腐蚀产物分布、厚度、颜色、致密度和附着性等。在钢绞线腐蚀试件表面获取腐蚀产物后，进一步采用稀盐酸进行锈蚀清理。采用天平和游标卡尺测量计算试件失重、单位长度质量损失、断面损失率等腐蚀特征。利用荷兰帕纳科公司 X 射线衍射仪对腐蚀产物进行物相结构表征分析，通过 WES-1000 数显液压万能试验机（1 000 kN）测试钢绞线破断荷载、抗拉强度、断裂伸长率等力学性能。

（a）预应力锚索腐蚀试验槽

（b）张拉锁定后的锚索

图 3.2.10　预应力锚索腐蚀试验槽及张拉锁定后的锚索

2. 钢绞线荷载状态监测情况

图 3.2.11 为整个试验周期内监测得到的不同试验条件下钢绞线荷载损失率随时间的变化情况。可以看出，随着时间的推移，不同试验条件下钢绞线荷载或多或少会产生一定的损失，荷载变化趋势大部分表现为：短期内先急速下降，然后下降趋势逐渐趋于缓和，经历一段时间后逐渐变为随温度呈现周期性波动，与前人研究工作中所描述的锚索锚固力长期损失的三阶段特征具有一致性（冯忠居 等，2021）。并且，钢绞线最大荷载损失率均在 8%以内，与三峡水电站等工程现场实际监测到的锚索荷载损失率的变化规律、限值情况都基本一致，如三峡永久船闸高边坡及地下水电站的锚索荷载损失率大部分在 15%以内（高大水和曾勇，2001）。这也进一步验证了本加速腐蚀试验模拟实际工程服役环境下锚索腐蚀行为演变的合理性、有效性。其中，试验 Ⅳ

下，钢绞线荷载损失率在运行约 180 天后由正转负，即存在荷载经过下降阶段后呈微弱缓慢增加的情况，这主要是由钢筋混凝土腐蚀试验槽部分浇筑部位的轻微应力松弛变形所致，由于增加率较小（小于 1%），可忽略不计。同时，通过锚索锚固力下降百分比可以看出，应力的大小对锚固损失并无明显的影响。

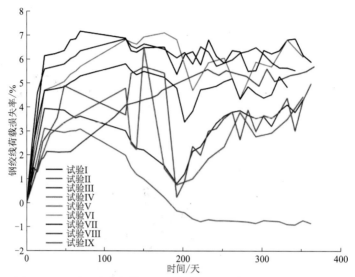

图 3.2.11　不同试验条件下钢绞线荷载损失率随时间的变化情况

3. 钢绞线腐蚀形貌结构演变与腐蚀机理

图 3.2.12 为置于空气环境且无应力条件下不同腐蚀时间的钢绞线宏观形貌变化情况。从图 3.2.12 中可以看出，钢绞线表面发生的腐蚀情况较轻微，10 个月后出现了少量的红色锈点，但主要为浮锈，不腐蚀截面。

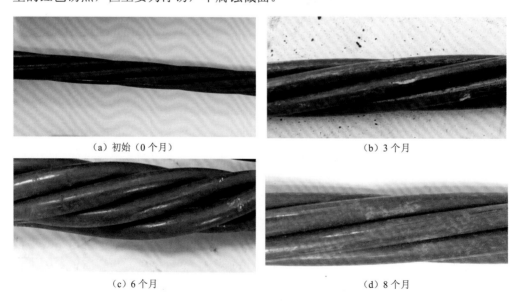

（a）初始（0 个月）　　　　　　　　　　（b）3 个月

（c）6 个月　　　　　　　　　　　（d）8 个月

（e）10 个月　　　　　　　　　　　　　　　（f）12 个月

图 3.2.12　空气环境、无应力条件下不同腐蚀时间的钢绞线宏观形貌变化情况

　　对比来说，加速腐蚀环境中的钢绞线的腐蚀程度显著增强，见图 3.2.13，随着时间的增加，腐蚀速率明显加快，且各个加速腐蚀条件下钢绞线腐蚀后的宏观形貌变化趋势基本一致。以试验 VI 下的结果为例，腐蚀初期，试件表面主要存在少量尺寸较小且深度较浅的点蚀，大多表现为红色粉末状物，少数表现为暗红色粉末状物，用力擦拭即可去除。这一时期为应力腐蚀的第一阶段，即微裂纹的孕育萌生阶段。此阶段的微裂纹主要是在拉应力和钢绞线自身缺陷两者的共同作用下形成的。随着时间的推移，这些微浅点状腐蚀逐渐演化为坑槽状腐蚀、条状腐蚀乃至片状腐蚀，试件表面也逐渐覆盖一层暗红色的膜，其厚度达到 0.5 mm 左右，与钢绞线表面的黏接力增强，钢绞线表观体积显著增大。

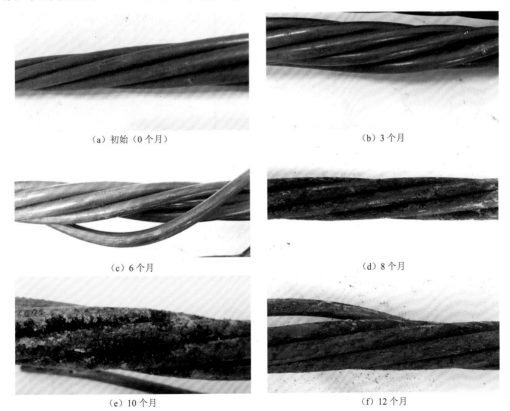

（a）初始（0 个月）　　　　　　　　　　　　（b）3 个月

（c）6 个月　　　　　　　　　　　　　　　　（d）8 个月

（e）10 个月　　　　　　　　　　　　　　　（f）12 个月

图 3.2.13　不同腐蚀时间的钢绞线表面宏观形貌变化情况（试验 VI）

这些红色或暗红色的粉末状物和膜状物即钢绞线的腐蚀产物。图 3.2.14 和表 3.2.2 为不同试验条件下运行 8 个月后钢绞线表面腐蚀产物的 X 射线衍射测试与物相分析结果。可以看出，在空气环境中供氧充足，钢绞线表面的腐蚀产物主要是 $Fe_2O_3 \cdot H_2O$。对于加速腐蚀试验环境，腐蚀产物中的铁氧化物不仅包括 $Fe_2O_3 \cdot H_2O$，还包括 α-FeO(OH)、β-FeO(OH)、Fe_3O_4 等，应与氧气不充足或弱碱性条件有关。根据各试验条件下腐蚀液中离子种类和浓度的不同，腐蚀产物中还相应包括了 $FeSO_4$、$Fe_2(SO_4)_3$ 及其水化物，以及 Fe_3Cl_3、$FeCl_2$、$FeCl_3$ 及其水化物。

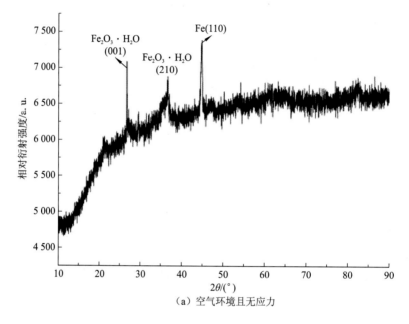

（a）空气环境且无应力

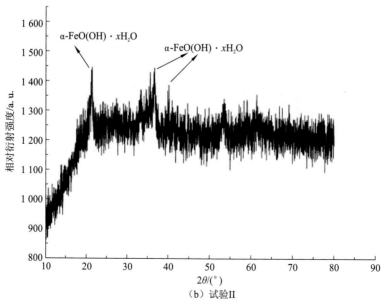

（b）试验II

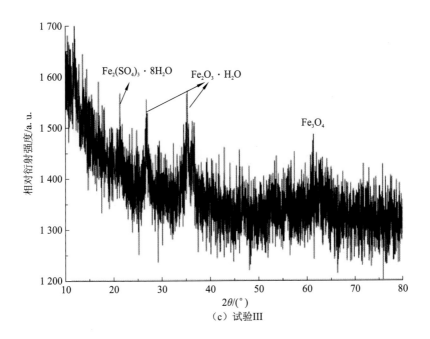

（c）试验III

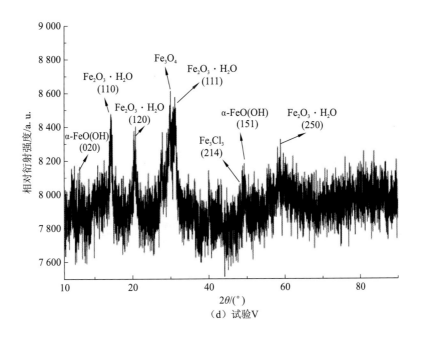

（d）试验V

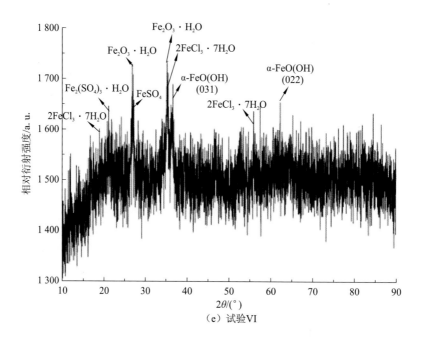

（e）试验VI

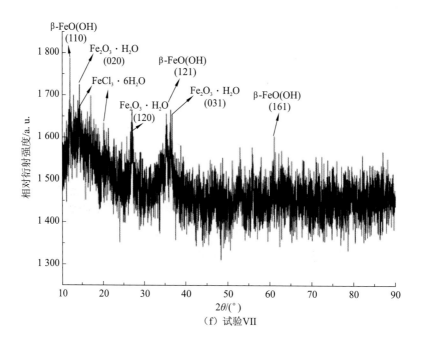

（f）试验VII

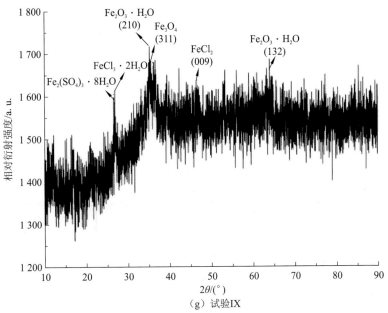

图 3.2.14　不同试验条件下钢绞线表面典型腐蚀产物的 X 射线衍射谱（运行 8 个月）

表 3.2.2　不同试验条件下钢绞线表面腐蚀产物物相分析结果

试验条件	腐蚀产物主要物相
空气环境且无应力	$Fe_2O_3 \cdot H_2O$，存在 Fe 特征峰
II	$\alpha\text{-}FeO(OH) \cdot xH_2O$
III	$Fe_2O_3 \cdot H_2O$，Fe_3O_4，$Fe_2(SO_4)_3 \cdot 8H_2O$
V	$Fe_2O_3 \cdot H_2O$，Fe_3O_4，$\alpha\text{-}FeO(OH)$，Fe_3Cl_3
VI	$Fe_2O_3 \cdot H_2O$，$2FeCl_3 \cdot 7H_2O$，$Fe_2(SO_4)_3 \cdot H_2O$，$FeSO_4$，$\alpha\text{-}FeO(OH)$
VII	$Fe_2O_3 \cdot H_2O$，$\beta\text{-}FeO(OH)$，$FeCl_3 \cdot 6H_2O$
IX	$Fe_2O_3 \cdot H_2O$，Fe_3O_4，$Fe_2(SO_4)_3 \cdot 8H_2O$，$FeCl_3 \cdot 2H_2O$，$FeCl_2$

不同试验条件下腐蚀液的组成有所区别，对钢绞线腐蚀反应过程的影响不同，因此腐蚀产物的物相结构也有所区别。初步分析了不同试验条件下钢绞线的腐蚀反应过程和机理，具体如下。

首先是 Fe 失去的电子价态升高，同时在阴极发生氧的去极化过程：

$$2Fe + O_2 + 2H_2O = 2Fe(OH)_2 \tag{3.2.1}$$

然后在氧气作用下被进一步氧化：

$$4Fe(OH)_2 + O_2 + 2H_2O = 4Fe(OH)_3 \tag{3.2.2}$$

$Fe(OH)_3$ 失水后，会形成红色铁锈 Fe_2O_3：

$$2Fe(OH)_3 = Fe_2O_3 \cdot H_2O + 2H_2O \tag{3.2.3}$$

在氧气不充足或弱碱性环境下，可能发生如下反应生成 $FeO(OH)$ 及 Fe_3O_4：

$$Fe(OH)_2 + OH^- \Longrightarrow FeO(OH) + H_2O + e^- \tag{3.2.4}$$

$$3Fe(OH)_2 + 2OH^- \Longrightarrow Fe_3O_4 + 4H_2O + 2e^- \tag{3.2.5}$$

而且当腐蚀液中含有 Cl^- 或 SO_4^{2-} 时，还会发生如下反应：

$$Fe(OH)_2 + 2Cl^- \Longrightarrow FeCl_2 + 2OH^- \tag{3.2.6}$$

$$Fe(OH)_3 + 3Cl^- \Longrightarrow FeCl_3 + 3OH^- \tag{3.2.7}$$

$$Fe(OH)_2 + SO_4^{2-} \Longrightarrow FeSO_4 + 2OH^- \tag{3.2.8}$$

$$2Fe(OH)_3 + 3SO_4^{2-} \Longrightarrow Fe_2(SO_4)_3 + 6OH^- \tag{3.2.9}$$

4. 钢绞线腐蚀过程中物理性能演变规律

最初试验方案设计主要从单位长度腐蚀量即单位长度质量损失及力学性能（破断荷载损失率）、断面损失率等方面来考察钢绞线腐蚀后的物理性能变化。但是在实际试验中，选取断面损失率"代表值"存在困难，即使采集了大量的最大腐蚀断面、平均腐蚀断面数据，仍然存在数据规律难以确定等问题，因此最终选取单位长度质量损失和力学性能两个物理性能指标作为腐蚀后物理性能变化的主要考察对象。

表 3.2.3 为试验过程中各钢绞线单位长度质量损失情况一览表。单位长度质量损失测试采用失重法，即将钢绞线试件除锈后称重，并与原始单位长度质量比较，得到腐蚀前后单位长度质量的差值。尽管由于除锈误差等，个别数据与其他数据相差较大，但并未影响整体时变规律的判断。从总的趋势来看，与空气环境且无应力条件下相比，加速腐蚀试验均处于有应力状态，总体上单位长度质量损失显著增大；随着时间的延长，单位长度质量损失的总体变化趋势是先增加后减小再增加，后期增加量逐渐减小，且这种增加量逐渐减小的趋势在碱性溶液中表现得更为明显；当 SO_4^{2-} 与 Cl^- 质量浓度均为 0 时，单位长度质量损失最高约为 0.18 g/cm，随着 SO_4^{2-} 与 Cl^- 质量浓度的增大，单位长度质量损失呈现快速增长趋势，同一腐蚀时间的单位长度质量损失最高达到约 0.51 g/cm。

表 3.2.3　各钢绞线单位长度质量损失情况一览表　　　　（单位：g/cm）

试验条件	试验时间					
	0	3 个月	6 个月	8 个月	10 个月	12 个月
空气环境且无应力	0	0.03	0.10	0.04	0.06	0.06
试验 I	0	0.14	0.16	0.18	−0.05	0.18
试验 II	0	0.08	0	0.08	0.35	0.13
试验 III	0	0.37	0.24	−0.02	0.33	0.35
试验 IV	0	0.51	0.17	0.05	0.40	0.41
试验 V	0	0.01	0.13	0.21	0.37	0.43
试验 VI	0	0.12	0.18	0.13	0.40	0.46
试验 VII	0	0.33	0.02	0.12	0.16	0.23
试验 VIII	0	0.46	0.25	0.23	0.41	0.50
试验 IX	0	0.48	0.13	0.09	0.22	0.30

　　表 3.2.4 为试验过程中各钢绞线破断荷载损失率情况一览表。其中，空气环境且无应力条件下随试验时间的增长，钢绞线破断荷载损失率出现一些负值，应是力学性能变化微小时的试验误差所致，在该条件下钢绞线在整个试验阶段的锈蚀程度较轻微，以表面局部浮锈为主，对其力学性能不产生显著影响（损失率小于 1%）（惠云玲，1997a）。从总的趋势来看，加速腐蚀试验条件下除个别误差数据（负值）以外，与空气环境且无应力状态下相比，破断荷载损失率显著增大，这与应力条件下的腐蚀加速有一定的关系。钢绞线在应力和腐蚀介质作用下，表面氧化膜更易产生位错滑移，当滑移变形达到临界条件时产生应力腐蚀微裂纹（潘保武，2008），微裂纹的不断扩展可大幅加速腐蚀进程。

表 3.2.4　各钢绞线破断荷载损失率情况一览表　　　　　　（单位：%）

试验条件	试验时间					
	0	3 个月	6 个月	8 个月	10 个月	12 个月
空气环境且无应力	0	0.07	−0.61	−0.18	−0.29	1.03
试验 I	0	−1.73	1.64	0.92	2.25	2.48
试验 II	0	0.81	2.50	1.80	9.94	8.75
试验 III	0	0.80	7.62	13.49	25.75	32.81
试验 IV	0	4.11	8.98	4.42	15.13	18.50
试验 V	0	3.98	4.64	4.16	10.71	12.68
试验 VI	0	4.68	16.38	22.53	37.15	49.05
试验 VII	0	5.12	9.35	6.33	11.80	13.60
试验 VIII	0	6.35	7.62	9.13	22.26	43.56
试验 IX	0	7.89	8.89	9.59	22.18	29.03

　　从表 3.2.4 中可以发现，随着时间的延长，破断荷载损失率基本呈现增加趋势，增加量在偏酸性溶液中表现得更为明显。随着 SO_4^{2-} 与 Cl^- 质量浓度的增大，破断荷载损失率呈现快速增长趋势，同一腐蚀时间的破断荷载损失率最高达到了 49.05%。腐蚀环境中 SO_4^{2-} 与 Cl^- 同时存在比单一的 SO_4^{2-} 或 Cl^- 存在使钢绞线的力学性能损失更快，这与其发生的腐蚀反应类型及产物息息相关。例如，在腐蚀液不含 Cl^-、SO_4^{2-} 质量浓度为 10 g/L 的试验 II 下，腐蚀 8 个月后钢绞线破断荷载损失率较低，这是因为所产生的腐蚀产物以 α-FeO(OH) 为主，α-FeO(OH) 作为一种稳定的腐蚀产物，连续性和致密性较好，对基体的进一步腐蚀也起到了一定的抑制作用。而对于腐蚀液不含 SO_4^{2-}，Cl^- 质量浓度为 20 g/L 的试验 VII 来说，由于 Cl^- 质量浓度较高，为 β-FeO(OH) 的形成提供了必要条件，腐蚀产物以 β-FeO(OH) 为主。尽管溶液环境偏微碱性，但 β-FeO(OH) 的氧还原反应的活性在一定程度上促进了钢绞线基体的腐蚀

（张心宇 等，2021），故其破断荷载损失率有所增大。而对于腐蚀液中 Cl^- 质量浓度为 10 g/L，SO_4^{2-} 质量浓度为 20 g/L 的试验 VI 来说，腐蚀产物更加复杂，尽管也存在较为稳定的物相 Fe_2O_3 和 $\alpha\text{-FeO(OH)}$，但产物中氯化物和硫酸盐的存在增大了钢绞线表面薄液膜的导电性，促进了试件表面电化学腐蚀反应的进行，尤其是 $FeSO_4$ 水解氧化形成羟基氧化铁和游离的硫酸（郭明晓 等，2018），加速了钢绞线的腐蚀，其破断荷载损失率也随之显著加大。

3.2.4 应力对锚索的腐蚀影响研究

1. 试验装置及过程

实际高陡边坡锚固体系中，锚索的加载方式为恒变形，为研究锚索的应力腐蚀，模拟真实环境中的情况，选择 U 形弯曲试验研究锚索的应力腐蚀。

U 形弯曲试验加载装置如图 3.2.15 所示。测试设备为 WDW-200D 微机控制电子式万能材料试验机，其载荷传感器的精度为 1%，变形传感器的精度为 1%。对于试验过程中的参数，模具弯曲载荷大小、下压速率、下压位移量、压头直径、支撑点跨距、钢绞线直径都控制一致，保证试验条件的简单稳定。U 形弯曲试样成型后用自行设计的夹紧装置夹紧，保证不卸载。试验模具为自行设计，根据已有的支撑底座及固定模具的装置，设计 U 形弯曲模具的尺寸及材料。保证能够一次加工两个试样，这个过程中模具不能产生变形，而且夹紧过程中模具不能有阻碍作用。

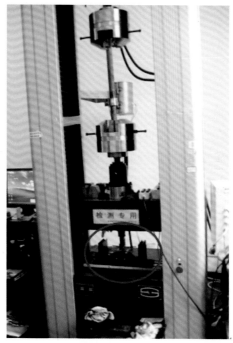

图 3.2.15 钢绞线 U 形弯曲试验加载装置

钢绞线硬度达 HRB60，采用冷作模具钢可以达到此要求，确保试验过程中模具不产生变形，再考虑生产厂家的因素，最终选择的模具材料为冷作模具钢 Cr12Mn，经研究确定其制作过程为 850℃淬火 2 h，150℃低温回火 2 h，以保证模具热处理后的强度、硬度和韧性要求。考虑到试样夹紧过程中模具不能有阻碍作用，模具的生产制作应方便、节约材料，并且要求 U 形弯曲模具压头尺寸可以灵活更换，最终确定加工成组合态阶梯状的模具；模具各部分尺寸都经过试验探索来确定。U 形弯曲恒位移加载模具及试样如图 3.2.16 所示。

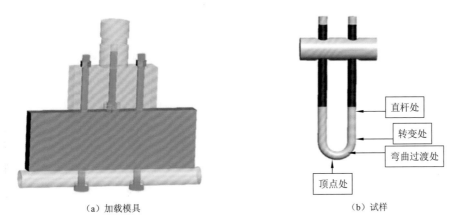

（a）加载模具　　　　　　　　　　　（b）试样

图 3.2.16　U 形弯曲恒位移加载模具及试样示意图

根据试验结果对 U 形弯曲模具压头直径进行选择，试验结果如表 3.2.5 所示，由此可知：钢绞线的性能可以实现 U 形弯曲，试样的弯曲程度受压头直径和支撑点跨距影响很大。根据试验需要，在一个试样上模拟出 0～95%抗拉强度（R_m）这样覆盖范围很广的力值，试样顶端基本达到断裂状态，大量试验数据表明：压头直径为 12 mm、跨距为 26 mm 左右时顶端基本达到断裂状态，压头直径为 12 mm 时顶端断裂概率很大，而压头直径为 12.5 mm、跨距为 25 mm 时顶端断裂概率大约为 5%，满足试验条件，所以选择压头直径为 12.5 mm 的压头做试验。

表 3.2.5　压头直径及跨距等对 U 形弯曲试样顶点作用力的影响

试样编号	应力状态	压头直径/mm	跨距/mm	顶端是否断裂	最大弯曲载荷/kN	最大位移量/mm
1		5.0	80.0	未	1.80	50.00
2		5.0	60.0	未	2.20	49.00
3	无预拉伸	6.0	60.0	未	2.28	50.00
4		8.0	60.0	未	2.32	50.00
5		10.0	28.0	未	4.32	36.00

试样编号	应力状态	压头直径/mm	跨距/mm	顶端是否断裂	最大弯曲载荷/kN	最大位移量/mm
6		10.0	30.0	未	4.01	50.00
7		30.0	44.00	未	3.20	50.00
8		16.0	30.0	未	—	50.00
9		12.5	25.0	未	6.00	55.00
10		12.0	28.0	断	5.20	22.00
11		10.0	26.0	断	5.02	19.00
12		10.0	26.0	断	5.06	21.60
13		10.0	24.0	断	4.83	13.00
14		10.0	22.0	断	5.10	16.00
15	无预拉伸	8.0	40.0	断	3.18	46.32
16		8.0	40.0	断	3.20	29.00
17		8.0	40.0	断	3.23	—
18		8.0	30.0	断	3.25	—
19		7.0	40.0	断	3.19	29.00
20		6.0	60.0	断	2.06	—
21		6.0	40.0	断	3.13	—
22		5.0	60.0	断	2.31	49.70
23		5.0	40.0	断	3.18	—
24		5.0	30.0	断	3.80	—
25		16.0	30.0	未	5.00	50.00
26		12.0	30.0	未	4.00	37.00
27	轴向预拉伸到最大载荷后,再做三点弯曲	12.0	26.0	未	—	38.00
28		12.0	24.0	未	—	38.00
29		10.0	30.0	断	—	25.00

一般涉及恒位移的试验通常都采用轴向拉伸恒位移装置,这样做确实能控制试验条件,简单稳定,但是该试验装置不便于进行大规模试验。而严谨的 U 形弯曲试验方法,可以在有限的时间、空间和经费条件下,定性、有效、快速地确认各种拉应力下钢绞线在不同腐蚀介质中的加速腐蚀程度,为筛选钢绞线在哪些介质中存在应力腐蚀加速现象提供了有效的手段。虽然一般的 U 形弯曲试验的结果[包括国标《金属和合

金的腐蚀　应力腐蚀试验　第 3 部分：U 形弯曲试样的制备和应用》（GB/T 15970.3—1995）] 只是一个定性结果或者是一个对比结果，但由于改进了该试验方法，通过调整压头直径和支撑点跨距，以及弯曲载荷大小、下压位移量与钢绞线直径的关系，可以调整弯曲试样顶点处钢绞线外侧的受力大小。其结果可以作为一个半定量的试验结果。

实验室改进的 U 形弯曲试验具有以下优势：采用 U 形弯曲试样使在一个试样上模拟多种力值成为可能，即在一个 U 形弯曲试样上可以模拟出从零到百分之九十多抗拉强度的各种力值，力值覆盖范围广；这种试验方法有利于大批量进行试验操作，节省空间和设备。

经过反复试验，确定最终的试验条件，确保 U 形弯曲试样顶点处钢绞线的外侧表面被施加了接近于最大断裂强度的应力（此时，若再加大压力或缩小弯曲半径，试样顶点立即开裂），并保持该试样受力的原始状态（无卸载恢复阶段）直至试验测量结束。由此，可以基本确定：U 形弯曲试样顶点处钢绞线的外侧表面被施加了接近于最大断裂强度的应力；U 形弯曲试样直杆处的钢绞线并未受到任何外加应力；从直杆到顶点，钢绞线外侧表面所受到的拉应力将从零逐渐过渡到最大断裂强度应力值。也就是说，若忽略压应力对金属腐蚀的加速作用（一般可以这样认为），在这个 U 形弯曲试样上，可以同时获得在某介质溶液中不同表面拉应力对钢绞线腐蚀的加速作用。当然，U 形弯曲试样各处的直径在腐蚀浸泡前后的变化量，就可以认为是不同表面拉应力对钢绞线腐蚀作用的结果。因此，这是一个半定量的试验结果。

2. 试验方案

本节首先选择了模拟水泥孔隙溶液的饱和氢氧化钙溶液（pH＝12.4～12.6）和模拟自然地下水的中性水溶液（pH＝6.8～7.2）。选择的有害离子为自然界中常见的氯离子和硫酸根离子。浓度选择主要依据电化学试验检测的结果（活化范围和钝化范围），以及自然界中水质较典型、较极端的浓度。试验的具体数据参见表 3.2.6。溶液中氯离子和硫酸根离子分别由分析纯氯化钠和分析纯硫酸钠按离子的质量分数提供。海水试验溶液为真实海水和离子含量是真实海水 2 倍的海水，用于考察氯离子和硫酸根离子共同作用下钢绞线的应力腐蚀行为。

表 3.2.6　U 形弯曲应力腐蚀试验计划

序号	腐蚀离子类别	有害离子质量分数/%	中性水溶液（pH＝6.8～7.2）浸泡时间			饱和氢氧化钙溶液（pH＝12.4～12.6）浸泡时间		
			30 天	60 天	90 天	30 天	60 天	90 天
1		0.01	2 组	2 组	2 组	—	—	—
2	氯离子	0.05	2 组	2 组	2 组	—	—	—
3		0.10	2 组	2 组	2 组	—	—	—

序号	腐蚀离子类别	有害离子质量分数/%	中性水溶液（pH=6.8～7.2）浸泡时间			饱和氢氧化钙溶液（pH=12.4～12.6）浸泡时间		
			30 天	60 天	90 天	30 天	60 天	90 天
4		0.30	2 组	2 组	2 组	2 组	2 组	2 组
5		0.50	2 组	2 组	2 组	2 组	2 组	2 组
6		0.80	2 组	2 组	2 组	—	—	—
7	氯离子	1.00	2 组	2 组	2 组	2 组	2 组	2 组
8		1.50	2 组	2 组	2 组	2 组	2 组	2 组
9		2.12	2 组	2 组	2 组	2 组	2 组	2 组
10		4.24	2 组	2 组	2 组	2 组	2 组	2 组
11		6.36	2 组	2 组	2 组	2 组	2 组	2 组
12		0.02	2 组	2 组	2 组	—	—	—
13		0.05	2 组	2 组	2 组	—	—	—
14		0.10	2 组	2 组	2 组	—	—	—
15		0.27	2 组	2 组	2 组	2 组	2 组	2 组
16	硫酸根	0.40	2 组	2 组	2 组	2 组	2 组	2 组
17		0.80	2 组	2 组	2 组	—	—	—
18		1.00	2 组	2 组	2 组	2 组	2 组	2 组
19		2.00	2 组	2 组	2 组	2 组	2 组	2 组
20		5.00	2 组	2 组	2 组	2 组	2 组	2 组
21	海盐	1 倍海水浓度	2 组	2 组	2 组	2 组	2 组	2 组
22		2 倍海水浓度	2 组	2 组	2 组	2 组	2 组	2 组

　　U 形弯曲试样将直接采用带有氧化皮的钢绞线，在力学试验机上按相同程序直接压弯成型。

　　采用 U 形弯曲应力腐蚀试验方法，可以在不同介质溶液中同时获得不同表面拉应力对钢绞线腐蚀的加速作用。虽然一般的 U 形弯曲试验的结果只是一个定性结果或对比结果，但经过改进的试验方法，通过调整压头直径和支撑点跨距，以及弯曲载荷大小、下压位移量与钢绞线直径的关系，可以调整弯曲试样顶点处钢绞线外侧的受力大小。

　　显然，由于受力不同，U 形弯曲试样上不同位置的直径应该是不同的（即使是在腐蚀前）。但同一个试样两臂的相应位置应该是关于顶点对称的——可以看作是平行数据。因此，研究中，所有 U 形弯曲试样均需在腐蚀前后按位置采用步进式方法进行逐点的直径测量。测量工具是专门订购的千分之一螺旋测微器（精度为 ±0.001 mm）及千分之一读数显微镜（精度为 ±0.001 mm）。

为了能够突出在不同腐蚀离子浓度的介质中应力对钢绞线腐蚀的影响，分析时重点选择了腐蚀前后 U 形弯曲试样顶点处与直杆处的直径变化量进行比较（图 3.2.17）。同时，将应力介于两者之间的过渡部位的直径变化量也一同展示在以下结果图中，用以对比（三处的直径变化量分别标记为顶点 1、直杆 1 及过渡 1）。

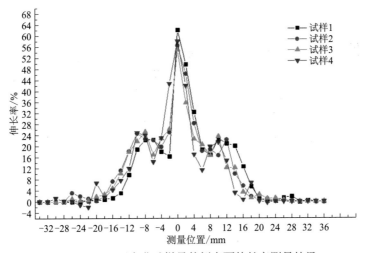

图 3.2.17　U 形弯曲试样最外侧表面伸长率测量结果

为了能够进一步突出拉应力对钢绞线腐蚀的影响，试验过程中还在相同的检测位置，同时测量了与 U 形弯曲平面垂直的钢绞线的直径变化量，并将这三处的直径变化量分别标记为顶点 2、直杆 2 及过渡 2，用以对比 U 形弯曲平面内钢绞线外侧最大拉应力的作用。

3. 试验结果分析

1）在氯离子中性水溶液中浸泡 30 天 U 形弯曲试样不同部位的直径损失速率

从 U 形弯曲应力腐蚀试验结果可以看出：钢绞线 U 形弯曲试样在不同氯离子质量分数的中性水溶液中浸泡 30 天以后，U 形弯曲试样不同部位的直径损失速率以顶点处最大、腐蚀最严重，明显超出了无应力直杆部位的直径损失速率。在 U 形弯曲平面内，顶点最大直径损失速率可达 1.44 mm/a，最小也有 0.56 mm/a，而直杆部位的直径损失速率一般都在 0.06~0.28 mm/a。顶点最大直径损失速率是直杆部位直径损失速率的三倍以上。从各个质量分数下的顶点腐蚀程度看，随氯离子质量分数的增加，顶点直径损失速率有先递增后递减的趋势。这种趋势在未受力的直杆处不太明显。直杆处在各质量分数下的直径损失速率差别相对较小。这可以充分说明，拉应力确实加速了钢绞线在含氯离子中性水溶液中的全面腐蚀，且若所受拉应力的数值较小，加速腐蚀的程度也较小，如图 3.2.18 所示。

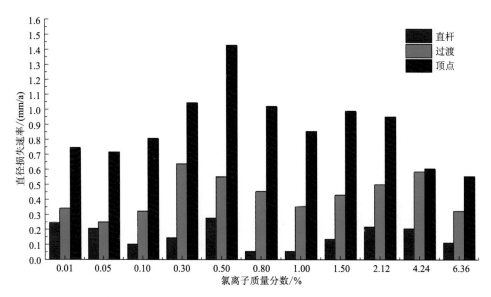

图 3.2.18　不同氯离子质量分数的中性水溶液中 U 形弯曲试样不同部位的直径损失速率

而在垂直于 U 形弯曲平面方向上的钢绞线的直径损失速率要明显小于 U 形弯曲平面内相同部位的直径损失速率，即使是在 U 形弯曲试样的顶部。这正是因为在弯曲平面内 U 形弯曲试样外侧受到的拉应力要明显大于垂直于弯曲平面方向上钢绞线表面的拉应力。因此，在受力状态差不多的部位，钢绞线直径的直径损失速率也就相差很小了。

2）在硫酸根离子中性水溶液中浸泡 30 天 U 形弯曲试样不同部位的直径损失速率

从图 3.2.19 可以看出，在中性水溶液中，硫酸根离子与氯离子对钢绞线的腐蚀作用趋势非常相似。U 形弯曲试样受力最大的顶点腐蚀最严重，明显区别于直杆和过渡处。顶点最大直径损失速率可达 1.32 mm/a，最小的为 0.48 mm/a，而直杆位置的直径损失速率仅在 0.13～0.30 mm/a。从图 3.3.19 中可以看出，在 0.02%和 0.27%质量分数下，钢绞线顶点处的腐蚀最突出，其余质量分数腐蚀偏低。在弯曲平面的方向上和垂直于弯曲平面的方向上都有此趋势。

由腐蚀形貌可以看出：在硫酸根离子中性水溶液中，钢绞线腐蚀形貌为全面腐蚀。低质量分数下的腐蚀形貌与高质量分数相比，酸洗前低质量分数溶液中的钢绞线表面锈层很厚，酸洗后钢绞线表面腐蚀更严重，而高质量分数溶液中，酸洗后试样更光滑。这与直径损失速率的数据结果正好对应。

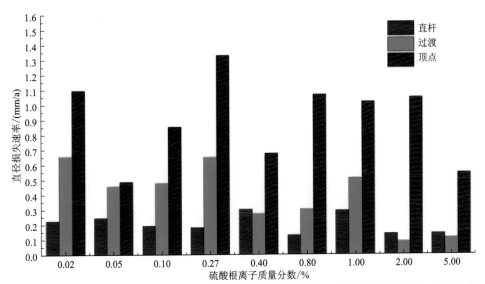

图 3.2.19　不同硫酸根离子质量分数的中性水溶液中 U 形弯曲试样不同部位的直径损失速率

3）在氯离子饱和氢氧化钙溶液中浸泡 30 天 U 形弯曲试样不同部位的直径损失速率

不同应力作用下，钢绞线在含氯离子高碱性溶液中的腐蚀趋势不像在中性水溶液中那么明显。除了在氯离子质量分数为 2.12% 的高碱性溶液中，钢绞线的顶点与直杆处的直径损失速率差异较大，可达三倍外，在别的溶液中，钢绞线的直径损失速率差异都不大。有的直杆比顶点的腐蚀还要严重。而直杆处的直径损失速率却基本一致，在 0.50 mm/a 左右；过渡处的直径损失速率大多处于 0.30 mm/a 左右，在个别体系中钢绞线过渡处的腐蚀很轻微。但顶点的腐蚀差异很大，最大为 1.23 mm/a，最小为 0.35 mm/a。在与弯曲平面成 90° 的一侧，有的腐蚀率变化特征呈现出从直杆到顶点腐蚀越来越严重的现象，有的则呈现出直杆比过渡处腐蚀严重的现象，但还是可以看出钢绞线顶点的腐蚀是最严重的，如图 3.2.20 所示。

这一看上去似乎很乱的腐蚀规律，其实主要是由于腐蚀形貌为局部点腐蚀。在这种形貌下，钢绞线表面大多处于钝化状态，所以在碱性环境中，腐蚀造成的钢绞线直径损失大多非常小。只有当测点位置上正好有一个点蚀坑时，测量出来的直径损失会突然变得很大。

4）在硫酸根离子饱和氢氧化钙溶液中浸泡 30 天 U 形弯曲试样不同部位的直径损失速率

从图 3.2.21 可以看出，在饱和氢氧化钙溶液中，高浓度硫酸根离子对钢绞线的腐蚀作用与氯离子的腐蚀作用非常相似。未呈现出从直杆到顶点腐蚀越来越严重的一致性规律，而是在某些溶液中钢绞线顶点的腐蚀程度较直杆处更严重，在另一些溶液中钢绞线顶点的腐蚀却比直杆的腐蚀还要轻微，过渡处的腐蚀更轻微。直杆的腐蚀依然很接近（一般都在 0.29～0.57 mm/a）。这也是由于钢绞线在这类溶液中发生的是局部点腐蚀。

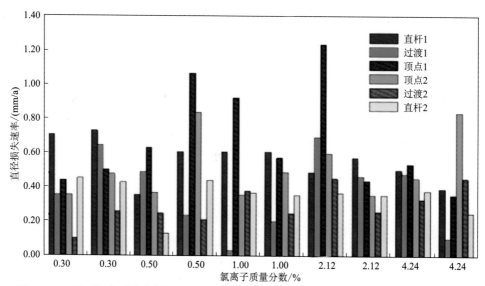

图 3.2.20　不同氯离子浓度的饱和氢氧化钙溶液中 U 形弯曲试样不同部位的直径损失速率

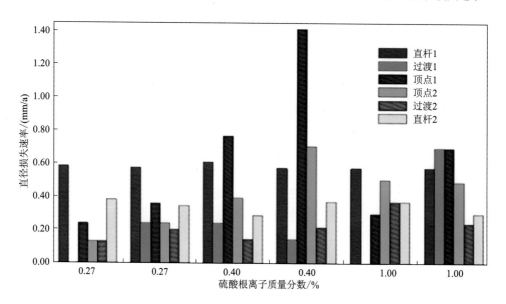

图 3.2.21　不同硫酸根离子浓度的饱和氢氧化钙溶液中 U 形弯曲试样不同部位的直径损失速率

从钢绞线酸洗前后的形貌对比可以看出，从低浓度溶液到高浓度溶液，钢绞线顶点的腐蚀越来越严重，且酸洗后在顶点腐蚀最严重的钢绞线表面可以明显地看出顶点有严重的腐蚀坑。

5）在海盐中性水溶液和饱和氢氧化钙溶液中浸泡 30 天 U 形弯曲试样不同部位的直径损失速率

在 1、2 倍海盐中性水溶液中，钢绞线的腐蚀形貌为全面的活化腐蚀。钢绞线顶点的直径损失明显比直杆和弯曲处的腐蚀严重。直杆处的直径损失速率在 0.70 mm/a 左右，而顶点直径损失速率最大可达 2.14 mm/a。这说明氯离子和硫酸根离子的共同作用与氯离子单一因素的作用差不多，如图 3.2.22 所示。

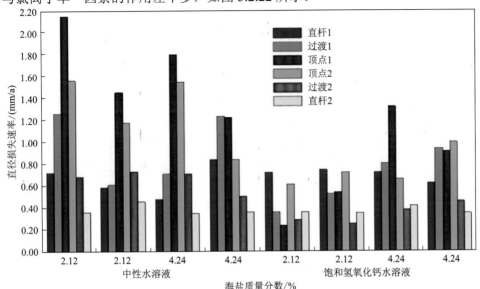

图 3.2.22　在 1、2 倍海盐中性水溶液和饱和氢氧化钙溶液中 U 形弯曲试样不同部位的直径损失速率

在 1、2 倍海盐饱和氢氧化钙溶液中，硫酸根离子与氯离子的共同作用与它们单独作用的腐蚀规律基本相似。直杆处的腐蚀量仍保持在 0.70 mm/a 左右；弯曲和顶点处的腐蚀速率比直杆处的腐蚀速率也未增加很多，没有在中性水溶液中钢绞线应力腐蚀加速的效果明显。

从腐蚀形貌上看，在中性 1、2 倍海水中钢绞线试样酸洗后的腐蚀形貌非常相似，没有明显的腐蚀坑出现，是全面腐蚀的形貌。而在饱和氢氧化钙溶液中，随海盐浓度的增加，钢绞线顶点的腐蚀越来越严重，有明显的腐蚀坑出现，是局部点腐蚀的形貌。

6）在中性水溶液中浸泡 30 天、60 天、90 天 U 形弯曲试样不同部位的直径损失速率

当 U 形弯曲应力腐蚀试验进行到 60 天、90 天时，可以发现，所有的 U 形弯曲试验的结果均与 30 天时的试验结果基本相同。

（1）在中性水溶液里，无论是氯离子还是硫酸根离子，由于钢绞线表面处于活化的全面腐蚀状态，因而 U 形弯曲试样上拉应力最大处的直径损失速率明显要比表面无应力或较小拉应力处的直径损失速率大很多（2～3 倍），如图 3.2.23 和图 3.2.24 所示。

（2）在饱和氢氧化钙溶液里，表面的拉应力将会导致氯离子和硫酸根离子在钢绞线表面形成局部点蚀坑（而其他区域处于钝化状态）。平滑表面的点蚀坑完全可以作为材料表面的缺陷而诱发应力集中，从而形成裂纹、导致裂纹延伸、扩展，直至断裂。

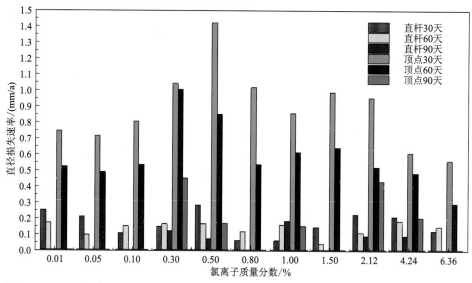

图 3.2.23　不同氯离子质量分数的中性水溶液中不同周期下钢绞线不同部位的直径损失速率

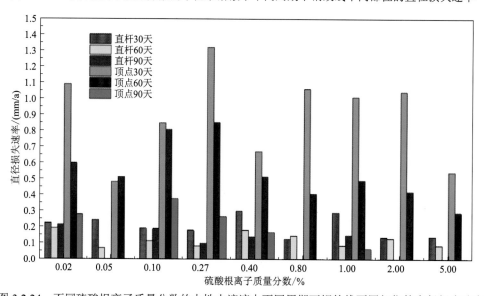

图 3.2.24　不同硫酸根离子质量分数的中性水溶液中不同周期下钢绞线不同部位的直径损失速率

（3）在腐蚀试验初期（前 30 天），应力加速钢绞线腐蚀的效应最明显；在随后的 30 天内，钢绞线 U 形弯曲试样顶点的直径损失速率仍然较大；但在第三个 30 天的试验周期内，很多介质中拉应力加速腐蚀的作用似乎迅速下降到了可以忽略不计的程度，即随时间增加，应力最大处的直径损失速率明显减小。

7）不同腐蚀周期后钢绞线 U 形弯曲试样的腐蚀形貌

无论是在中性水溶液还是在模拟水泥孔隙溶液的饱和氢氧化钙溶液中，U 形弯曲试样浸泡后的腐蚀形貌有一定的共性：随着浸泡时间的增加，无论发生的是全面腐蚀还是钝化表面上的局部点蚀，浸泡 90 天的试样比浸泡 60 天、30 天的试样各部位的腐蚀程度都更加严重，即随着浸泡时间的延长，锈蚀程度越来越严重。

但是，在两种溶液中，钢绞线的腐蚀形貌明显不同。在中性水溶液中，钢绞线的腐蚀形貌为全面腐蚀；在饱和氢氧化钙溶液中，钢绞线的腐蚀形貌为局部腐蚀。

（1）在中性水溶液中钢绞线 U 形弯曲试样的腐蚀形貌。

值得注意的是，在中性水溶液中 U 形弯曲试样顶点区和过渡区（即受到的拉应力作用较大）的表面腐蚀优先发生，且锈蚀相对严重；而钢绞线直杆部分（即未受拉应力作用）的表面腐蚀发生得较晚。特别是在（单一）有害离子质量分数较低的中性水溶液中，U 弯处有大量锈蚀，直杆处锈蚀较少；且随着有害离子质量分数的增加，U 弯处锈蚀量越来越大。在海水介质中浸泡的（多种有害离子共同作用下的中性水溶液中的）U 形弯曲试样直杆处的腐蚀也较 U 弯处的腐蚀出现得慢、锈蚀产物相对少，如图 3.2.25～图 3.2.27 所示。

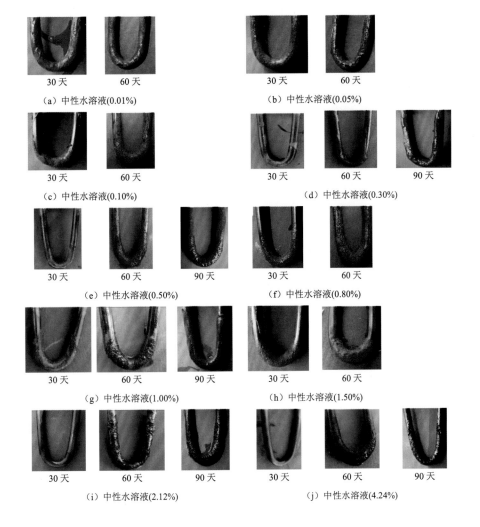

（a）中性水溶液(0.01%)　　　　　　（b）中性水溶液(0.05%)

（c）中性水溶液(0.10%)　　　　　　（d）中性水溶液(0.30%)

（e）中性水溶液(0.50%)　　　　　　（f）中性水溶液(0.80%)

（g）中性水溶液(1.00%)　　　　　　（h）中性水溶液(1.50%)

（i）中性水溶液(2.12%)　　　　　　（j）中性水溶液(4.24%)

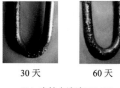

（k）中性水溶液(6.36%)

图 3.2.25　在不同氯离子质量分数的中性水溶液中 U 形弯曲试样不同浸泡时间的腐蚀形貌

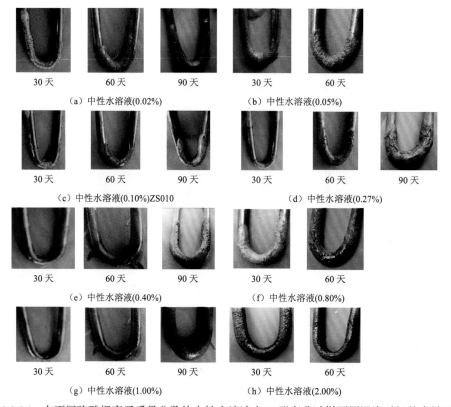

（a）中性水溶液(0.02%)　　　　　　（b）中性水溶液(0.05%)

（c）中性水溶液(0.10%)ZS010　　　　（d）中性水溶液(0.27%)

（e）中性水溶液(0.40%)　　　　　　（f）中性水溶液(0.80%)

（g）中性水溶液(1.00%)　　　　　　（h）中性水溶液(2.00%)

图 3.2.26　在不同硫酸根离子质量分数的中性水溶液中 U 形弯曲试样不同浸泡时间的腐蚀形貌

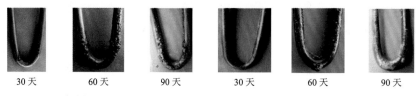

（a）中性海水（1 倍海盐）　　　　　（b）含有海盐的饱和氢氧化钙溶液（1 倍海盐）

图 3.2.27　在中性海水和含有饱和氢氧化钙海水溶液中 U 形弯曲试样不同浸泡时间的腐蚀形貌

　　酸洗后，几乎所有试样的基体表面都看不到明显的腐蚀痕迹。这表明：①在中性水溶液中受力后钢绞线的腐蚀速度明显大于未受力的钢绞线的腐蚀速度（这与腐蚀前后钢绞线直径的变化规律完全相符）；②中性水溶液中钢绞线初期的腐蚀形貌为较均匀的全面腐蚀。但随着时间的继续推移，长期的腐蚀作用是否会使钢绞线表面出现不均匀的腐蚀形貌，还有待于下一步的试验观察和检测，如图 3.2.28～图 3.2.30 所示。

60 天　　　　　90 天　　　　　　60 天　　　　　90 天

（a）中性水溶液(0.30%)　　　　　　　（b）中性水溶液(4.24%)

图 3.2.28　在不同氯离子质量分数的中性水溶液中 U 形弯曲试样酸洗后的腐蚀形貌

30 天　　　60 天　　　90 天　　　　30 天　　　60 天　　　90 天

（a）中性水溶液(0.27%)　　　　　　　（b）中性水溶液(1.00%)

图 3.2.29　在不同硫酸根离子质量分数的中性水溶液中 U 形弯曲试样酸洗后的腐蚀形貌

30 天　　　60 天　　　90 天　　　　30 天　　　60 天　　　90 天

（a）中性海水（盐=2.12%）　　　　（b）含有海盐的饱和氢氧化钙溶液（盐=2.12%）

图 3.2.30　在中性海水和含有海盐的饱和氢氧化钙溶液中 U 形弯曲试样酸洗后的腐蚀形貌

（2）在饱和氢氧化钙溶液中钢绞线 U 形弯曲试样的腐蚀形貌。

相对于中性水溶液中钢绞线表面的全面腐蚀形貌，钢绞线在饱和氢氧化钙溶液中的腐蚀形貌为局部点蚀形貌，这种形貌增加了钢绞线使用的危险性。

由饱和氢氧化钙溶液中钢绞线 U 形弯曲试样的腐蚀形貌可以看出，在试验初期，整个表面均处于钝化状态。随着浸泡时间的延长，虽然试样的大部分表面仍处于钝化状态，但在局部区域出现了点状腐蚀。对于浸泡后腐蚀时间较长的试样，酸洗后发现其光滑表面已出现了明显的腐蚀坑。但腐蚀坑的位置基本不固定，从有限试样的统计数量上看，似乎受力较大的区域产生腐蚀坑更多。另外，钢绞线直线段在水面上下区域发生腐蚀（水线腐蚀）的概率也非常高。

在 1 倍海盐饱和氢氧化钙溶液中浸泡后（多种有害离子共同作用下的）钢绞线 U 形弯曲试样 U 弯处也是优先出现腐蚀，且随时间延长，腐蚀越来越严重，如图 3.2.31 和图 3.2.32 所示。

30 天　　　60 天　　　90 天　　　　30 天　　　60 天　　　90 天

（a）饱和氢氧化钙溶液(0.30%)　　　　　（b）饱和氢氧化钙溶液(0.50%)

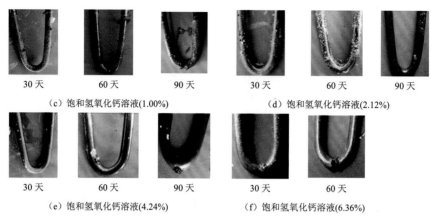

（c）饱和氢氧化钙溶液(1.00%)　　　　　（d）饱和氢氧化钙溶液(2.12%)

（e）饱和氢氧化钙溶液(4.24%)　　　　　（f）饱和氢氧化钙溶液(6.36%)

图 3.2.31　在不同氯离子质量分数的饱和氢氧化钙溶液中 U 形弯曲试样不同浸泡时间的腐蚀形貌

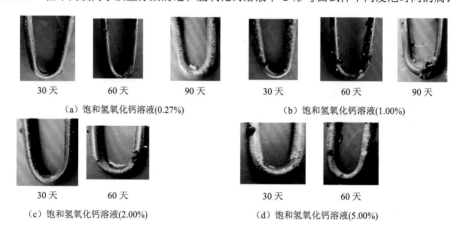

（a）饱和氢氧化钙溶液(0.27%)　　　　　（b）饱和氢氧化钙溶液(1.00%)

（c）饱和氢氧化钙溶液(2.00%)　　　　　（d）饱和氢氧化钙溶液(5.00%)

图 3.2.32　在不同硫酸根离子质量分数的饱和氢氧化钙溶液中
U 形弯曲试样不同浸泡时间的腐蚀形貌

　　从各试样酸洗后的形貌也可以看出，无论是氯离子还是硫酸根离子，在饱和氢氧化钙溶液中钢绞线的腐蚀形貌主要是腐蚀坑，尤以 U 弯处产生的蚀坑最多。这表明：在钢绞线的钝化表面出现腐蚀坑需要一定的点蚀孕育期，且出现腐蚀坑的部位应该与表面的受力状态有一定的关系。而环境条件的变化也会使钝化表面发生活化转变，从而导致局部腐蚀的发生。这种局部腐蚀的发生，在有应力的条件下最容易导致腐蚀坑内的应力集中，从而产生裂纹；然后在一定强度的应力作用下，裂纹扩展，直至发生断裂，如图 3.2.33 和图 3.2.34 所示。

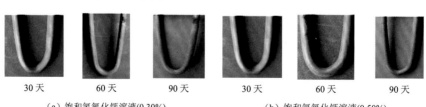

（a）饱和氢氧化钙溶液(0.30%)　　　　　（b）饱和氢氧化钙溶液(0.50%)

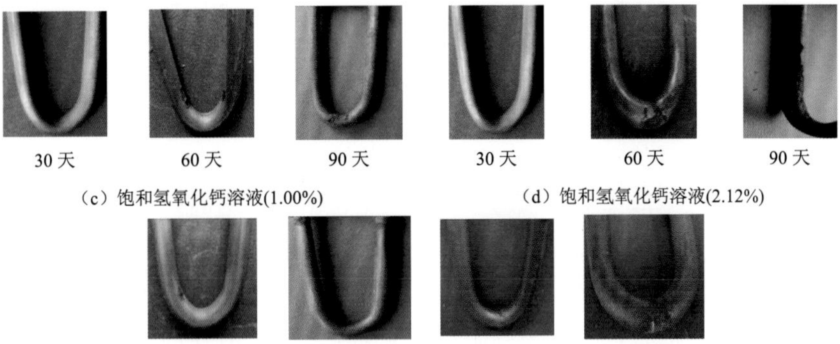

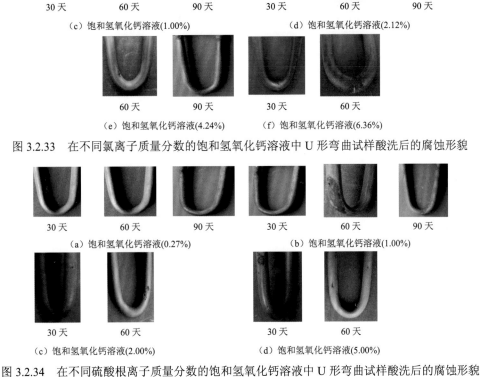

（c）饱和氢氧化钙溶液(1.00%)　　　　　（d）饱和氢氧化钙溶液(2.12%)

（e）饱和氢氧化钙溶液(4.24%)　　　　（f）饱和氢氧化钙溶液(6.36%)

图 3.2.33　在不同氯离子质量分数的饱和氢氧化钙溶液中 U 形弯曲试样酸洗后的腐蚀形貌

（a）饱和氢氧化钙溶液(0.27%)　　　　　（b）饱和氢氧化钙溶液(1.00%)

（c）饱和氢氧化钙溶液(2.00%)　　　　（d）饱和氢氧化钙溶液(5.00%)

图 3.2.34　在不同硫酸根离子质量分数的饱和氢氧化钙溶液中 U 形弯曲试样酸洗后的腐蚀形貌

3.3　锚杆（索）材料腐蚀演化模型

3.3.1　锚杆（索）材料腐蚀演化研究

　　锚固结构耐久性评价是一个综合性的问题，涉及数学、力学、物理、化学、材料、结构等多个领域。因此，该问题的研究需要从多角度，利用多种研究方法交叉进行，才可能有所突破。

　　锚固结构发生腐蚀是由于岩土介质及地下水中的侵蚀性介质、双金属作用及地层中存在的杂散电流。在一定条件下，岩土介质中的酸碱度、氯化物及硫酸盐等，均可对锚固结构造成腐蚀。锚杆（索）一般都施加预应力，目前锚索最大预应力已超过了1 600 t，并且还有向更高吨位发展的趋势，因此应力腐蚀问题不容忽视。锚杆（索）安装后通常需要灌注水泥砂浆或纯水泥浆，这种水泥含量高、砂含量高或无砂的胶凝介质，较混凝土更不耐腐蚀。加之握裹层薄、水灰比大、无压或低压灌注、对中支架使用不当等，锚杆（索）浆液灌注不饱满，干缩严重，最小握裹厚度得不到保证，局部无握裹层的情况较为严重。由于工程地质条件千差万别，锚固结构还可能在密闭潮湿、永久浸泡、干湿交替等多种环境下工作。初步研究表明（曾宪明 等，2002）：在永久浸泡条件下，锚杆体在弱酸性溶液中的平均腐蚀速率为中性和弱碱性溶液中的 2 倍以上，而在弱碱性溶液中的腐蚀速率又比在中性溶液中略高；置于密闭且空气相对湿度为 100%条件下的锚杆，其腐蚀速率仅为永久浸泡和干湿交替条件下腐蚀速率的 1/5 左右；无论是在何种试验环境中，锚杆腐蚀量均随时间延长而增加，腐蚀速率则随时间延长而减小。而且，由于锚固结构属于隐蔽工程，对其寿命进行较为准确的评估预测，较一般混凝土结构要更为困难。

无论是锚固结构还是混凝土结构，都是一个结构体系，其耐久性评估要反映各构成部分对整体评估结果的客观影响程度，做到全面、客观和合理。耐久性指标集的确定和评估方法的选取是结构耐久性评估的关键。材料使用寿命预测是结构使用寿命预测的基础。Clifton（1993）提出，目前建筑材料使用寿命预测研究的主要方法有五种：经验估计法、相似推断法、快速试验法、数学模型法、随机过程概率分析法。

经验估计法是一种半定量的预测方法，是以试验、现场测试和累积经验为基础的专家判断方法。这种方法的主观性较强，它的准确性取决于专家知识水平的高低和累积经验的丰富程度。但是当预测对象是新材料，或者遇到新环境，预测所需的知识超过经验范围时，这种方法的适用性较为受限。

相似推断法的应用并不广泛，但是有一定的发展前景。它假定如果已知某种材料的实际寿命，那么另一种暴露于相似环境中的相似材料应该有相同的寿命。但是材料的几何尺寸、施工过程和使用环境存在差异，材料使用寿命的离散性较大，导致预测结果会存在较大的误差，因此将其仅作为寿命预测时的参考。

使用快速试验法的前提是快速试验的劣化机理必须和使用过程中的劣化机理相同，并且两种过程的劣化速率之间的关系是线性的（确保可以得到加速系数）。在此条件下，混凝土的自然使用寿命是快速试验中寿命的 k 倍。但实际上由于缺乏混凝土长期使用性能的数据，k 的确定存在一定的困难。再加上快速试验的外部环境条件和材料劣化机理与真实环境下不同，预测结果与实际出入较大。

数学模型法是基于材料性能劣化机理建立的使用寿命预测模型。目前已有的不同影响因素下混凝土寿命的预测模型有 Tuutti（1982）建立的钢筋锈蚀混凝土的寿命预测模型、Atkinson 和 Hearne（1990）建立的硫酸盐侵蚀下混凝土寿命的预测模型、James 和 Lupton（1978）建立的生石膏和硬石膏溶解的侵析模型。余红发等（2002）根据菲克扩散定律，推导出了综合考虑混凝土的氯离子结合能力、氯离子扩散系数的时间依赖性和混凝土结构微缺陷影响的新扩散方程，建立了用于预测混凝土使用寿命的氯离子扩散理论模型。数学模型法预测可靠，需要的数据少，适用范围广，但模型中有些参数的确定方法目前还不是很成熟。

随机过程概率分析法是一种将数理统计、可靠度、随机过程理论单独和结合使用的方法,已有不少的研究成果。例如,Sentler(1984)建立了碳化的随机模型。Siemens 等(1985)对确定性模型中的参数采用平均值来预测结构的使用寿命。关宇刚等(2001)将损伤度作为表征混凝土耐久性的物理量,结合可靠度与损伤理论,首次提出了适用于不同边界条件及单因素和多因素复合作用下的混凝土寿命预测多元韦布尔(Weibull)分布模型,并在冻融条件下进行了应用。Prezzi 等(1996)基于可靠度和随机过程的概念提出了海洋环境中混凝土使用寿命的预测方法。

对于钢结构,一般将构件开裂寿命作为耐久性评价的关键指标。构件开裂寿命是指钢筋锈蚀产物体积膨胀造成的构件纵向裂缝开展到一定宽度的时间,将其作为结构的使用寿命。惠云玲(1997b)以纵向裂缝宽度达到 0.6 mm 作为承载力终结的标志,提出了钢筋混凝土构件的剩余寿命预测公式。屈文俊和张誉(1999)将混凝土锈蚀胀裂作为耐久性寿命终结的标志,基于钢筋坑蚀数的统计分布规律,提出了一种侵蚀性环境下混凝土结构耐久性寿命的预测方法。Liu 和 Weyers(1998)以混凝土表面锈胀开裂为极限状态,提出了海洋环境下构件使用寿命的预测模型。Morinaga(1990)以氯离子引起钢筋锈蚀,以致混凝土表面出现锈胀裂缝为失效准则,由试验建立的纵裂开裂时的钢筋锈蚀量与钢筋锈蚀速度的关系模型来预测构件的寿命。肖从真(1995)将纵向开裂作为寿命终点,采用数论模拟方法,结合方差缩减技术进行了寿命预测。

钢筋锈蚀寿命是指钢筋锈蚀面积或质量损失达到一定程度的时间,将其作为结构的使用寿命。Li(2003)提出了全寿命周期锈蚀混凝土结构性能评估的结构抗力老化模型,其将强度和可靠性极限状态作为结构性能的评估准则,确定锈蚀混凝土结构的寿命周期。Enright 和 Frangopol(1998)采用将恒载和活载均视为随时间变化的时变系统的可靠度方法,对侵蚀环境中的钢筋混凝土公路桥进行了使用寿命预测。

锚固结构不同于一般的钢结构,在长期高应力的加载环境下,表现出了独特的应力腐蚀特征,其腐蚀耐久性寿命也相应与一般的钢结构有较大的差别。一些学者致力于对锚固材料腐蚀耐久性的影响因素进行定量化研究和评定。朱尔玉等(2012)主要考察了酸雨的影响,通过室内周期浸泡加速腐蚀试验探索了酸雨环境下预应力锚固体系腐蚀程度和力学状态的变化规律,以腐蚀电流密度和抗拉强度损失率为预应力钢绞线腐蚀情况的主要评价指标,认为钢绞线受酸雨腐蚀的损伤程度可采用常规的钢筋腐蚀模型进行评估(李永和和葛修润,1998;惠云玲 等,1997)。该研究中尽管对锚固材料进行了高应力加载,却并未考虑应力对腐蚀的影响。夏宁(2005)根据锚杆在工作环境中的腐蚀特点,采用数值模拟的方法建立了锚杆不均匀锈蚀动态轮廓线模型,并根据锚杆位置、地下侵蚀性介质的流动方向和锚杆锈蚀程度计算出了锚杆表面任意一点的虚拟锈蚀位移,在此基础上给出了砂浆保护层胀裂破坏时锚杆临界锈蚀量的预测公式,如式(3.3.1)~式(3.3.3)所示。利用该预测公式,计算比较了锚杆锈蚀量相等条件下均匀锈蚀和不均匀锈蚀的差异,验证了杆体不均匀锈蚀对砂浆保护层的破坏作用更为严重。

$$W_{sl,crit} = \beta \left[\pi \rho_r d_0 D_{re} + a \cdot \frac{C_{mo}}{R} \cdot \frac{\rho_{cor}}{G(\alpha)} \right] \qquad (3.3.1)$$

$$G(\alpha) = \frac{F(\alpha/2)}{(\alpha - 3\sin\alpha)/2 + \alpha\cos^2(\alpha/2)} \qquad (3.3.2)$$

$$\rho_{cor} = (1/\rho_r - \beta/\rho_{st})^{-1} \qquad (3.3.3)$$

式中：β 为铁与锈蚀产物的摩尔质量之比，与锈蚀产物的类型有关；ρ_r 为锈蚀产物的密度；d_0 为孔隙过渡区厚度；D_{re} 为钢筋直径；ρ_{st} 为铁的密度；C_{mo} 为砂浆保护层厚度；R 为锚杆半径；a 为锈层厚度系数，反映了保护层胀裂时锚杆表面的锈蚀程度；α 为杆体表面锈蚀范围对应的圆心角；$W_{st,crit}$ 为锚杆锈蚀量；$F(\alpha/2) = 3\sin(\alpha/2) + \sin^3(\alpha/2) - 3(\alpha/2)\cos(\alpha/2)$。

李富民和刘贞国（2016）、李富民等（2015）研究了氯盐、硫酸盐干湿循环作用下锚索结构的腐蚀过程，并基于希尔（Hill）函数，建立了以 Cl⁻ 浓度和锚索周围地面孔隙水饱和度两个因素作为自变量的瞬时腐蚀速率、腐蚀失重率与拉伸性能等一系列时变模型，如式（3.3.4）～式（3.3.6）所示。

$$R_{ml} = V_{max} \frac{t^n}{2^n + t^n} \qquad (3.3.4)$$

$$V_{max} = a_{fp} \cdot C_{Cl}^{b_{fp}} \cdot \exp(c_{fp} + d_{fp} \cdot S + e_{fp} \cdot S^2) \qquad (3.3.5)$$

$$n = f \cdot C_{Cl}^g \cdot S^h \qquad (3.3.6)$$

式中：R_{ml} 为腐蚀质量损失率；V_{max} 为 Hill 函数逼近的最大值；C_{Cl} 为 Cl⁻ 浓度；S 为孔隙水饱和度；a_{fp}、b_{fp}、c_{fp}、d_{fp}、e_{fp} 为 Exp3P2 指数函数的拟合参数；t 为时间；n_{Hill} 为 Hill 函数特征参数；f、g、h 为幂函数拟合参数。

李英勇等（2008）、李英勇（2008）、张思峰（2007）将 pH、时间、应力三种影响因素进行耦合，考察了预应力锚杆（索）材料在不同参数水平下腐蚀外观特性、断面损失率、单位长度腐蚀量的具体表现。根据总体趋势，随 pH 增大，单位长度腐蚀量和断面损失率呈递减趋势；随时间延长，单位长度腐蚀量和断面损失率不断增加，但单位长度腐蚀量的增量逐渐减小；与无应力状态相比，有应力状态单位长度腐蚀量明显更大，当应力水平增大到一定程度后，单位长度腐蚀量虽然呈增大趋势，但变化速率减缓。以单位长度腐蚀量为因变量，以 pH、时间、应力为自变量，尝试建立了锚索耐久性寿命预测的定量公式，如式（3.3.7）所示。

$$C_1 = p_1 t^{p_2} e^{-p_3 x_2} (p_4 + x_3^{p_5}) \qquad (3.3.7)$$

式中：C_1 为单位长度腐蚀量；t 为时间；x_2 为 pH，$5 \leqslant x_2 \leqslant 9$；$x_3$ 为应力水平，$x_3 = \sigma/\sigma_b$，σ 为当前应力，σ_b 为杆体抗拉屈服强度，$0 \leqslant x_3 \leqslant 1$；$p_1 \sim p_5$ 均为待定参数。

断面损失率试验结果受杆体材料局部缺陷和出厂断面尺寸误差等偶然因素的影响较大，与 pH、时间、应力各因素之间的相关性较差，难以获得较为规律的定量结果。

由于锚固结构材料腐蚀耐久性的影响因素较多，为了获得较为全面的腐蚀数据，实现对实际工况下腐蚀耐久性的科学评估预测，应全面、综合地考虑更多因素的共同作用。例如，上述研究很多涉及了 pH 或侵蚀性离子 Cl⁻、SO_4^{2-} 的影响，同时考虑这三者的耦合作用在当前文献中却很罕见，而实际工程往往是这样的复合腐蚀环境。然而，每增加一项因素进行耦合，必然会对加速试验方案的设计和试验装置提出更高的要求。例如，上述研究对试样施加压力基本上为短时间加载，而长期加载造价较高，难以同时进行多个试样的大规模对比试验。另外，腐蚀溶液的浸泡和场地空间有限也限制了试验的规模，导致腐蚀过程中很难实时测定锚固构件受到侵蚀开裂之后的性能，难以得到性能曲线，为定量分析多种复合因素作用下锚固构件的开裂造成了一定的困难，当前文献中罕见报道。因此，如何综合考虑更多因素的影响并实现定量化的规律描述，以期建立一套更为科学、全面的锚固结构材料腐蚀耐久性寿命预测方法，成为未来重要的发展方向之一。

现有的锚杆（索）材料耐久性评价模型具体如下。

（1）Melvin Romanoff 模型（Romanoff，1957）。

1957 年，Melvin Romanoff 在大量试验和现场数据的基础上，提出了混凝土中钢筋的服役寿命模型：

$$X_{re} = Kt^m \tag{3.3.8}$$

式中：X_{re} 为钢筋厚度或半径损失；K 为常数；t 为时间；m 为常数。针对平均腐蚀条件、中等腐蚀条件和严重腐蚀条件，常数 K 分别为 35、50、340，m 取 1。

（2）Bazant 模型（Bazant，1979a，1979b）。

Bazant（1979a）提出了式（3.3.9）用于计算混凝土因腐蚀而开裂的时间：

$$t_{corr} = \rho \frac{D \cdot \Delta D}{S_{re} \cdot jr} \tag{3.3.9}$$

式中：t_{corr} 为腐蚀开裂的时间；ρ 为铁锈密度；D 为钢筋直径；ΔD 为钢筋直径增量；S_{re} 为钢筋间距；jr 为钢筋单位长度锈蚀物产量。

钢筋直径增量 ΔD 是保护层厚度（L）、混凝土抗拉强度（f_t）、钢筋直径（D）和钢筋混凝土适应性（δ_{pp}）的函数。假设钢筋间距大于 6 倍的钢筋直径，则钢筋直径增量可按式（3.3.10）计算：

$$\Delta D = 2f_t \frac{L}{D} \delta_{pp} \tag{3.3.10}$$

$$\delta_{pp} = \left[\frac{D(1+\phi_{cr})}{E} \right](1+\gamma) + D^2 \left[\frac{2}{S^2} + \frac{1}{4L(L+D)} \right] \tag{3.3.11}$$

式中：ϕ_{cr} 为徐变系数；γ 为混凝土泊松比；E 为混凝土弹性模量。

1979 年，Bazant（1979b）又提出了另外一个计算服役寿命的简化公式：

$$L_f = \frac{1.72 \left(\dfrac{f_t}{E} \right) f \left(\dfrac{C_t}{D} \right) D}{J_r} \tag{3.3.12}$$

式中：L_f 为服役寿命；J_r 为瞬时腐蚀速率；f_t 为混凝土抗拉强度；E 为混凝土弹性模量；C_t 为混凝土保护层厚度；D 为钢筋直径。

（3）Andrade 等模型(Andrade et al.，1989)。

1989 年，Andrade 等提出了一个用于计算钢筋腐蚀后剩余直径的模型。基于钢筋截面积损失的百分比和腐蚀电流密度，结构的剩余寿命可以根据此模型估算出来。其模型公式为

$$\varphi(t) = \varphi_i - 0.023 I_{corr} \cdot t \tag{3.3.13}$$

式中：$\varphi(t)$ 为时间 t 时钢筋剩余直径；φ_i 为钢筋初始直径；I_{corr} 为腐蚀速率。系数 0.023 用于将单位 $\mu A/cm^2$ 转换成 $\mu m/a$。

Clear（1976）根据室内、室外试验和现场研究，假定腐蚀速率恒定，提出了腐蚀速率和剩余寿命的关系：①I_{corr} 小于 0.5 $\mu A/cm^2$，没有腐蚀破坏；②I_{corr} 介于 0.5 $\mu A/cm^2$ 和 2.7 $\mu A/cm^2$，腐蚀破坏可能发生在 10～15 年；③I_{corr} 介于 2.7 $\mu A/cm^2$ 和 27 $\mu A/cm^2$，腐蚀破坏可能发生在 2～10 年；④I_{corr} 大于 27 $\mu A/cm^2$，腐蚀破坏可能发生在 2 年或更短时间内。

这些标准和 Andrade 等模型的结果基本一致。

（4）Liu 和 Weyers 模型（Liu and Weyers，1998）。

1998 年，Liu 和 Weyers 根据试验数据，利用回归分析建立了包含氯离子浓度、温度和混凝土保护层电阻率多个因素的腐蚀模型：

$$\ln(1.08 i_{corr}) = 8.37 + 0.618 \ln(1.69 C_{Cl^-}) - 3\,034 / T - 0.000\,105 R_c + 2.32 t^{-0.15} \tag{3.3.14}$$

其中：i_{corr} 为腐蚀电流密度；C_{Cl^-} 为氯离子浓度；T 为钢筋表面温度；R_c 为混凝土保护层电阻率；t 为时间。

（5）Vu 和 Stewart 模型（Vu and Stewart，2000）。

针对典型的环境条件（相对湿度为 75%，环境温度为 20 ℃），Vu 和 Stewart（2000）提出了一个考虑水灰比、混凝土保护层深度和腐蚀时间对腐蚀速率影响的经验模型，表达式为

$$I_{corr}(t) = 0.85 t^{-0.29} \cdot I_{corr,0} \tag{3.3.15}$$

式中：$I_{corr,0}$ 为腐蚀发展阶段开始时的腐蚀速率，其值为

$$I_{corr,0} = \frac{37.8(1 - w/c)^{-1.64}}{d_c} \tag{3.3.16}$$

其中，d_c 为混凝土保护层厚度，w/c 通过式（3.3.17）求得。

$$w/c = \frac{27}{f'_{cyl} + 13.5} \tag{3.3.17}$$

其中，f'_{cyl} 为混凝土抗压强度。

虽然该模型的相关参数容易获得，适合工程应用，但忽略了外界环境对腐蚀速率的影响。

（6）Li C Q 模型（Li C Q，2004）。

2004 年，Li C Q 提出了一个腐蚀速率预测模型：

$$I_{\text{corr}} = 0.368\,3\ln t + 1.130\,5 \tag{3.3.18}$$

式中：I_{corr} 为腐蚀速率；t 为时间。

该模型基于试验数据建立，模型中只考虑了腐蚀持续时间的影响。但由于忽略了影响钢筋锈蚀速率的相关因素，所以该模型不能合理地反映钢筋锈蚀过程。

（7）Li G 模型（Li G，2004）。

基于氯离子侵蚀理论，并考虑环境温度、相对湿度、水灰比、混凝土保护层厚度和混凝土氯离子浓度，Li G（2004）提出了以下腐蚀速率预测模型：

$$I_{\text{corr}} = 2.486\left(\frac{\text{RH}}{45}\right)^{1.607\,2}\left(\frac{T}{10}\right)^{0.387\,9}\left(\frac{w/c}{0.35}\right)^{0.444\,7}\left(\frac{d_c}{10}\right)^{-0.276\,1}\left(k_{\text{Cl}^-}^{1.737\,6}\right) \tag{3.3.19}$$

式中：I_{corr} 为腐蚀速率；T 为钢筋表面温度；RH 为相对湿度；w/c 为水灰比；d_c 为混凝土保护层厚度；k_{Cl^-} 为钢筋表面处的氯离子浓度。

该模型同时考虑了内部（混凝土保护层厚度和水灰比）和外部（相对湿度、环境温度和氯化物浓度）因素，但该模型仅适用于氯化物质量分数不大于 0.43% 的情况，且未考虑腐蚀速率随时间的变化。

（8）Kong 等模型（Kong et al.，2006）。

基于 Liu 和 Weyers 模型，Kong 等（2006）提出了另一个模型，考虑了氯化物浓度、环境温度和混凝土保护层电阻率的变化，模型如下：

$$\ln I_{\text{corr}} = 8.617 + 0.618\ln C_{\text{Cl}^-} - 3\,034/T - 5\times10^{-3}R_c \tag{3.3.20}$$

式中：I_{corr} 为腐蚀速率；C_{Cl^-} 为氯离子浓度；T 为钢筋表面环境温度；R_c 为混凝土保护层电阻率，表达式为

$$R_c = \begin{cases} [27.5(0.35-w/c)+11.1](1.8-C_{\text{Cl}^-})+100(1-\text{RH})^2+40, & C_{\text{Cl}^-} \leqslant 3.6 \\ 10, & C_{\text{Cl}^-} > 3.6 \end{cases}$$

其中，RH 为相对湿度。

该模型用电阻率代替电阻，但没有考虑时间对腐蚀速率的影响，也没有直接考虑相对湿度对腐蚀速率的影响。

上述结构剩余使用寿命预测模型每一种都有其优点和缺点，其理论基础和参数的选取可能不具备广泛的代表性，所预测的寿命也不完全准确，但在现有的物理模型和经验模型的基础上，这些模型在一定程度上能对寿命进行预测，因此可以对结构状态进行评估，确定结构是否需要修复或重建。

3.3.2　水下或疏干环境锚索寿命预测模型

1. 钢绞线腐蚀影响因子权重和影响规律

本节结合全浸腐蚀试验结果，分析各因素对钢绞线宏观腐蚀速率和微观腐蚀性能的

影响程度，总体来说，在腐蚀初期，离子浓度对破断荷载损失率的影响权重大于 pH 和应力水平，pH 和应力水平对单位长度质量损失的影响权重则大于离子浓度。但随着腐蚀时间的不断增加，离子浓度对破断荷载损失率及单位长度质量损失的影响权重逐渐占据主导地位，其中 Cl⁻浓度的影响稍大于 SO₄²⁻浓度，而 pH 和应力水平的影响权重相对减弱。

通过数据拟合等手段，尝试对各因素影响钢绞线腐蚀作用的规律进行定量描述，总结如下。

（1）在 3.0～10.0 的 pH 范围内，除 3 个月的腐蚀时间以外，随着 pH 的增大，钢绞线破断荷载损失率均呈现出递减趋势，总体趋势呈负指数函数形式。

（2）初始腐蚀阶段，钢绞线破断荷载损失率随应力水平增大（45%～70%范围内）基本呈现平缓上升趋势，增幅较小，说明此阶段应力水平影响权重较小，应存在阈值。随腐蚀时间的增加，应力水平影响权重有变大趋势；破断荷载损失率在弱腐蚀条件下对应力水平的敏感性较低，强、中腐蚀条件下相对高一些。钢绞线破断荷载损失率与应力水平的关系近似为线性关系，且斜率较小。

（3）钢绞线破断荷载损失率随 Cl⁻浓度与 SO₄²⁻浓度的增大而增大，总体趋势呈幂函数形式。

（4）随腐蚀时间延长，钢绞线破断荷载损失率不断增加，但腐蚀速率有减缓趋势。钢绞线破断荷载损失率与时间的关系可采用玻尔兹曼（Boltzmann）函数和幂函数共同作用的形式来描述。

2. 耐久性预测模型

一般钢绞线腐蚀质量损失率 w 采用其强度下降程度进行评定，由于抗拉强度 $\sigma_s = F_b/S_{cs}$（σ_s 为钢绞线抗拉强度；F_b 为钢绞线破断荷载；S_{cs} 为钢绞线横截面积），所以腐蚀质量损失率 $w=\Delta\sigma_s/\sigma_{s,0}=\Delta F_b/F_{b,0}$（$\Delta\sigma_s$ 为腐蚀后钢绞线抗拉强度降低值；$\sigma_{s,0}$ 为钢绞线初始抗拉强度；ΔF_b 为钢绞线腐蚀后破断荷载降低值；$F_{b,0}$ 为钢绞线初始破断荷载）。若钢绞线腐蚀质量损失率 w 采用其截面积损失率进行评定，则腐蚀率 $w=\Delta S_{cs}/S_{cs,0}$（ΔS_{cs} 为钢绞线腐蚀后横截面积变化；$S_{cs,0}$ 为腐蚀前钢绞线受力横截面积）。钢绞线发生腐蚀后，表层腐蚀产物疏松、强度低，实际等效受力横截面积发生变化，从而导致了拉伸破断荷载的降低，故钢绞线平均截面积损失率与其破断荷载损失率基本相同。

因此，根据以上所分析的 pH、应力水平、Cl⁻浓度、SO₄²⁻浓度、时间五个因素对钢绞线破断荷载损失率的影响程度和规律，基于不同时间点的试验数据，初步拟合形成了以上五个因素与腐蚀质量损失率的关系，其函数模型见式（3.3.21），拟合公式与原数据的相关系数 $R=0.90$，相关系数的平方 $R^2=0.81$。

$$w = e^{-p_1 x_{pH}}(1+p_2 x_2)(1+p_3 x_3^{m_1})(1+p_4 x_4^{m_2})\frac{t^m}{1+e^{\frac{t-n_1}{n_2}}} \tag{3.3.21}$$

式中：w 为腐蚀质量损失率，%；x_{pH} 为 pH；x_2 为应力水平，%，$x_2>x_0$，x_0 为一定的应力阈值，且 $x_2\in(45\%, 70\%)$；x_3 为 Cl⁻质量浓度，g/L；x_4 为 SO₄²⁻质量浓度，g/L；t 为腐

蚀时间，月；$p_1 \sim p_4$、m_1、m_2、m、n_1、n_2 为待定参数。各待定参数拟合数值见表 3.3.1。

表 3.3.1 各待定参数拟合数值

待定参数	p_1	p_2	p_3	p_4	m_1	m_2	m	n_1	n_2
拟合数值	0.066	0.075	0.51	0.25	0.50	0.50	0.28（当 pH<11 时）；0（当 pH≥11 时）	8.92	-2.47

需要指出的是，由于本加速腐蚀试验中预应力锚索钢绞线是全部浸泡在腐蚀溶液中且同步加载的，即钢绞线表面与外界的氧气交换较少，与腐蚀介质接触的状态较为恒定，因此本模型较为适用于长期全浸或长期疏干状态下的锚索耐久性预测评估，如水下部位或干燥地下洞室等部位。而实际工况下的预应力锚索在年内的不同季节可能会因为受降雨等因素的影响而存在干湿交替的情况，而且注浆体的耐久性也会对整个锚索结构的寿命产生影响。因此，将更多的现场测试结果与室内加速腐蚀试验结果相结合，实现对试验所得腐蚀率预测模型的修正，保证其能够准确预测实际工程中预应力锚索的使用寿命仍将是未来研究的重点。

3.3.3 干湿交替环境锚索寿命模型

本节腐蚀质量损失率根据干湿循环腐蚀试验确定，干湿循环次数根据锚索所处环境的干湿循环情况确定。对于不同腐蚀等级的环境，腐蚀质量损失率可按式（3.3.22）～式（3.3.24）计算。

弱腐蚀环境：

$$w = 0.025\,0a_j^{0.746\,6} \tag{3.3.22}$$

中等腐蚀环境：

$$w = 0.022\,6a_j^{0.959\,5} \tag{3.3.23}$$

强腐蚀环境：

$$w = 0.098\,3a_j^{0.786\,2} \tag{3.3.24}$$

其中，a_j 为干湿循环次数。

钢绞线腐蚀后的抗拉强度为

$$F_{b,c} = (1-w)F_{b,0} \tag{3.3.25}$$

式中：$F_{b,0}$ 为钢绞线强度；$F_{b,c}$ 为钢绞线腐蚀后的抗拉强度。

钢绞线腐蚀后的截面积为

$$S_{cs,c} = (1-w)S_{cs,0} \tag{3.3.26}$$

式中：$S_{cs,0}$ 为钢绞线原截面积；$S_{cs,c}$ 为钢绞线腐蚀后的截面积。

对应一定允许腐蚀质量损失率 w_a 的锚索寿命可以根据式（3.3.27）计算：

$$T_{dw} = \frac{\left(\dfrac{w_a}{a_e}\right)^{\frac{1}{b_e}}}{a_{ja}}$$

（3.3.27）

式中：a_{ja} 为年干湿循环次数；a_e、b_e 为参数，弱腐蚀环境 $a_e=0.025\,0$，$b_e=0.746\,6$，中等腐蚀环境 $a_e=0.022\,6$，$b_e=0.959\,5$，强腐蚀环境 $a_e=0.098\,3$，$b_e=0.786\,2$。

在自然环境中，金属的腐蚀速率一般随着湿度的增加而增加。对于许多金属，存在腐蚀的临界相对湿度，钢的临界相对湿度在 65% 左右。在地下洞室环境中，如尾水调压室等环境的相对湿度能达到甚至超过 90%，处于此环境中的锚固结构往往受到环境影响而容易发生腐蚀。根据金属大气腐蚀理论，高湿度环境中的金属腐蚀与干湿循环环境中的金属腐蚀的原理相同，即金属表面在电解液膜下进行腐蚀。因此，高湿度环境中的锚索寿命可以根据干湿循环腐蚀试验建立的模型进行预测。根据干湿循环腐蚀试验结果，对于相同的干湿循环次数，随着干湿循环周期的增加，腐蚀率也逐渐收敛。因此，对于高湿度环境，可以将 24 h 作为循环周期进行腐蚀影响下的锚索寿命预测。

3.4　锚固结构耐久性评价方法

预应力锚索结构多数用于关乎国计民生的重要工程当中，大多数都作为永久性支护措施，对安全等级要求较高。但随着预应力锚固技术的大量运用，国内外出现了不少腐蚀破坏导致锚固失效的情况，如 FIP 收集到的 35 例国外预应力锚索破坏实例，我国梅山水电站的无黏结监测锚索运行不足 6 年，先后有 3 束锚索因腐蚀问题而钢丝断裂等，此外，国内交通、铁道等行业的边坡锚固工程中关于锚索出现腐蚀（锈蚀）破坏失效的事例也屡见不鲜。这些工程实例表明预应力锚固工程并非"一劳永逸"。

无论是既有锚固结构，还是新建锚固结构，腐蚀问题都难以避免，其锚固材料耐久性评价与寿命问题必须得以解决。为解决此问题，需要弄清楚材料腐蚀的发展进程和由此引起的性能退化进程，具体来讲，需要揭示介质侵蚀下锚固结构材料的腐蚀机理，建立基于某种合理表达参数的腐蚀发展预测模型，以实现锚固结构使用寿命和安全水平的合理评价，这对于保障锚固结构全寿命过程中的安全使用具有重要的科学意义和实用价值。

根据防护材料、锚杆（索）长期耐久性研究成果提出锚固结构耐久性评价方法，具体流程见图 3.4.1。

（1）对钢绞线全程防护措施的耐久性（t_f）进行评价。目前常用的钢绞线全程防护措施主要包括 PE 套管及油脂注浆材料和波纹管等。其中，注浆材料寿命保守估计为 80 年（$t_{fz}=80$），PE 套管和波纹管寿命保守估计为 50 年（$t_{fp}=50$，$t_{fb}=50$）。

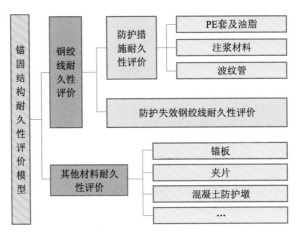

图 3.4.1　锚固结构耐久性评价方法

根据锚索防护的结构特征，当防护措施完整时全程防护措施寿命保守估计为 80 年（ $t_f = \max\{t_{fz}, t_{fp}, t_{fb}, \cdots, \} = 80$ ）；当防护措施出现破坏时，根据破坏时间确定 t_f ，如出现施工时近地表段灌浆材料缺失且无 PE 套管和波纹管防护时， $t_f = \max\{t_{fz} = 0, t_{fp} = 0, t_{fb} = 0\} = 0$ 。

（2）对失去防护后的钢绞线性耐久性进行评价，根据 3.3 节不同环境下的钢绞线耐久性评价模型计算失去防护后的钢绞线耐久性（ t_g ）。

（3）计算钢绞线的长期服役寿命（ $t_s = t_f + t_g$ ）。

（4）对其他材料的耐久性进行评价，如外锚头由锚板（ t_{qd} ）、夹片（ t_{qj} ）和混凝土防护墩（ t_{qh} ）等材料组成，其寿命计算公式为 $t_q = \max\{t_{qh} + \min\{t_{qd}, t_{qj}\}\}$ 。由于混凝土保护墩的使用寿命 t_{qh} 远大于工程设计寿命，认为其长期有效，当混凝土保护墩完整时，可以不考虑该部位对锚索运行寿命的影响；当巡查发现混凝土保护墩出现破坏，无法保护内锚头时， t_{qh} 取混凝土保护墩出现破坏的时间， t_{qd} 、 t_{qj} 根据 3.1 节提供的计算方法进行确定，最终确定 t_q 。

（5） 根据钢绞服役寿命和其他材料耐久性评价结果确定锚固结构耐久性（ $t = \min\{t_s, t_q\}$ ）。

3.5　模　型　验　证

3.5.1　台湾 3 号高速公路七堵段山体滑坡

20 世纪 90 年代末，台湾 3 号高速公路和台 62 线快速公路同时穿过同一个"芝士蛋糕"形斜坡，但采取了不同程度的斜坡稳定措施。3 号高速公路边坡在 10 个水平面上使用了 572 束锚索，以保持路堑边坡的稳定性。

2010 年 4 月 25 日 14 时 33 分，台湾 3 号高速公路七堵段突然发生了灾难性的倾斜边坡破坏。事故发生时间距离边坡约 12 年。滑坡事件直接导致 4 辆车被埋，5 人遇难。事故发生后，花费了 3 天的时间才找到遇难者，而清理 20 万 m³ 的滑坡土体则花费了 7 天时间。可惜的是，确定滑坡原因的关键证据在清理过程中可能被破坏。

事后，对滑坡事故进行调查发现，大量锚索出现了严重的锈蚀，部分锚索的钢绞线出现了断裂情况，该现象可能发生在山体滑坡之前。特别是在滑坡发生后，非滑区的锚索也出现了大量钢绞线断裂的情况，这些锚索的自由段按照规定需要注浆，而实际检查发现其并未注浆，靠近锚头的钢绞线直接暴露于孔洞环境中，其钢绞线的断裂位置距离锚头不足 1 m。

根据调查结果，安装的锚索的相关参数如表 3.5.1 所示。

表 3.5.1　台湾 3 号高速公路七堵段边坡锚索参数

项目	描述
锚索数量	572 束
单束锚索钢绞线数量	7 根
钢绞线规格	公称直径 12.7mm
锚索设计荷载	588.6 kN
锚索类型	无黏结，自由段有管套，靠近锚头处钢绞线暴露
自由段	按规定需要注浆，实际并未注浆
自由段长度	8～24 m

上述边坡稳定加固工程建设于 1998 年最大力的最小值为 184 kN。

事故发生地为台湾基隆七堵玛东山区，为确定该区域年平均干湿交替环境发生次数，分析了台湾及周边岛屿气象水文观测资料。根据观测数据集，台湾基隆 2010～2018 年历史降雨资料如表 3.5.2 所示。

表 3.5.2　台湾基隆 2010～2018 年历史降雨资料统计

年份	年降雨天数	年份	年降雨天数
2010	181	2015	191
2011	216	2016	224
2012	229	2017	197
2013	200	2018	187
2014	181	平均	200.67

注：测点东经 121.73°，北纬 25.13°。

根据表 3.5.2，基隆降雨充沛，年均降雨天数为 200.67 天。根据事故调查的图片，可以判断滑坡山体主要为土体。因此，假设 1 次降雨为 1 次干湿交替环境的发生，则该区域年均干湿交替环境发生次数为 105 次。

一般而言，山区土体中的氯离子浓度较低，因此年腐蚀率估算选择弱腐蚀环境对应的计算公式，以钢绞线强度利用系数=1.0 为锚索失效的边界条件，即可计算得到该区域锚索在干湿交替环境下的寿命为 12.0 年（自由段长度为 8 m）和 11.3 年（自由段长度为 24 m）。由滑坡事故原因调查研究可以推断，该边坡加固工程的锚索失效时间大约为 12 年，与模型计算值接近。

3.5.2　深圳湾跨海大桥香港段箱梁锚索断裂

深圳湾跨海大桥有一条长达 5.5 km 的双车道，连接着广东深圳南山和香港元朗。该桥由香港段和深圳段两段组成，长度分别为 3.5 km 和 2 km。该桥采用多跨混凝土高架桥的形式，但在两个航道处为满足大跨度要求，采用斜拉钢桥形式。

2019 年 2 月 15 日，一名工程师在对深圳湾跨海大桥香港段的例行检查中发现箱梁中一条外置式预应力锚索出现了断裂情况，随后香港路政署组织专家对该事件进行了详细的调查。调查组发现，断裂的锚索为 T3 锚索，该锚索在靠近 P5 桥墩的锚头附近存在灌浆缺陷，导致缺陷处的钢绞线裸露，并与外界环境直接接触，发生严重锈蚀后因承载能力不足而最终断裂，断裂的钢绞线最远处距离锚头仅 0.7 m 左右。

由于项目竣工距离事故发生已达十余年之久，调查组获得的关于 T3 锚索设计和施工的资料有限。根据调查组的调查结果，T3 锚索相关参数总结如表 3.5.3 所示。

表 3.5.3　T3 锚索相关参数表

项目	描述
安装年份	2005 年
总承包商	Gammon-Skanska-MBEC Joint Venture
锚索长度	280 m
锚索直径	160 mm（HDPE 管外径）
钢绞线数量	37
钢绞线类型	公称直径为 15.7 mm 的 7 丝钢绞线
钢绞线的规定断裂荷载（最大力）	279 kN
保护措施	钢绞线被包裹在填充有水泥灌浆材料的 HDPE 管中

另外,根据调查组对锚索灌浆流程的描述及 HDPE 管的实际剖切面图可以判断 T3 锚索为黏结型锚索。

由于设计资料和施工资料的缺失,锚索的设计张拉力未知,参考规范中对锚索体钢材强度利用系数的规定,钢绞线强度利用系数不超过 0.6。假设 T3 锚索钢绞线钢材强度利用系数为上限值 0.6,即可计算得到单根钢绞线的设计力为 167 kN。

深圳湾跨海大桥位于深圳南山和香港元朗之间,查阅深圳南山的历史天气资料,深圳南山 2011 年 1 月 1 日～2020 年 3 月 25 日的历史天气综述如表 3.5.4 所示。

表 3.5.4   深圳南山历史天气综述

天气	多云	雨	阴	晴	其他(雪)
天数	1 159	721	211	211	18

该锚索位于箱梁底部,属于易积水区,因此假设 1 次降雨为 1 次干湿交替环境的发生,则根据深圳南山历史天气统计资料,可以计算得到该区域年均干湿交替环境发生次数为 105 次。

深圳湾跨海大桥,所属环境为海洋气候环境,认定为强腐蚀环境,则钢绞线的年腐蚀率采用强腐蚀环境公式计算。

在上述参数下,设置失效边界条件为钢材强度利用系数=1.0,即可计算得到钢绞线自腐蚀至断裂所需的时间约为 14.3 年。

T3 锚索的安装年份为 2005 年,巡检发现 T3 锚索断裂的时间为 2019 年 2 月 5 日,即可判断钢绞线腐蚀失效的时间为 13～14 年,与模型计算值较为一致。

无论是弱腐蚀环境(台湾 3 号高速公路七堵段山体滑坡),还是强腐蚀环境(深圳湾跨海大桥香港段箱梁锚索断裂),模型计算结果与钢绞线实际失效时间十分接近,验证了本节建立的寿命预测模型计算方法的合理性和计算结果的可靠性。

参 考 文 献

岸谷孝一, 1963. 钢筋混凝土耐久性[M]. 日本: 鹿岛建设技术研究所出版社.

方灵毅, 2010. 锚索锈蚀检测技术研究[D]. 重庆: 重庆交通大学.

冯忠居, 江冠, 赵瑞欣, 等, 2021. 基于多因素耦合效应的锚索预应力长期损失研究[J]. 岩土力学, 42(8): 2215-2224.

高大水, 曾勇, 2001. 三峡永久船闸高边坡锚索预应力状态监测分析[J]. 岩石力学与工程学报, 20(5): 653-656.

关宇刚, 孙伟, 缪昌文, 2001. 基于可靠度与损伤理论的混凝土寿命预测模型 II: 模型验证与应用[J]. 硅酸盐学报, 29(6): 535-540.

郭明晓, 潘晨, 王振尧, 等, 2018. 碳钢在模拟海洋工业大气环境中初期腐蚀行为研究[J]. 金属学报, 54(1): 65-75.

惠云玲, 1997a. 锈蚀钢筋性能试验研究分析[J]. 工业建筑, 27(6): 10-13.

惠云玲, 1997b. 混凝土结构钢筋锈蚀耐久性损伤评估及寿命预测方法[J]. 工业建筑, 27(6): 19-22.

惠云玲, 林志伸, 李荣, 1997. 锈蚀钢筋性能试验研究分析[J]. 工业建筑, 27(6): 10-13.

雷志梁, 张文巾, 徐跃庭, 等, 1987. 砂浆锚杆的腐蚀及防护研究报告 [R]. 洛阳: 中国人民解放军总参谋部工程兵科研三所.

李聪, 朱杰兵, 汪斌, 等, 2015. 腐蚀环境下预应力锚筋的耐久性试验研究[J]. 岩石力学与工程学报, 34(S1): 3356-3364.

李富民, 刘贞国, 2016. 索体腐蚀对锚索结构锚固性能的影响[J]. 中国公路学报, 29(2): 23-31.

李富民, 刘贞国, 陆荣, 等, 2015. 硫酸盐腐蚀锚索结构锚固性能退化规律试验研究[J]. 岩石力学与工程学报, 34(8): 1581-1593.

李英勇, 2008. 岩土预应力锚固系统长期稳定性研究[D]. 北京: 北京交通大学.

李英勇, 张思峰, 王松根, 等, 2008. 预应力锚固结构腐蚀介质作用下的耐久性试验研究[J]. 岩石力学与工程学报, 27(8): 1626-1633.

李永和, 葛修润, 1998. 锚喷结构中钢锚杆锈蚀量的估计分析[J]. 煤炭学报, 23(1): 48-52.

梁健, 2016. 基于多因素耦合的锚杆锚固结构耐久性研究[D]. 重庆: 重庆大学.

刘道新, 2006. 材料腐蚀与防护[M]. 西安: 西北工业大学出版社.

刘贞国, 2014. 预应力锚索结构的腐蚀行为[D]. 徐州: 中国矿业大学.

卢云贵, 2013. 边坡锚索腐蚀性环境评价及锈蚀速率计算[J]. 科技创新与应用(29): 3-4.

潘保武, 2008. 低合金高强度钢应力腐蚀研究[D]. 太原: 中北大学.

屈文俊, 张誉, 1999. 侵蚀性环境下混凝土结构耐久性寿命预测方法探讨[J]. 工业建筑, 29(4): 40-44.

任爱武, 汪彦枢, 王玉杰, 等, 2011. 拉力集中全长黏结型锚索长期耐久性研究[J]. 岩石力学与工程学报, 30(3): 493-499.

任爱武, 王琼, 彭林军, 等, 2014. 服役 20 年预应力锚索耐蚀性能研究[J]. 中国水利水电科学研究院学报, 12 (4): 410-413.

汪剑辉, 曾宪明, 赵强, 2006. 多因素耦合腐蚀环境下锚杆腐蚀机制试验研究[J]. 施工技术, 35(11): 30-33.

夏宁, 2005. 锈蚀锚固体的力学性能研究及耐久性评估初探[D]. 南京: 河海大学.

肖从真, 1995. 混凝土中钢筋腐蚀的机理研究及数论模拟方法[D]. 北京: 清华大学.

许丽萍, 黄士元, 1991. 预测混凝土中碳化深度的数学模型 [J]. 上海建材学院学报(4): 347-357.

余红发, 孙伟, 麻海燕, 等, 2002. 盐湖地区钢筋混凝土结构使用寿命的预测模型及其应用[J]. 东南大学学报(自然科学版), 32(4): 638-642.

余万超, 韩道均, 唐树名, 2007. 预应力锚索腐蚀原理与防腐技术方法初探[J]. 公路交通技术(3): 131-133.

曾辉辉, 朱本珍, 高志华, 2011. 强腐蚀环境下锚索强度指标及表观特性试验研究[J]. 水利与建筑工程学报, 9(2): 48-53.

曾宪明, 雷志梁, 张文巾, 等, 2002. 关于锚杆定时炸弹问题的讨论: 答郭映忠教授[J]. 岩石力学与工程学报, 21(1): 143-147.

张发明, 赵维炳, 刘宁, 等, 2004. 预应力锚索锚固荷载的变化规律及预测模型[J]. 岩石力学与工程学报, 23(1): 39-43.

张思峰, 2007. 预应力内锚固段作用机理及其耐久性研究[D]. 上海: 同济大学.

张思峰, 宋修广, 李艳梅, 等, 2011. 边坡预应力单锚索耐久性分析及其失效特性研究[J]. 公路交通科技, 28(9): 22-29.

张心宇, 王立达, 孙文, 等, 2021. 纯铁的腐蚀产物对纯铁腐蚀行为的影响及其机理研究[J]. 材料保护, 54(7): 30-36.

张誉, 蒋利学, 1998. 基于碳化机理的混凝土碳化深度实用数学模型[J]. 工业建筑, 28(1): 16-19.

赵健, 冀文政, 张文巾, 等, 2005. 现场早期砂浆锚杆腐蚀现状的取样研究[J]. 地下空间与工程学报, 1(7): 1157-1162.

赵健, 冀文政, 肖玲, 等, 2006. 锚杆耐久性现场试验研究[J]. 岩石力学与工程学报, 25(7): 1377-1385.

周玮博, 2017. 酸性土壤腐蚀对锚索力学性能的影响研究[J]. 科技资讯, 15(4): 49-51.

朱安民, 1992. 混凝土碳化与钢筋混凝土耐久性[J]. 混凝土(6): 18-22.

朱尔玉, 王冰伟, 周勇政, 等, 2012. 酸雨对预应力体系腐蚀的试验研究[J]. 水利学报, 43(11): 1365-1372.

朱杰兵, 李聪, 刘智俊, 等, 2017a. 腐蚀环境下预应力锚筋损伤试验研究[J]. 岩石力学与工程学报, 36(7): 1579-1587.

朱杰兵, 张磊, 宋玉苏, 2017b. 锚筋腐蚀影响因素的电化学研究[J]. 材料保护, 50(4): 85-88.

ANDRADE C, ALONSO C, GONZÁLEZ J A, et al., 1989. Remaining service life of corroding structures[C]// Durability of structures. Lisbon: IABSE: 395-364.

ATKINSON A, HEARNE J A, 1990. Mechanistic model for the durability of concrete barriers exposed to sulphate-beraing groundwaters[J]. MRS online proceedings library, 176: 149-156.

BAZANT Z P, 1979a. Physical model for steel corrosion in concrete sea structures-theory[J]. Journal of the structural division, 105(6): 1137-1153.

BAZANT Z P, 1979b. Physical model for steel corrosion in concrete sea structures-application[J]. Journal of the structural division, 105(6): 1155-1166.

CLEAR K C, 1976. Time-to-corrosion of reinforcing steel in concrete slabs. Volume 3: Performance after 830 daily salt applications[R]. Washington D.C.: Federal Highway Administration.

CLIFTON J R, 1993. Predicting the service life of concrete[J]. ACI material journal, 90(6): 611-617.

DAVIES R P, KNOTTENBELT E C, 1997. Investigations into long-term performance of anchors in South Africa with emphasis on aspects requiring care[C]//Ground Anchorages and Anchored Structures. London: Thomas Telford: 384-392.

DIVI S, CHANDRA D, DAEMEN J, 2011. Corrosion susceptibility of potential rock bolts in aerated multi-ionic simulated concentrated water[J]. Tunnelling and underground space technology, 26(1): 124-129.

ENRIGHT M P, FRANGOPOL D M, 1998. Service-life prediction of deteriorating concrete bridges[J]. Journal of structural engineering, 124(3): 309-317.

FEDDERWEN I, 1997. Improvement of the overall stability of a gravity-dam with 4500kN-anchors[C]// Ground Anchorages and Anchored Structures. London: Thomas Telford: 318-325.

GAMBOA E, ATRENS A, 2003a. Stress corrosion cracking fracture mechanisms in rock bolts[J]. Journal of materials science, 38(18): 3813-3829.

GAMBOA E, ATRENS A, 2003b. Environmental influence on the stress corrosion cracking of rock bolts[J]. Engineering failure analysis, 10(5): 521-558.

GAMBOA E, ATRENS A, 2005. Material influence on the stress corrosion cracking of rock bolts[J]. Engineering failure analysis, 12(2): 201-235.

GÉRARD B, 1996. Contribution des couplages mécanique-chimie: transfert dans la tenue a longterme des ouvrages de stockage de déchets radioactifs[D]. Paris: E. N. S. de Cachan.

HASSELL R, THOMPSON A, VILLAESCUSA E, 2006. Testing and evaluation of corrosion on cable bolt anchors[C]//ARMA US Rock Mechanics/Geomechanics Symposium. Alexandria: ARMA1-11.

KONG Q M, GONG G J, YANG J J, et al., 2006. The corrosion rate of reinforcement in chloride contaminated concrete[J]. Low temperature architecture technology, 111: 1-2.

KUHL D, BANGERT F, MESCHKE G 2000. An extension of damage theory to coupled chemo-mechanical processes[C]//European congress on computational methods in applied sciences and engineering. Barcelona: ECCOMAS: 1-23.

LI C Q, 2003. Life-cycle modeling of corrosion-affected concrete structures: Propagation[J]. Journal of structural engineering, 15(6): 753-761.

LI C Q, 2004. Reliability based service life prediction of corrosion affected concrete structures[J]. Journal of structural engineering, 130(10): 1570-1577.

LI G, 2004. Durability behaviour and basic models of reinforced concrete deterioration under climate environments[D] Xuzhou: China University of Mining and Technology.

LI F M, LIU Z G, ZHAO Y, et al., 2014. Experimental study on corrosion progress of interior bond section of anchor cables under chloride attack[J]. Construction and building materials, 71(30): 344-353.

LIU Y, WEYERS R E, 1998. Modeling the time-to-corrosion cracking in chloride contaminated reinforced concrete structures[J]. ACI materials journal, 95(6): 675-681.

MANNS W, 1997. Long-term influence of aggressive carbonic acid upon the bearing capacity of ground anchors[C]//Ground Anchorages and Anchored Structures. London: Thomas Telford: 393-397.

MORINAGA S, 1988. Prediction of service lives of reinforced concrete buildings based on rate of corrosion of reinforcing steel[C]// Durability of building materials and components. London: E. & F.N. SPON: 5-16.

JAMES A N, LUPTON A R, 1978. Gypsum and anhydrite in foundation of hydraulic structures[J]. Géotechnique, 28(3): 249-272.

PREZZI M, GEYSKENS P, MONTEIRO P J M, 1996. Reliability approach to service life prediction of concrete exposed to marine environments[J]. ACI materials journal, 93(6): 544-552.

ROMANOFF M, 1957. Underground Corrosion: National Bureau of Standards, Circular 579[M]. Washington, D.C.: US Government Printing Office.

SENTLER L, 1984. Stochastic characterization of carbonation of concrete[C]//3rd International Conference on the Durability of Building Materials and Components. Espoo: Technical Research Centre of Finland: 569-580.

SIEMENS A, VROUWENVELDER A, VEUKEL A, 1985. Durability of buildings: A reliability analysis[J]. Heron, 30(3): 3-48.

TUUTTI K, 1982. Corrosion of steel in concrete[D]. Stockholm: Swedish Cement and Concrete Research Institute.

VANDERMAAT D, SAYDAM S, HAGAN P C, et al., 2016. Laboratory-based coupon testing for the understanding of SCC in rockbolts[J]. Mining technology, 125(3): 174-183.

VILLALBA E, ATRENS A, 2008. Metallurgical aspects of rock bolt stress corrosion cracking[J]. Materials science and engineering: A, 491 (1/2): 8-18.

VU K A T, STEWART M G, 2000. Structural reliability of concrete bridges including improved chloride-induced corrosion models[J]. Structural safety, 22(4): 313-333.

WANG B, GUO X, JIN H, et al., 2019. Experimental study on degradation behaviors of rock bolt under the coupled effect of stress and corrosion[J]. Construction and building materials, 214: 37-48.

WANG J, WANG Z Y, KE W, 2010. Corrosion behaviour of weathering steel in diluted Qinghai salt lake water in a laboratory accelerated test that involved cyclic wet/dry conditions[J]. Materials chemistry and physics, 124(2/3): 952-958.

WEERASINGHE R B, ANSON R W W, 1997. Investigation of the long term performance and future behaviour of existing ground anchorages[C]//Ground Anchorages And anchored Structures. London: Thomas Telford: 353-362.

YOKOZEKI K, WATANABE K, SAKATA N, et al., 2004. Modeling of leaching from cementitious materials used in underground environment[J]. Applied clay science, 26: 293-308.

第4章

岩体-锚固结构协同作用机理与力学模型

　　岩体-锚固结构协同作用的本质为变形协调和荷载传递，锚固结构支护参数与岩体性能相互匹配时能充分发挥锚固结构的效能，提高围岩稳定性。现行的锚固工程设计规范，主要依靠工程经验确定锚固结构支护参数，对于锚固结构与围岩的作用机理缺乏系统的认识。因此，本章综合利用室内物理模型试验、数值仿真试验和理论分析方法等，研究锚固结构应力的时空分布特征，划分岩体-锚固结构演化阶段，揭示岩体-锚固结构协同作用机理，建立边坡和地下洞室锚固结构应力演变模型，为实现水电工程中锚固结构的定量设计提供理论依据。

4.1　干湿循环作用下结构面与岩体强度劣化规律

在影响岩体工程稳定性的诸多因素中，水是最活跃的因素之一。受地下水季节性涨落的影响，部分岩体工程（如库区变幅带）长期处在干湿交替的环境中。因此，单纯研究水浸泡下岩石的物理力学性能远远不能模拟实际情况，必须就干湿循环作用下岩体的力学性能做深入的分析。

4.1.1　干湿循环作用下结构面剪切强度损伤劣化

自然界中的边坡岩体往往存在大量微观或宏观尺寸的结构面，结构面的微观形貌特征直接影响节理岩体的剪切力学特性。在以往的研究中，较多学者建立了节理面微观形貌参数与节理岩体抗剪强度的相关关系式，其中最经典的是 Barton（1973）提出的节理面剪切强度经验方程，具体形式如下：

$$\tau_{p} = \sigma_{n} \times \tan[\text{JRC} \times \lg(\text{JCS}/\sigma_{n}) + \varphi_{0}] \tag{4.1.1}$$

式中：τ_{p} 为峰值剪应力；JRC 为节理粗糙度系数；JCS 为节理壁岩的抗压强度；σ_{n} 为法向应力；φ_{0} 为节理基本摩擦角（在没有试验资料时，可用结构面的残余摩擦角代替）。

基于勒梅特（Lemaitre）经典损伤理论，干湿循环作用下节理粗糙度系数的损伤变量 D_{JRC} 定义为

$$D_{\text{JRC}} = 1 - \text{JRC}_{n}/\text{JRC}_{0} = 1 - \exp[-(\alpha n)^{k}] \tag{4.1.2}$$

式中：n 为干湿循环的次数；JRC_{0} 为初始节理粗糙度系数；JRC_{n} 为 n 次干湿循环后的节理粗糙度系数；α 为与烘干温度存在相关性的拟合参数，温度小于 100 ℃时取值范围为 0.3～0.5；k 为韦布尔分布函数中影响岩石微元体形状、尺寸的参数，其随着干湿循环作用下岩样烘干温度的变化而改变。

根据蒋浩鹏等（2021）的研究成果，不同温度作用下结构面的韦布尔参数为

$$k(T) = (1 - D_{T})/\ln(E\varepsilon_{c}/\sigma_{c}) \tag{4.1.3}$$

式中：$k(T)$ 为不同温度 T 作用下岩石的韦布尔参数；σ_{c} 为岩石单轴压缩试验峰值应力；ε_{c} 为峰值应变；E 为岩石弹性模量，MPa；D_{T} 为结构面的热损伤变量，可用相对分形参数变化量 Δd 表示。

根据曹平等（2013）的试验结果，对不同温度下干湿循环前后的相对分形参数变化量进行分析，并拟合得出温度与岩石节理表面形貌参数之间的变化规律：

$$D_{T} = \Delta d = -0.004\,96T^{2} + 0.375\,97T - 4.666\,02 \tag{4.1.4}$$

式中：T 为干湿循环时的温度。

此外，岩石节理面粗糙度的损伤劣化在很大程度上受法向应力的影响。节理面受到的法向应力越大，节理面表观形态的劣化程度越大（邓华锋 等，2023；齐豫，2022；

方景成，2022；Tang et al.，2021；Fang et al.，2019）。因此，定义法向应力折减系数β，并综合上述文献的试验数据进行拟合分析，建立β和σ_n之间的线性关系：

$$\beta = 0.06133\sigma_n + 0.05 \tag{4.1.5}$$

将式（4.1.3）～式（4.1.5）代入式（4.1.2）得到节理粗糙度系数损伤变量的表达式：

$$JRC_n = JRC_0 - JRC_0 \times (0.06133\sigma_n + 0.05) \times \{1 - \exp[-(\alpha n)^{(0.00496T^2 - 0.37597T + 4.66602)/\ln(E\varepsilon_c/\sigma_c)}]\} \tag{4.1.6}$$

目前室内试验大多采用新鲜岩样的单轴抗压强度作为节理面的壁岩抗压强度JCS。然而，工程岩体中节理裂隙长期受到风化剥蚀和地下水溶蚀等作用，导致节理面壁岩抗压强度与内部岩石的抗压强度相比存在一定程度的降低。Barton 和 Choubey（1977）对不同风化等级的节理试件开展了研究，发现节理抗压强度折减系数（σ_c/JCS）与节理密度减少量有关。本节在 Barton 和 Choubey（1977）研究的基础上，结合 Woo 等（2010）和蔡毅（2018）的试验结果，拟合得出了节理壁岩抗压强度劣化公式：

$$JCS_n = \sigma_c(n) / [0.49835\Delta\rho(n)^{0.68472} + 1] \tag{4.1.7}$$

式中：JCS_n为第n次干湿循环节理面壁岩强度；$\Delta\rho(n)$和$\sigma_c(n)$为不同干湿循环次数下岩石密度损失量和单轴抗压强度，其劣化幅度受岩性（黏土矿物质量分数）及结构特征影响，具体拟合公式及分级见表 4.1.1 及表 4.1.2。

表 4.1.1　岩样岩石密度损失量拟合公式及分级表

岩性	岩石密度损失量
变质岩及碳酸盐岩（黏土矿物质量分数≤5%）	$\Delta\rho = 0$
致密砂岩（20%≥黏土矿物质量分数>5%）	$\Delta\rho = 1.299 \times \{1 - \exp[-(0.024 \times n)^{1.497}]\}$
微风化砂岩（50%≥黏土矿物质量分数>20%）	$\Delta\rho = 169.382 \times \{1 - \exp[-(0.000002 \times n)^{0.448}]\}$
疏松砂岩（黏土矿物质量分数>50%）	$\Delta\rho = 10.96 \times \{1 - \exp[-(0.0516 \times n)^{1.6}]\}$

注：表中拟合公式所用数据来源于傅晏（2011）、郭义（2014）、崔凯等（2015）、李达朗（2021）、董武书（2022）、张亮（2022）、张景科等（2022）、郑罗斌（2022）、胡鑫等（2023）、常乐（2023）、Yang 等（2018）的试验资料。

表 4.1.2　岩块单轴抗压强度与干湿循环次数 n 的关系

岩性		单轴抗压强度
砂岩	（a）致密砂岩石英质量分数≥60%，钙质胶结	$\sigma_c = (1 - \{0.216 - 0.216 \times \exp[-(0.099n)^{1.425}]\}) \times \sigma_0$
	（b）微风化砂岩	$\sigma_c = (1 - \{1.170 - 1.170 \times \exp[-(0.014n)^{0.578}]\}) \times \sigma_0$
	（c）泥质砂岩或黏土矿物质量分数≥30%	$\sigma_c = (1 - \{0.727 - 0.727 \times \exp[-(0.181n)^{0.775}]\}) \times \sigma_0$
灰岩		$\sigma_c = (1 - \{93.622 - 93.622 \times \exp[-(1.031n)^{0.471}]\}) \times \sigma_0$
火成岩		$\sigma_c = (1 - \{0.457 - 0.457 \times \exp[-(0.167n)^{0.731}]\}) \times \sigma_0$

注：σ_0为岩块初始单轴抗压强度。表中拟合公式所用数据来源于常乐（2023）、崔凯等（2021）、邓华锋等（2019，2017）、樊德东等（2021）、傅晏等（2018）、高学成（2021）、郭慧敏（2020）、李洁等（2017）、廖逸夫（2021）、罗小勇（2023）、吕倩文（2020）、王维等（2022）、王鹏鹏（2022）、吴杰（2019）、郑罗斌（2022）、周辉等（2022）、曾建斌（2020）、赵婷（2019）、An 等（2020）、Cai 等（2020）、Chen 等（2018）、Huang 等（2022，2021，2018）、Li 等（2021）、Liu 等（2018）、Ma 等（2022）、Wang 和 Liu（2023）、Xu 等（2021）、Yao 等（2020）、Zhang 等（2021，2014，2012）、Zhou 等（2017）的试验资料。

　　此外，Fang 等（2019）、齐豫（2022）、方景成（2022）、邓华锋等（2023）对干湿循环作用下节理面基本摩擦角的劣化趋势进行了详细分析，对上述文献数据进行统计归纳，拟合得出了节理面基本摩擦角的劣化规律：

$$\varphi_n = \varphi_0 - \varphi_0 \times 0.25 \times \{1 - \exp[-(0.011\,43 \times n)^{0.529\,21}]\} \tag{4.1.8}$$

式中：φ_0 为初始节理面基本摩擦角；φ_n 为 n 次干湿循环后的节理面基本摩擦角。综上，将干湿循环作用下节理面粗糙度系数、节理壁岩抗压强度、基本摩擦角的损伤劣化方程式（4.1.6）～式（4.1.8）代入式（4.1.1），即可建立干湿循环作用下节理岩体的抗剪强度劣化方程：

$$\tau_p = \sigma_n \times \tan\{JRC(n) \times \lg[JCS(n)/\sigma_n] + \varphi_0(n)\} \tag{4.1.9}$$

式中：$JRC(n)$、$JCS(n)$、$\varphi_0(n)$ 分别为不同法向应力下节理面粗糙度系数、节理壁岩抗压强度、节理面基本摩擦角与干湿循环次数 n 之间的函数关系。

4.1.2　干湿循环作用下岩体强度损伤劣化

1. 干湿循环条件下岩块力学性能劣化规律

　　由于亲水性和可溶性矿物的存在，岩块在干湿循环作用后会表现出一定的水软化特性。目前许多学者进行过相关研究和论述。本节在现有文献的基础上，对岩石力学参数的试验数据进行统计，拟合得到了干湿循环作用后岩块单轴抗压强度的劣化规律，具体公式及分级见表 4.1.2。

2. 干湿循环条件下岩体力学性能劣化规律

　　工程岩体力学参数是岩土工程稳定性研究中的重要参数，常通过原位试验法、经验类比法、反演分析法及数值法等方法获取，其中，现场和室内试验是确定岩体力学参数的基础（周念清 等，2013）。然而，岩体力学参数原位试验周期长、费用高，离散性大，难以批量开展；室内岩石试验脱离了岩体的赋存环境、结构特征及尺寸限制，测定的岩石力学性质与岩体力学性质存在明显差异（晏鄂川和唐辉明，2002）。因此，寻求能被众多工程普遍接受的方法，成为近年来关注的目标和趋势。

　　在岩土力学研究中，莫尔-库仑（Mohr-Coulomb）强度准则是一种常用的方法，用于描述岩土材料的剪切破坏，因其表达式简单，在工程实践中被广泛使用。霍克-布朗（Hoek-Brown）强度准则与莫尔-库仑强度准则相比，综合考虑了岩体结构、岩块强度、应力状态等多种因素，更好地反映了岩体的非线性破坏特征，解释了低应力区、拉应力区和最小主应力对岩体强度的影响，适用于破碎岩体和各向异性岩体等情况，更符合工程实际（周念清 等，2013）。实践证明，以室内试验测得的岩石块体参数为基础，基于地质强度指标 GSI 围岩分级系统和 Hoek-Brown 强度准则估计岩体力学参数将能更加方便、及时、准确地反映岩体的实际情况，在工程实践中具有可操作性，尤其是在岩体工程的初步设计阶段（胡盛明和胡修文，2011；苏永华 等，2009）。因此，本节在 Hoek-Brown 强度准则和地质强度指标的基础上，考虑 GSI 与干湿循环次数的关系，提出干湿循环作用下现场岩体力学参数的劣化规律。

Hoek 和 Brown（1980）在参考格里菲斯经典强度理论的基础上，通过大量试验，提出了岩体非线性破坏经验准则。其强度估算的普遍公式为

$$\sigma_1 = \sigma_3 + \sigma_c \left(m_b \frac{\sigma_3}{\sigma_c} + s \right)^a \tag{4.1.10}$$

式中：σ_1 为岩体破坏时的最大主应力；σ_3 为岩体破坏时的最小主应力；σ_c 为组成岩体完整岩块的单轴抗压强度；m_b 为岩石的 Hoek-Brown 参数；s、a 为取决于岩体特性的常数。其中，m_b、s、a 可通过 GSI 求取：

$$m_b = m_i \exp[(GSI - 100) / (28 - 14V)] \tag{4.1.11}$$
$$s = \exp[(GSI - 100) / (9 - 3V)] \tag{4.1.12}$$
$$a = 1/2 + 1/6(e^{-GSI/15} - e^{-20/3}) \tag{4.1.13}$$

式中：m_i 为岩块的 Hoek-Brown 参数；V 为扰动因子，根据岩体爆炸破坏和应力松弛的扰动程度确定，$0 < V < 1$，无明显人为扰动时可取 $V = 0$。通过表格可以求得 GSI 的具体数值。

GSI 与 RMR_{89}[1989 年版的岩石质量评定系统（rock mass rating system）]的转换公式为

$$GSI = RMR_{89} - 5 \tag{4.1.14}$$

在式（4.1.14）中 RMR_{89} 由以下 6 个指标组成：

$$RMR_{89} = R_1 + R_2 + R_3 + R_4 + R_5 + R_6 \tag{4.1.15}$$

式中：R_1 为岩块单轴抗压强度对应的评分值；R_2 为岩石质量指标 RQD 对应的评分值；R_3 为结构面间距对应的评分值；R_4 为结构面条件对应的评分值；R_5 为地下水条件对应的评分值。R_6 为结构面产状与工程走向关系对应的评分值。RMR_{89} 中的 R_1、R_2 和 R_3 三项权重较大。

王乐华等（2013）对多项水利水电工程的边坡及洞室围岩进行了研究，修正了现有 RMR_{89} 中单轴抗压强度 σ_c、RQD 和结构面间距这三项的评分标准，修正后的拟合公式为

$$R_1 = 0.076\,8\sigma_c + 1.559\,2, \quad 5 \leqslant f_c \leqslant 135 \tag{4.1.16}$$
$$R_2 = 0.199\,9RQD - 0.220\,8, \quad 15 \leqslant RQD \leqslant 100 \tag{4.1.17}$$
$$R_3 = 0.066\,9d + 7.115\,6, \quad 12 \leqslant d \leqslant 200 \tag{4.1.18}$$

式中：f_c 为点荷载强度；d 为结构面间距。

R_4、R_5、R_6 的取值可通过表 4.1.3 查得。

表 4.1.3　RMR₈₉分级指标及评分

结构面条件		地下水条件				结构面产状与工程走向的关系			
岩石节理状态	R_4评分值	隧洞每 10 m 长的流量/(L/min)	节理水压与最大主应力的比值	一般条件	R_5评分值	走向和倾向	R_6评分值		
							隧洞矿山	地基	边坡
不连续、紧闭、岩壁很粗糙、岩壁未风化	30	无	0.0	完全干燥	15	非常有利	0	0	0
岩壁稍粗糙，宽度<1 mm，岩壁轻微风化	25	<10	<0.1	潮湿	10	有利	−2	2～5	
岩壁稍粗糙，宽度<1 mm，岩壁严重风化	20	10～25	0.1～0.2	洞壁湿	7	一般	−5	−7	−25
面光滑或软弱夹层厚 5 mm，宽度为 1～5 mm，连续	10	25～125	0.2～0.5	滴水	4	不利	−10	−15	−50
面光滑或软弱夹层厚度>5 mm 或张开度>5 mm，连续	0	>125	>0.5	流水	0	非常不利	−12	−25	−60

通过式（4.1.16）～式（4.1.18）及表 4.1.3 可以得到 6 个指标的评分值，将评分值代入式（4.1.14）即可求得 GSI：

$$\text{GSI} = (0.076\,8 \times \sigma_c + 1.559\,2) + (0.199\,9\text{RQD} - 0.220\,8) + (0.066\,9d + 7.115\,6) + R_4 + R_5 + R_6 - 5 \tag{4.1.19}$$

以式（4.1.10）为基础，Hoek 和 Brown（1980）导出了与岩体力学参数相关的估算公式，根据现场资料对估算公式进行了修正：

$$\sigma_{cm} = \sqrt{s}\,\sigma_c \tag{4.1.20}$$

$$\sigma_{tm} = \frac{1}{2}\sigma_c \left| m_b - \sqrt{m_b^2 + 4s} \right| \tag{4.1.21}$$

$$E_m = 2\sqrt{\frac{\sigma_c}{100}} 10^{\frac{\text{GSI-10}}{40}} \tag{4.1.22}$$

式中：σ_{cm} 为岩体抗压强度；σ_{tm} 为岩体抗拉强度；E_m 为岩体弹性模量。

将岩块单轴抗压强度随初始单轴抗压强度及干湿循环次数变化的公式（表 4.1.2 中公式）代入 GSI 表达式[式（4.1.19）]，即可求得 GSI 随初始单轴抗压强度及干湿循环次数的变化规律。将 GSI 表达式[式（4.1.19）]代入式（4.1.11）～式（4.1.13），可以得到 m_b、s、a，将 m_b、s、a 代入式（4.1.20）～（4.1.22）即可得到现场岩体参数 σ_{cm}、σ_{tm}、E_m 随初始单轴抗压强度 σ_0 及干湿循环次数 n 的变化公式。

与莫尔-库仑强度准则结合，运用回归分析方法，导出岩体内摩擦角和黏聚力：

$$0 < \sigma_3 < \frac{\sigma_c}{4} \tag{4.1.23}$$

$$\sigma_1 = k_m \sigma_3 + b \tag{4.1.24}$$

$$k_m = \left(\sum \sigma_1 \sigma_2 - \frac{\sum \sigma_1 \sigma_2}{n} \right) \Big/ \left[\sum \sigma_3^2 - \frac{\left(\sum \sigma_3 \right)^2}{n} \right] \tag{4.1.25}$$

$$b = \left(\sum \sigma_1 - k_m \sum \sigma_3 \right) / n \tag{4.1.26}$$

$$k_m = (1 + \sin\varphi) / (1 - \sin\varphi) \tag{4.1.27}$$

$$b = (2c\cos\varphi) / (1 - \sin\varphi) \tag{4.1.28}$$

式中：σ_2 为物体内某一点以法向量为 $n = (n_1, n_2, n_3)$ 的微面积元上剪应力为零时向法向应力；φ 为岩体内摩擦角；c 为岩体黏聚力；k_m 为 Hoek-Brown 强度准则直线的斜率；b 为 Hoek-Brown 强度准则直线的截距；n 为干湿循环次数。

4.2　岩体-锚杆协同作用室内剪切与数值试验

4.2.1　锚固节理岩体宏观剪切力学特性

锚杆在节理岩体中常受到岩体对杆体的横向约束作用，在结构面附近呈现出明显的拉剪复合破坏特征。因此，在评价锚杆抗剪贡献时，不仅要考虑锚杆的轴力作用，而且要考虑锚杆的横向抗剪效应，即需要综合考虑锚杆轴力和横向抗力对节理岩体锚固抗力的贡献。本节围绕锚固粗糙节理岩体和锚固复合层状节理岩体的宏细观剪切力学特性展开论述，重点分析节理粗糙度、岩性组合特征对锚杆轴向应力分布和变形破坏特征的影响，探讨法向应力、预应力对锚固节理抗剪强度的增强作用，揭示锚杆抗剪作用机制。

1. 锚固节理岩体直剪试验方案

1）锚固粗糙节理岩体试样制备

试验采用东莞市鼎盛数控设备有限公司生产的型号为 DS-4040 的模块化数控雕刻机雕刻不同粗糙程度的节理面，仪器见图 4.2.1。在选定节理面粗糙度后，将节理面点云数据导入 Geomagic Studio 软件进行后处理，再通过雕刻机内置的数据转换软件，将经过后处理的数据转换为雕刻路径数据。开始雕刻前，把红砂岩岩样固定到工作台上，将刀头对准设定的节理面原点后，在控制器中选中雕刻文件即可开始进行自动雕刻。雕刻完成的试样如图 4.2.2 所示。

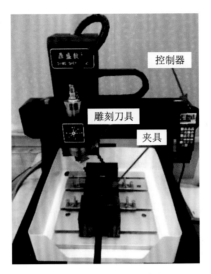

图 4.2.1　雕刻机工作台

（a）雕刻完成的试样

（b）J4节理面下盘

（c）上下盘吻合良好

图 4.2.2　雕刻节理面制备流程

　　试验岩样采用红砂岩，上下盘总尺寸为 150 mm×150 mm×150 mm。对于锚固试样，需进行进一步的加工和制作：首先在试件中央打一个直径为 8 mm 的钻孔作为锚杆钻孔，然后在两头各打一个直径为 30 mm、深度为 28 mm 的大孔，用于螺母（模拟托盘）的锁定与轴力计的放置，轴力计专门定制，用于监测剪切过程中锚杆端头的轴力变化，其量程为 1t（10kN）。钻孔完成后垂直打入锚杆、注浆，静置 28 天后锚固试样即制作完成。

2）锚固复合层状节理岩体试样制备

　　巴东组地层具有典型复合层状结构特征，尤其是巴东组第二段泥质粉砂岩与粉砂质泥岩的地层组合和第三段泥质灰岩与泥岩的地层组合，以及巴东组第二段泥质粉砂岩与第三段泥质灰岩的地层组合。表 4.2.1 给出了以上三组典型复合层状岩体结构面壁岩基本力学参数测试结果。

表 4.2.1　典型复合层状岩体结构面壁岩基本力学参数测试结果

地层	岩性	抗压强度/MPa	抗拉强度/MPa	弹性模量/GPa	泊松比
三叠系巴东组第三段 T_2b^3	泥质灰岩	144	14.5	60.4	0.224
	泥岩	23.1	4.1	7.79	0.320
三叠系巴东组第二段 T_2b^2	粉砂质泥岩	46.1	5.83	10.4	0.312
	泥质粉砂岩	52.2	6.94	11.7	0.303

参考以上三组典型复合层状岩体结构面壁岩的强度范围，使用三种水泥砂浆配比模拟该强度范围内三种强度的岩石。相似模型材料的配比及强度参数如表 4.2.2 所示，根据试验方案设计，分别编号为 I、II、III，然后两两组合后作为复合层状岩体结构面试样模型。

表 4.2.2　相似模型材料的配比及强度参数

编号	材料相对含量/%			基本物理力学性质		
	水泥	砂	微硅粉	抗压强度/MPa	弹性模量/GPa	泊松比
I	30	47	3	48.35	14.68	0.239
II	20	20	1	66.20	14.92	0.206
III	30	10	1	87.61	18.42	0.280

注：粒径为 0.5 mm 与 2.0 mm 的砂的比值为 4∶1，用水量为试样重量的 1/6。

根据室内直剪试验仪剪切盒的尺寸，制作的结构面试样的尺寸为 150 mm×150 mm×156 mm，即单侧壁岩厚度为 78 mm，锚固复合层状节理岩体相似模型如图 4.2.3 所示。根据模型尺寸加工了对应尺寸的试样模具，如图 4.2.4 所示。模具内侧的厚度为 78 mm，长、宽均为 150 mm，并在模具的中间开孔作为锚杆的预留孔，其直径为 14 mm，方便后期置入锚杆并注浆制作锚固节理岩体。选取直径为 8 mm 的 A3 碳素结构钢作为全长黏结型锚杆的模拟材料。图 4.2.5 为加工好的锚杆材料，锚杆的长度为 150 mm。砂浆的厚度为 3 mm。

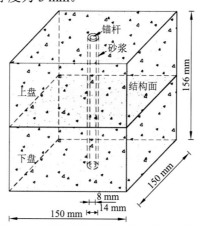

图 4.2.3　锚固复合层状节理岩体相似模型

图 4.2.4   制作的相似材料试样模具

图 4.2.5   全长黏结型锚杆材料实物图

3）主要试验仪器

直剪试验仪采用中国地质大学（武汉）与长春市朝阳试验仪器有限公司共同研制的 WDJ-300 型自动控制结构面直剪仪，如图 4.2.6 所示。采用常法向压力和剪切位移控制的方式，剪切速率为 0.5 mm/min。当剪切位移达到试样长度的 10%时，停止加载。

图 4.2.6   WDJ-300 型自动控制结构面直剪仪实物图

2. 考虑节理粗糙度的锚固节理岩体抗剪特性分析

1）锚固粗糙节理剪切力-剪切位移曲线分析

如图 4.2.7（a）所示，不同节理粗糙度系数（JRC）下剪切力-剪切位移曲线的走势大致相同：曲线一开始呈直线上升，经过 3～5 mm 的剪切位移后达到屈服强度；随后曲线进入塑性阶段，经过较大的剪切位移后到达极限强度；之后锚杆剪切力骤降，并在残余强度保持稳定。

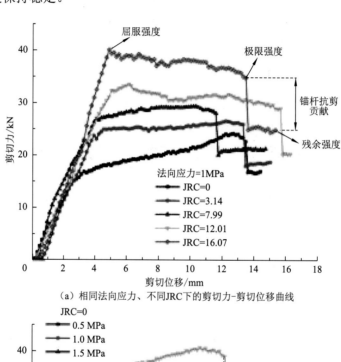

（a）相同法向应力、不同JRC下的剪切力-剪切位移曲线

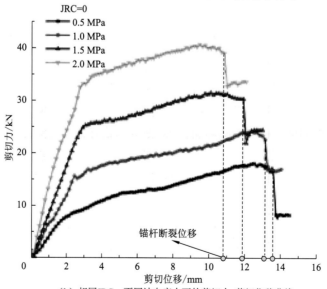

（b）相同JRC、不同法向应力下的剪切力-剪切位移曲线

图 4.2.7　剪切力-剪切位移曲线

从图 4.2.7（a）可以看出，锚固节理的屈服强度、极限强度和残余强度均随 JRC 的增加而增大。对于 JRC=0 的平直结构面，塑性阶段曲线呈明显上升态势，表明该阶段锚杆发挥了重要作用，但随着 JRC 的增加，塑性阶段曲线逐渐由上升转为下降，且 JRC 越大，下降趋势越明显。这是因为在峰后软化阶段，曲线的趋势由结构面强度的下降与锚杆所发挥抗力的增大中更为主导的因素所决定，对于粗糙度较小的结构面，该阶段的剪切力主要由锚杆控制；对于高粗糙度结构面，剪切力则主要由结构面本身控制。

如图 4.2.7（b）所示，随着法向应力的增加，锚固节理的屈服强度、极限强度和残余强度也相应增加；锚杆的断裂位移随法向应力的增加而减小，这是因为法向应力的增加导致结构面附近的岩体对锚杆的挤压作用更为强烈，锚杆可产生的塑性变形更小，从而在剪切过程中更早地发生断裂。

2）节理粗糙度对锚杆轴力的影响

如图 4.2.8（a）、（b）所示，在剪切前期，锚杆轴力保持为 0；剪切位移到达 3～6 mm 时，轴力才开始有明显增加；此后轴力快速增长，达到峰值后有小幅下降，直至锚杆断裂、轴力急剧下降为 0。轴力快速增长的阶段对应了剪切力-剪切位移曲线的塑性阶段。

随着 JRC 的增大，锚杆轴力峰值也相应增大；随着法向应力的增加，轴力峰值反而减小。这表明 JRC 与法向应力的增加分别促进和抑制了节理的剪胀作用，进一步验证了节理的剪胀作用增加了锚杆的轴向变形，提高了锚杆发生破坏时的轴力。

3）粗糙结构面剪切破坏特征分析

在粗糙结构面剪切过程中节理上下盘之间会出现爬坡、挤压等现象，因此剪切完成后，节理表面出现了不同程度的剪切破坏，如图 4.2.9 所示，以经过着色处理的节理面下盘为观察对象，红色区域表示节理磨损区域，发现以下规律。

（1）无论是无锚节理还是锚固节理，在相同的法向应力（1MPa）下，随着结构面 JRC 的提升，结构面总破坏面积有增大的趋势，破坏点也相对集中。

（2）相同 JRC 的结构面锚固前后破坏点的位置基本一致，但锚固后结构面的破坏面积普遍要大于锚固前结构面的破坏面积。这是因为锚杆轴力在剪切中后期发挥了重要作用。将节理上下盘"压紧"，增加结构面的法向应力，结构面剪切破坏的面积更大。这也说明在相关的理论分析中将锚杆轴力等效为结构面附加的法向应力是较为合理的。

4）锚杆变形破坏模式分析

将锚杆剪断之后的两段取出并重新拼接，发现锚杆在结构面附近产生了近 S 形的变形，如图 4.2.10 所示，L1 为剪切长度，L2 为塑性铰（可近似为锚杆开始明显变形的位置）长度。L2 随着 JRC 的增加而增加，随着法向应力的增大而减小，这一现象进一步说明节理剪胀作用在使节理上下盘分离的同时带动锚杆产生了更多的轴向变形。

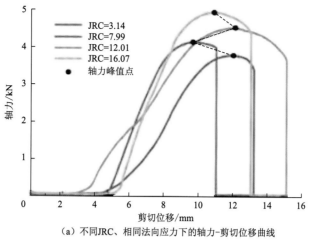

（a）不同JRC、相同法向应力下的轴力-剪切位移曲线

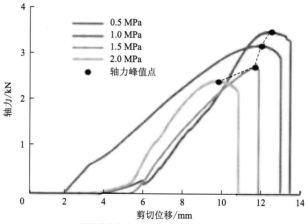

（b）不同法向应力、相同JRC下的轴力-剪切位移曲线

图 4.2.8　轴力-剪切位移曲线

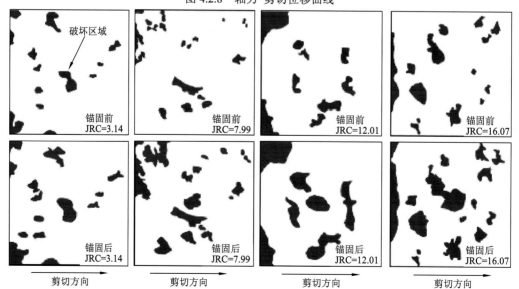

图 4.2.9　粗糙结构面剪切破坏特征

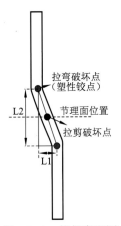

图 4.2.10　锚杆变形图

现有研究表明，锚固节理的剪切破坏模式主要包括两种，即节理面处轴力与剪力联合作用的拉剪破坏和在塑性铰处弯矩与轴力联合作用的拉弯破坏，如图 4.2.10 所示。根据锚杆破断位置可以判定锚杆的破坏形式。图 4.2.11 为锚杆破坏特征图，从图 4.2.11 中可以看出，法向应力越大，锚杆断口位置越接近节理面，且破断面与节理面成一定角度，呈现出拉剪破坏的特征；JRC 越大，锚杆断口位置越接近塑性铰点，破断面与节理面近似平行，呈现出拉弯破坏的特征。该现象说明节理剪胀作用改变了锚杆的受力占比，使节理面处的轴力与剪力不再主导锚杆的破坏，锚杆从拉剪破坏模式转变为拉弯破坏模式。

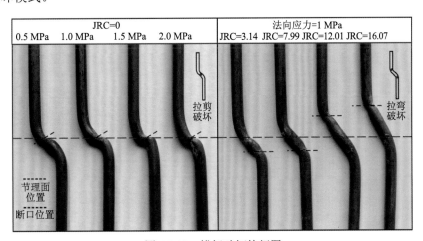

图 4.2.11　锚杆破坏特征图

3. 锚固复合层状节理岩体抗剪特性分析

1）锚固复合层状节理岩体剪切力–剪切位移曲线分析

锚固复合层状节理岩体剪切试验方案如表 4.2.3 所示，其中 $F_1 \sim F_3$ 对应不同岩性组合岩体及不同法向应力下锚固结构面的剪切试验，$F_4 \sim F_6$ 对应不同岩性组合岩体及不同法向应力下无锚结构面的剪切试验，I、II、III 对应逐级上升的岩体强度。

表 4.2.3　锚固复合层状节理岩体剪切试验方案

组别	试样编号	锚固情况	岩性组合	法向应力/MPa
F_1	F_1-1	锚固		0.5
	F_1-2	锚固	I、II	1.0
	F_1-3	锚固		1.5
F_2	F_2-1	锚固		0.5
	F_2-2	锚固	I、III	1.0
	F_2-3	锚固		1.5
F_3	F_3-1	锚固		0.5
	F_3-2	锚固	II、III	1.0
	F_3-3	锚固		1.5
F_4	F_4-1	无锚		0.5
	F_4-2	无锚	I、II	1.0
	F_4-3	无锚		1.5
F_5	F_5-1	无锚		0.5
	F_5-2	无锚	I、III	1.0
	F_5-3	无锚		1.5
F_6	F_6-1	无锚		0.5
	F_6-2	无锚	II、III	1.0
	F_6-3	无锚		1.5

图 4.2.12 为三组无锚复合层状节理岩体结构面在三级法向应力下的剪切试验结果，结果表明复合层状节理岩体结构面的抗剪强度与法向应力成正比，符合莫尔-库仑强度准则。

锚固复合层状节理岩体结构面室内试验剪应力与剪切位移关系如图 4.2.13 所示，随着法向应力的增加，抗剪强度增加。通过与图 4.2.12 无锚复合层状节理岩体结构面的剪切试验结果对比可知，三组锚固复合层状节理岩体结构面的抗剪强度均有不同程度的提高。这说明锚杆锚固能够提高复合层状节理岩体结构面的整体抗剪强度。

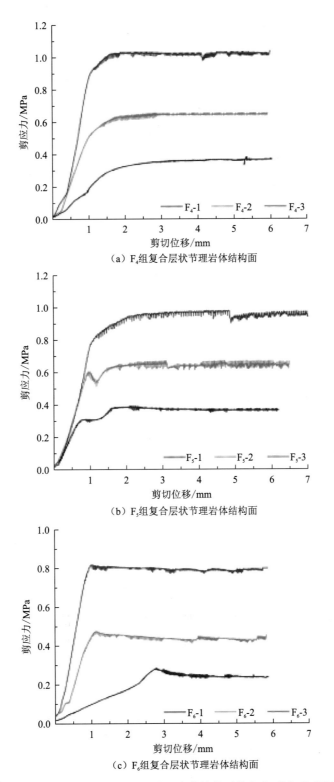

（a）F_4组复合层状节理岩体结构面

（b）F_5组复合层状节理岩体结构面

（c）F_6组复合层状节理岩体结构面

图 4.2.12 三组无锚复合层状节理岩体结构面剪应力-剪切位移图

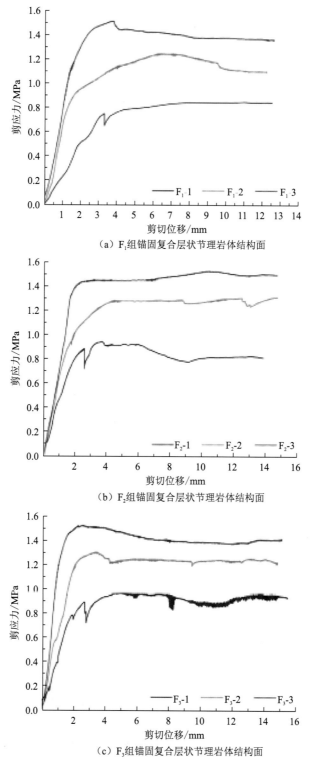

（a）F_1组锚固复合层状节理岩体结构面

（b）F_2组锚固复合层状节理岩体结构面

（c）F_3组锚固复合层状节理岩体结构面

图 4.2.13　锚固复合层状节理岩体结构面室内试验剪应力-剪切位移图

锚固前后三组复合层状节理岩体结构面的抗剪强度增量存在差异，其中 F₃ 组（II、III 壁岩组合）抗剪强度增量＞F₂ 组（I、III 壁岩组合）抗剪强度增量＞F₁ 组（I、II 壁岩组合）抗剪强度增强。这是因为节理壁岩 III 的强度＞节理壁岩 II 的强度＞节理壁岩 I 的强度。F₁ 组及 F₂ 组结构面中均有壁岩 I，其岩性是三种壁岩中最弱的，F₁ 组及 F₂ 组结构面锚固前后的抗剪强度增量较小；而 F₃ 组中两侧壁岩强度都较强，锚固前后抗剪强度增量最大。因此，可以得出结论：壁岩强度与锚固复合层状节理岩体结构面的抗剪强度关系较大，且壁岩强度越高，锚杆所能发挥的抗剪能力越大。对比 F₁ 组及 F₂ 组结构面锚固前后抗剪强度增量可知，在复合层状节理岩体结构面中，当弱岩一侧强度不变，而硬岩一侧强度提高时，仍能够提升一部分抗剪强度，但是并不能完全发挥出较强一侧岩体的作用，其抗剪强度与较弱一侧岩体的强度密切相关。

图 4.2.14 为锚固前后三组复合层状节理岩体结构面的峰值剪切强度及其拟合结果。由拟合结果可知，锚固改变了复合层状节理岩体结构面的力学性质，锚固前后峰值剪切强度拟合直线的斜率变化较小，认为在未考虑节理粗糙度的情况下，锚杆对平直节理内摩擦角的影响不大；而截距有较大提升，认为锚固之后主要提高了复合层状节理岩体结构面的当量黏聚力。

2）复合层状节理岩体中锚杆轴向应力分析

图 4.2.15 为锚固复合层状节理岩体结构面在剪切试验过程中锚杆各监测点处轴向应力随剪切位移的变化趋势。仔细分析图 4.2.15 中曲线可以发现如下规律。

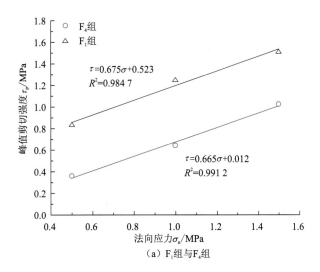

（a）F₁ 组与 F₄ 组

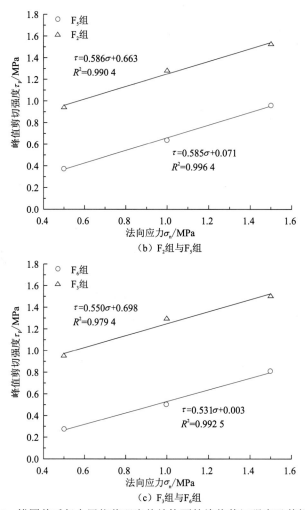

（b）F_2组与F_5组

（c）F_3组与F_6组

图 4.2.14　锚固前后复合层状节理岩体结构面的峰值剪切强度及其拟合结果

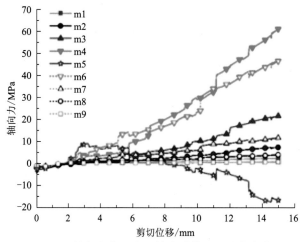

图 4.2.15　锚杆各监测点处轴力随剪切位移的变化图

（1）随着剪切位移的增大，锚杆轴力持续增加，且前期增加缓慢，后期增加速率较快。对照剪切力-剪切位移曲线可知，前期为弹性变形阶段，锚杆主要发挥销钉作用，从而提高锚固复合层状节理岩体结构面的抗剪能力，所以锚杆的轴力在此阶段变化较小；后期为塑性变形阶段，锚杆的轴力开始发挥作用，主要作用是限制结构面产生剪胀效应，类似于提高了结构面的法向应力，从而提高结构面的抗剪能力。

（2）锚杆中不同位置的轴力大小不一，离结构面越近的监测点的应力越大，说明在剪切试验过程中，结构面附近的锚杆轴力更大，离结构面越远，轴力越小。其主要原因是锚杆在结构面附近一定范围内发生了弯曲变形，而远离结构面的地方，锚杆变形较小，锚杆与围岩为一个协同变形体，共同发挥作用。值得注意的是，上述结论仅适用于剪切位移小于 3 mm 的情况；当剪切位移大于 3 mm 后，锚杆发生 S 形弯曲变形，监测应力的方向（垂直）与锚杆轴向之间出现较大偏转，此时的监测结果已经不能认为是锚杆轴力。

（3）以锚杆与结构面的交点为中心，锚杆对称位置处的轴力大致相同，但是位于上盘一侧的监测轴力略大于下侧对称位置监测所得的轴力，且离结构面越近差异越大，离结构面越远差异越小，在锚杆的两端几乎相等，此差异随着剪切位移的增大呈现增大趋势。

3）复合层状节理岩体剪切破坏特征分析

图 4.2.16 为锚固复合层状节理岩体结构面试样剪切试验之后的破坏情况，由图 4.2.16 可知，在剪切试验过程中，岩性较弱的一侧（上盘）发生破坏的可能性更大；裂纹扩展方向基本上与剪切方向一致，这主要是由于在剪切位移增大过程中锚杆的销钉作用阻碍了上下盘的相对移动，锚杆抵抗力的方向与剪切方向相反，且锚杆表面积较小，在此处形成了应力集中，岩块发生了类似劈裂的破坏，裂纹扩展方向与锚杆抵抗力方向基本一致。

（a）F₁-1 结构面　　　　　（b）F₁-2 结构面　　　　　（c）F₁-3 结构面

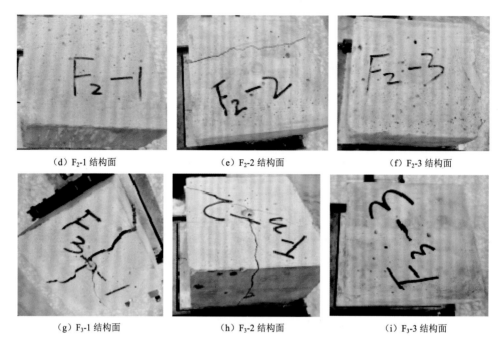

<table>
<tr><td>（d）F₂-1 结构面</td><td>（e）F₂-2 结构面</td><td>（f）F₂-3 结构面</td></tr>
<tr><td>（g）F₃-1 结构面</td><td>（h）F₃-2 结构面</td><td>（i）F₃-3 结构面</td></tr>
</table>

图 4.2.16　锚固复合层状节理岩体结构面试样剪切试验后壁岩破坏图

破除 F_1-1 其中一侧壁岩，得到如图 4.2.17 所示的室内试验结果。如图 4.2.17 所示，从室内试验结果可以清晰地观察到受拉和受压导致的锚杆与砂浆脱耦区，以及上侧壁岩中受压区的贯通裂纹。

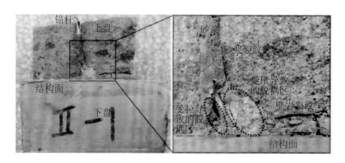

图 4.2.17　锚固复合层状节理岩体结构面剪切破坏区域图

4）锚杆变形特性分析

图 4.2.18 为剪切试验后锚杆变形图，其中 α_w 为锚杆弯曲角度，L_p 上盘、L_p 下盘为位于结构面两侧的锚杆变形长度。试验结果表明，随着法向应力的增加，锚杆的弯曲角度呈增大趋势。其原因可能是法向应力的增大抑制了锚固复合层状节理岩体剪胀位移的产生，锚杆竖向的变形空间被限制，从而导致竖向的变形范围缩小，在相同的剪切位移下锚杆的弯曲角度会随着法向应力的增大而增大。

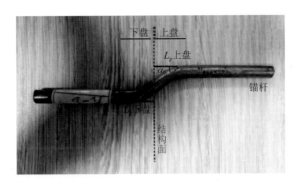

图 4.2.18　剪切试验后锚杆变形图

另外，经过统计可知，锚杆的变形总长度为锚杆直径的 2.89～3.63 倍。该结果符合同性结构面（结构面两侧壁岩性质相同）剪切试验中锚杆的变形长度为 2～4 倍锚杆直径的结论，表明该结论对于锚固复合层状节理岩体结构面仍然适用。

5）锚固复合层状节理岩体结构面剪切破坏演化阶段特征对比分析

根据锚固与无锚复合层状节理岩体结构面的剪应力应变曲线特征，将剪应力应变曲线概化为如图 4.2.19 所示的特征曲线。其中，AB 段剪应力应变曲线呈线性增长，为弹性阶段，在此阶段结构面与锚杆共同提供抗剪作用。BC 段出现少许剪应力降低的现象，认为是砂浆局部出现脆性破坏，产生较陡的应力降。CD 段为屈服阶段，锚杆结构面两侧较小范围与砂浆发生解耦，锚杆受拉一侧砂浆出现了脱黏现象，受压一侧出现挤压变形，拉压解耦区大致呈反对称分布的特征；相对于下侧较硬的壁岩，性质较弱的上侧解耦区范围更大。DO 段为塑性强化阶段，在此阶段，剪应力随着剪切位移的增大继续增大，但趋势减弱，呈现延性破坏特征。对于具有脆性破坏特征的岩体而言，锚杆可以发生较大的变形并保持较高的抗剪强度，因此锚杆能够增大锚固体的安全性和稳定性。随着剪应力的继续提高，当剪应力达到某一值时（O 点），性质较弱一侧的壁岩沿着剪切方向发生了断裂，从而导致整个锚固体系的失效。当壁岩断裂时，一般伴随着剪应力应变曲线的微小降落，然而由于剪切盒对壁岩的围压限制作用，剪应力仍然保持在一个较大的值，如 OP 段所示。EF 段为锚杆破坏阶段，此时会由于锚杆的突然断裂，剪应力瞬间降低；但在恒定法向应力的作用下，FG 段上下盘的壁岩会产生接触并继续发挥抗剪能力，此阶段主要为壁岩摩擦力提供抗剪能力，抗剪强度与无锚平直结构面的抗剪强度接近，为锚固平直结构面的残余抗剪强度。

4. 预应力对锚固节理剪切特性的影响分析

在实际工程中锚杆被施加预应力来增大其对岩体的锚固力，减小岩土体的变形。对于纯受拉锚杆来说，预应力可以有效减少岩土体的变形，但不改变锚杆的极限抗力。

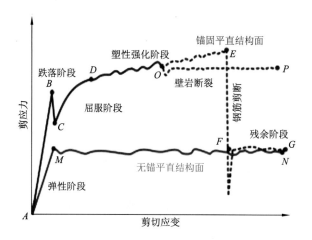

图 4.2.19　概化的锚固与无锚复合层状节理岩体结构面剪应力应变特征曲线

现有研究表明（刘才华和李育宗，2018），预应力对承受拉剪作用的节理锚杆的影响也遵循类似的规律。为了进一步分析预应力对锚固节理抗剪强度的增强作用，采用拧紧螺母以产生锁紧力的方式对锚杆施加预应力，初始预应力大小的控制用安装的定制微型轴力计来实现。对锚固节理分别进行了四级法向压力（0.5 MPa、1.0 MPa、1.5 MPa、2.0 MPa）下的直剪试验，并且在法向应力为 1.0 MPa 条件下，开展了三级初始预应力（1 kN、2 kN、5 kN）的直剪试验，直剪试验曲线如图 4.2.20 和图 4.2.21 所示。

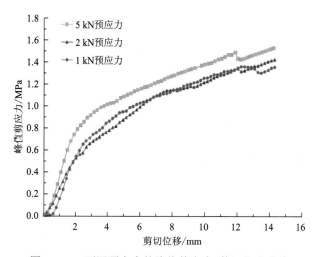

图 4.2.20　不同预应力的峰值剪应力-剪切位移曲线

从图 4.2.20 可以看出，预应力可以显著提高锚固节理的前期剪切刚度，但对锚杆破坏时的抗剪强度的影响很小。与图 4.2.21 中 1.0 MPa 法向应力下无预应力锚固节理岩体的剪切曲线对比发现，无论是在屈服阶段还是在破坏阶段，预应力对锚杆抗力都没有显著的提升作用。

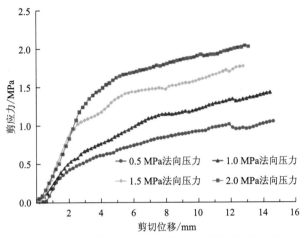

图 4.2.21　不同法向应力的剪应力-剪切位移曲线

锚杆施加初始预应力后对节理面产生了一定的法向应力，将初始预应力等效为法向应力的增量，则 1 kN、2 kN 和 5 kN 对应的法向应力为 1.04 MPa、1.09 MPa 和 1.22 MPa。根据莫尔-库仑强度准则，无锚节理和锚固节理法向应力与峰值剪切应力关系的拟合结果如图 4.2.22 所示。计算得到，无锚节理的黏聚力为 0，内摩擦角为 36.74°；锚固节理的黏聚力为 0.62 MPa，内摩擦角为 36.14°；三级预应力对应的内摩擦角为 36.67°，黏聚力为 0.63 MPa。由图 4.2.22 可以看出，锚固节理的拟合线大致上平行于无锚节理的拟合线，三级预应力的拟合线与锚固节理的拟合线大致重合。可以得到结论：锚杆对节理内摩擦角的影响较小，但是可以有效地增大节理的黏聚力。因此，锚杆的加固作用可以认为是一种黏聚力增强效应。

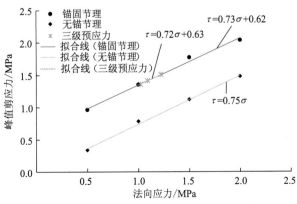

图 4.2.22　法向应力与峰值剪应力的关系

4.2.2　锚固节理岩体细观剪切演化过程

数值模拟技术可以从细观角度分析锚固节理的抗剪作用过程，验证并完善室内试验观测结果，提供剪切试验中所有阶段的完整信息，从而进一步推动相关理论基础的发展和完善。因此，本节采用 PFC 软件开展了锚固复合层状节理岩体的数值模拟试验，通过数值直剪试验结果从细观角度进一步分析了节理岩体的锚固机理。

1. 锚固岩石数值模型建立

本节使用光滑节理（Smooth-joint）模型模拟岩体结构面，通过 FISH 函数编程，建立了锚固复合层状节理岩体数值模型，如图 4.2.23 所示。其中，数值模型的长度和高度均为 150 mm，单侧壁岩厚度为 75 mm，在试样中部含有一条平直的结构面。模型中间为锚杆模型，锚杆的直径为 8 mm，锚杆外侧为厚度为 3 mm 的砂浆包裹层。上侧壁岩的性质稍弱，下侧壁岩的性质稍强，组成锚固复合层状节理岩体结构面数值模型。利用墙定义模型的边界条件，下盘中左、右和底墙（墙#4、#6 和#5）固定，限制下盘的水平和垂直位移；上盘受左、右和顶墙（墙壁#1、#3 和#2）的约束，设定两侧墙的速度为-0.02 m/s 以施加向左的剪切荷载，顶墙通过数值伺服系统施加恒定的法向应力。

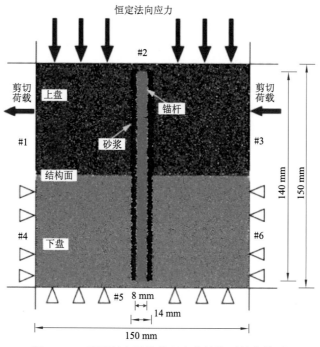

图 4.2.23　锚固复合层状节理岩体结构面数值模型

在剪切试验过程中，将监测的上盘侧墙的水平位移作为剪切位移。在剪切试验过程中，使用 FISH 函数编程实施了对锚杆、上下盘壁岩、砂浆及砂浆与锚杆和壁岩界面的拉裂纹、剪裂纹产生个数的监测工作；使用 FISH 函数编程实现了对锚杆、上下盘壁岩、砂浆及砂浆与锚杆和壁岩界面的应变能和摩擦能变化过程的监测；使用 FISH 函数编程实现了对剪切过程中颗粒旋转角度变化过程的监测。

2. 细观裂纹演化过程分析

图 4.2.24 为锚固复合层状节理岩体结构面随着剪切位移的增加剪应力及细观裂纹数目的变化曲线。如图 4.2.24 所示，在剪切试验的初始阶段，剪应力随着剪切位移的增加而线性增长，该阶段以弹性变形为主，无裂纹产生。随着剪切位移的增大，剪应力应变曲线出现了应力跌落现象，这是由局部砂浆发生破坏造成的。监测结果显示，此时砂浆中产生了数个张拉裂纹，同时砂浆中有少许剪切裂纹出现。随着剪切位移的继续增大，砂浆中产生了大量张拉裂纹，并伴有少许剪切裂纹。同时，岩体上下盘中也有裂纹产生，且上盘中的裂纹数目大于下盘中的裂纹数目，而在单侧壁岩中剪切裂纹数目大于张拉裂纹数目。随着剪切位移的继续增大，壁岩由于受到了剪切盒的围压作用仍然具有一定的抗剪能力，此时锚杆与部分砂浆脱离，无法再依靠锚杆轴向力提供抗剪能力。由图 4.2.24 可知，锚杆仅仅在剪应力应变曲线的末尾阶段产生了极少数张拉裂纹，说明在之前锚杆一直为弹性变形，而在此时产生了塑性破坏。这一现象在很大程度上与锚杆良好的延展性相关，相对于岩石和砂浆，锚杆允许产生较大的变形而不断裂。

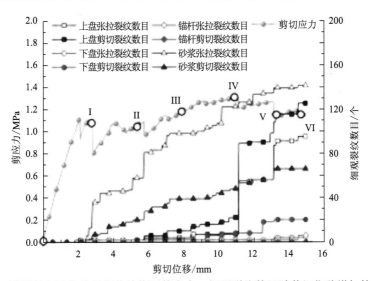

图 4.2.24　锚固复合层状节理岩体结构面剪应力、细观裂纹数目随剪切位移增加的演化曲线

为了进一步分析锚固复合层状节理岩体的剪切演化特征，选取剪应力应变曲线的六个节点（I~VI）作为典型点，分析锚固复合层状节理岩体的裂纹扩展及力链演化过程。

图 4.2.25（a）展示了壁岩、锚杆及砂浆随着剪切位移增加的宏观变形破坏过程。由图 4.2.25（a）可知，随着剪切位移的增大，锚杆在结构面附近一定范围内产生了弯曲变形，且弯曲变形随剪切位移的增大而增大，最终壁岩出现裂纹，直至锚固结构失

效。在图 4.2.25（a）的点 V 中，标记了锚杆发生明显变形的范围，竖向范围 L_p 上盘为 0.0178m，L_p 下盘为 0.0129m，其比值为 1.38。位于上盘部位的锚杆变形大于下盘，原因为上盘的岩性弱于下盘，而上下盘作为整体处于平衡状态，上盘在较大变形的情况下其围压才能与下盘相当。

（a）壁岩、锚杆及砂浆宏观变形破坏过程

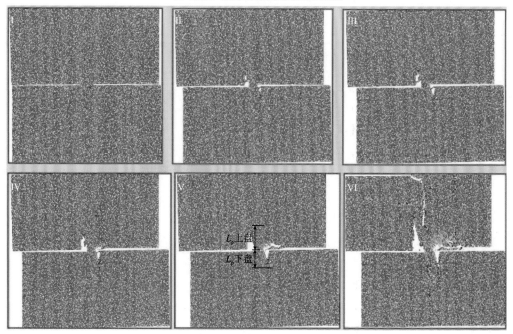

（b）张拉裂纹及剪切裂纹扩展演化过程

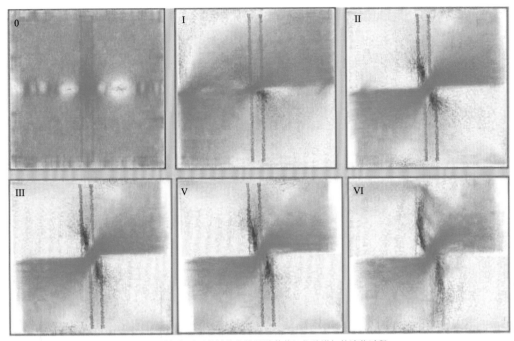

（c）受拉与受压力链分布特征随着剪切位移增加的演化过程

图 4.2.25　锚固复合层状节理岩体结构面剪切演化过程

图 4.2.25（b）展示了壁岩、锚杆及砂浆中细观裂纹扩展随着剪切位移增加的演化过程。其中，红色代表受拉破坏，绿色代表剪切破坏，蓝色代表无破坏状态。当剪切位移较小时，图 4.2.25（b）的点 I 中仅仅在下盘中锚杆与结构面交界位置的砂浆中产生了少许张拉裂纹。裂纹延伸深度越来越深，其中在性质较弱的上盘中，裂纹延伸深度比下盘稍深。上盘中锚杆右侧以剪切裂纹为主，而下盘中锚杆左侧破坏区域较小。

图 4.2.25（c）展示了整个锚固系统中细观力链随着剪切位移增加的演化过程，其中绿色代表传递压应力，蓝色代表传递拉应力，且颜色越深表示应力越大，颜色越浅表示应力越小。图 4.2.25（c）的点 0 是锚固复合层状节理岩体结构面施加恒定的法向应力后整个锚固体系的力链分布图，在整个系统中主要传递竖直方向的压应力，且在壁岩中力链颜色基本一致，说明此时整个系统共同承担了竖直的法向荷载，且均匀分布。然而，在结构面位置处力链颜色不一，主要特征为锚杆传递压应力，以锚杆为中心其两侧出现了一定范围的空腔，并传递拉应力，再往外侧仍然传递压应力。分析原因可知，锚杆处于围岩中并由水泥砂浆包裹，类似于钢筋混凝土立柱，能够承担较大的压应力，因此锚杆连同包裹砂浆等在整个系统中承担了较大的竖向荷载，法向荷载的一部分在此处作为集中荷载传递到下盘，故在锚杆周围的一定范围内出现了空腔，并出现了微小拉应力，距离锚杆更远的区域受锚杆的影响较小，在结构面均匀地传递法向应力。随着剪切位移的增加，如图 4.2.25（c）的点 I～VI 所示，压应力和拉应力的大小及方向均发生了变化。传递拉应力的力链由前期的竖直向下转变为向剪切荷载加载方向偏

转，并关于锚杆与结构面交点呈中心对称。在上下盘位置处，锚杆力链的特征为：传递拉应力的力链分别位于锚杆中部偏左、中部偏右位置处。与结构面相交的锚杆部分同时受到压应力和拉应力的作用，两者的方向大致呈垂直状态，此处的受力最为复杂。

3. 能量演化过程分析

图 4.2.26 展示了锚固复合层状节理岩体结构面剪应力、能量随剪切位移的演化曲线。其中，上盘、下盘、砂浆和锚杆中的能量是指各部分内部的能量，不包括如上盘与下盘接触界面的能量，而系统的能量包括了所有的能量。

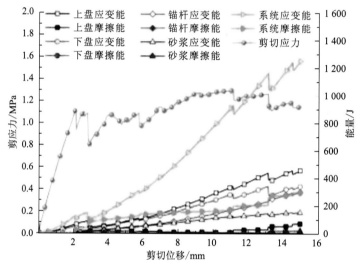

图 4.2.26 锚固复合层状节理岩体结构面剪应力及能量随剪切位移的演化曲线

由监测结果可知，系统应变能的变化趋势基本上与剪应力应变曲线一致。随着剪切位移的增大，系统摩擦能缓慢增长，结合裂纹数目可知，该阶段裂纹出现的数目稳步增长但是没有突变，因此系统摩擦能也是稳步增大；而系统应变能的增大趋势越来越陡，这是因为随着剪应力的增大，单位剪切位移内系统应变能越来越大。剪应力应变曲线出现局部微小跌落，系统应变能同样出现了局部微小跌落，系统摩擦能增加。出现局部微小跌落的主要原因是整个锚固系统短暂失衡，壁岩存在裂纹扩展及贯通的过程，然而由于剪切盒对壁岩的围压作用，整个体系仍然能够在壁岩破裂后保持平衡。

接下来分阶段对上盘、下盘、砂浆、锚杆等各个部分开展分析。在直剪试验初始阶段，模型主要发生弹性变形，外界做功全部转化为应变能。由图 4.2.26 可知，上盘应变能大于下盘应变能且大于锚杆及砂浆中储存的应变能。随着剪切位移的增大并出现应力跌落时，上下盘应变能均开始降低，系统摩擦能开始增加，同时砂浆及上下盘中的摩擦能略有增加。随着剪切位移的继续增大，上盘、下盘、锚杆及砂浆中的应变能仍然继续增加，并存在局部波动现象，这是因为各个部分局部产生了裂纹。此时，各个部分内部的摩擦能仍然较小，而系统摩擦能虽然相比于系统应变能很小，但已积累到 299.41 J，说明积累的大部分摩擦能是由结构面摩擦滑动生成的。

4. 颗粒旋转角度演化过程分析

PFC 软件模拟结果中颗粒旋转角度大小与颗粒所承受的弯矩大小成正比，因此可以通过分析颗粒旋转角度的变化特征从细观角度对模型进行受力分析。图 4.2.27 展示了锚固复合层状节理岩体结构面锚固体系中颗粒旋转角度随剪切位移的演化图，图中编号对应图 4.2.24 剪应力应变曲线上的编号。由图 4.2.27 可知，随着剪切位移的增加，总体上颗粒旋转角度不断增加。图 4.2.27 的点 0 呈现了剪切荷载施加之前的颗粒旋转角度特征，此时上下盘壁岩中的颗粒旋转角度较小且接近于 0°，而结构面处的颗粒旋转角度稍大，说明此刻主要为结构面提供抗剪力。随着剪切位移的增大，如图 4.2.27 的点 I 所示，旋转角度较大的颗粒主要集中于锚杆附近的结构面两侧，且旋转角度最大的颗粒出现在下盘中锚杆与结构面的交界位置，主要是由于此刻砂浆产生了裂纹。图 4.2.27 的点 III～V 中构成锚杆的颗粒的旋转角度越来越大，且颗粒发生旋转的范围也有所增大，说明锚杆变形越来越大，而且在体系中提供的抗剪力也在增大。图 4.2.27 的点 VI 中壁岩发生了断裂，颗粒旋转角度的水平与前一个阶段变化较小，除裂纹中出现了较大旋转角度的颗粒外，旋转角度较大的颗粒仍然位于锚杆与结构面交点处。

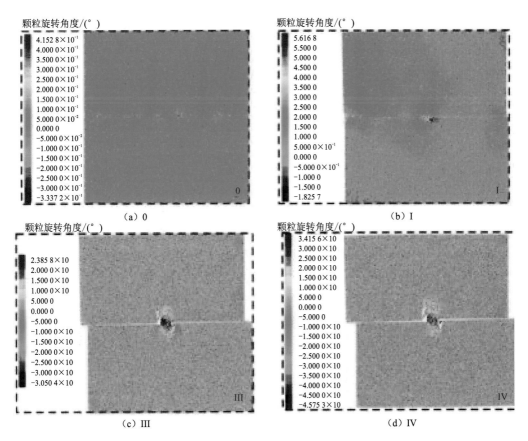

（a）0　　　　　　　　　　（b）I

（c）III　　　　　　　　　　（d）IV

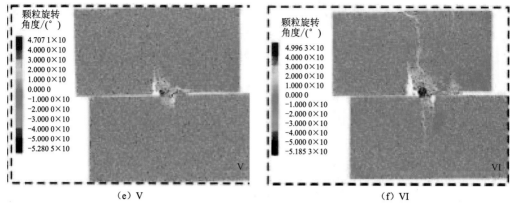

(e) V   (f) VI

图 4.2.27 锚固复合层状节理岩体结构面锚固体系中颗粒旋转角度随剪切位移的演化图

图 4.2.28 单独展示了锚杆中颗粒旋转角度随剪切位移的演化过程。通过整体对比可知，随着剪切位移的递增，锚杆中位于结构面附近的颗粒的旋转角度不断增大，颗粒发生旋转的范围也在递增。

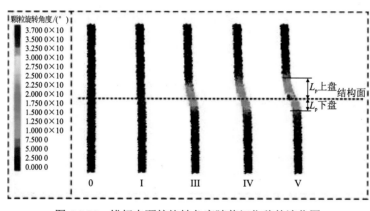

图 4.2.28 锚杆中颗粒旋转角度随剪切位移的演化图

5. 锚杆两侧颗粒孔隙度演化过程分析

PFC 软件模拟的颗粒疏密程度变化特征在一定程度上可以用来表征颗粒体内部力的变化特点，并解释所产生的宏观现象。因此，本章将孔隙度作为监测指标，通过记录锚杆两侧孔隙度的变化，反映锚杆两侧受拉区及受压区的大小。

图 4.2.29 为锚杆两侧孔隙度的演化特征图。以点 0 的孔隙度数值为基准，探讨随着剪切位移增加锚杆两侧孔隙度的变化情况。在点 I 处，锚杆两侧孔隙度基本上与点 0 处测得的数值持平，其中在上盘结构面附近位置，锚杆左侧孔隙度略有提升，右侧略有下降，下盘正好相反。结合图 4.2.27 可知，此时结构面处锚杆右侧的砂浆发生了破坏，砂浆中出现裂缝，锚杆左侧砂浆并没有发生破坏现象。随着剪切位移的继续增大，对于点 II、III、V，在点 I 处出现的现象将会继续发展。对于结构面附近监测圆的

数值，在上下盘中，受压一侧孔隙度将持续降低，而受拉一侧孔隙度将持续升高，并且影响范围越来越大。从整体上看，在结构面附近，上盘中锚杆左侧的孔隙度始终大于下盘中锚杆右侧的孔隙度，原因是上盘中锚杆左侧的解耦脱离现象比下盘中锚杆右侧严重。此外，上盘左侧孔隙度的最高值比下盘右侧更大，说明位于上盘中的锚杆变形更大，上盘中砂浆与锚杆的解耦脱离现象更加明显。

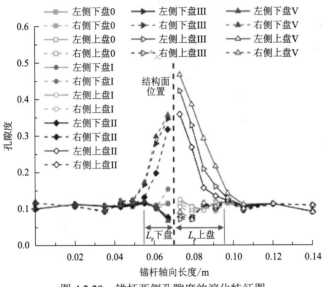

图 4.2.29　锚杆两侧孔隙度的演化特征图

4.3　岩体-锚索协同作用室内剪切与数值试验

现有锚固设计方法会严重低估锚索的加固效果，也无法解释工程中锚索的实际运行状态，如何更为全面、合理地考虑锚索对边坡的加固效果已成为工程界和学术界关心的热点问题。现有关于锚固机理的研究多集中在内锚固段的抗拔机理和锚索的传力机制，对于锚索所产生的阻滑抗剪效应则研究较少，对锚索的阻滑抗剪机制认识不足。本节通过室内模型试验、数值仿真和理论分析等手段对这一问题开展深入、系统的研究，揭示锚索的阻滑抗剪力学机制，并在此基础上建立相应的力学分析模型。

4.3.1　锚索阻滑抗剪效应室内模型试验

为了研究锚索的阻滑抗剪效应，利用岩石液压伺服万能试验机，开展了大量模拟锚索的小尺度室内试验，试验尺寸为 0.3 m×0.3 m×0.3 m，锚索采用铝棒来模拟，如图 4.3.1 所示。试验初步获得了锚索在剪切过程中的变形破坏形态、特征及锚索阻滑力增长的规律，加深了对锚索阻滑抗剪力学机制的认识。

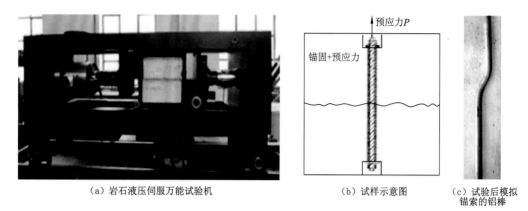

（a）岩石液压伺服万能试验机　　　　（b）试样示意图　　　（c）试验后模拟锚索的铝棒

图 4.3.1　模拟锚索的小尺度室内试验

为了深化对锚索阻滑力学效应的研究，进一步开展了真实预应力锚索阻滑抗剪效应的大型室内模型试验（简称锚索抗剪试验），本节主要介绍这方面的成果。

1. 模型试验系统研制

为开展预应力锚索阻滑抗剪作用的试验研究，研制了一种能够同时施加锚索预应力及抗剪试验法向力和剪切力，真实模拟锚索张拉、剪切破坏全过程的大型液压伺服试验系统，试验原理如图 4.3.2 所示，试样尺寸为 1 m（长）×1 m（宽）×2.4 m（高）。该系统由反力装置、加载系统和伺服控制系统组成。

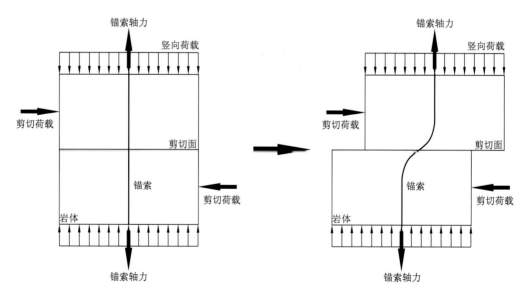

图 4.3.2　锚索抗剪试验原理示意图

1）反力装置

在大型预应力锚索抗剪试验中，为保证剪切试验过程中反力装置不会产生变形而影响试验成果的精度，反力框架需要有足够的刚度。本节研制的大型门框式试验反力装置的主体采用 H 型钢（300 mm×300 mm×10 mm×15 mm）制作，其结构和实物照片如图 4.3.3 所示，可用的试验空间尺寸为 3.0 m×3.0 m。

（a）结构图　　　　　　　　　　　　　　　（b）实物图

图 4.3.3　反力装置主体的结构图与实物图

2）加载系统

锚索抗剪试验剪切荷载和法向荷载分别通过水平与竖向两个 300 t 级千斤顶施加，千斤顶行程为 300 mm，两个千斤顶均由集成式大型电动油泵提供油压；锚索预应力则通过 30 t 的专用小型千斤顶施加，最大行程为 100 mm，见图 4.3.4。

（a）施加法向荷载的千斤顶　　　　　　　（b）施加剪切向荷载的千斤顶

（c）千斤顶施加荷载的油泵　　　　　　　　（d）施加钢绞线预应力的千斤顶

图 4.3.4　锚索抗剪试验中的加载千斤顶和油泵

为了保证上部试块在剪切过程中能顺畅滑移，在法向荷载加载板和试样顶部之间沿剪切方向设置了滚轴排，见图 4.3.5。

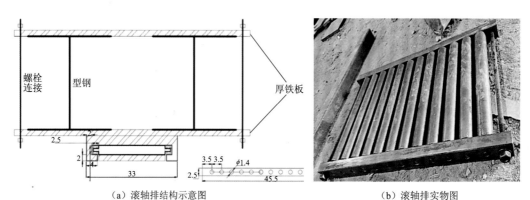

（a）滚轴排结构示意图　　　　　　　　　　（b）滚轴排实物图

图 4.3.5　滚轴排结构示意图及实物图（单位：mm）

3）伺服控制系统

水平荷载和竖向荷载采用 YL-PLT 1S 静载荷测试仪配合 Y-LINK 控制器进行控制和反馈，如图 4.3.6（a）所示，伺服控制系统软件界面如图 4.3.6（b）所示。

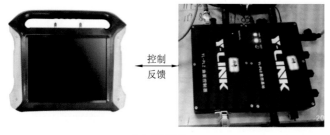

（a）控制设备　　　　　　　　　　　　（b）伺服控制系统软件界面

图 4.3.6　伺服控制系统

2. 模型设计及测试方案

1）模型设计

图 4.3.7 是锚索抗剪试验示意图。试验中用上、下部混凝土块分别模拟滑体的上、下盘，两个混凝土块的接触面用来模拟滑面，锚索从试样中间穿过，模拟对滑块的加固作用。

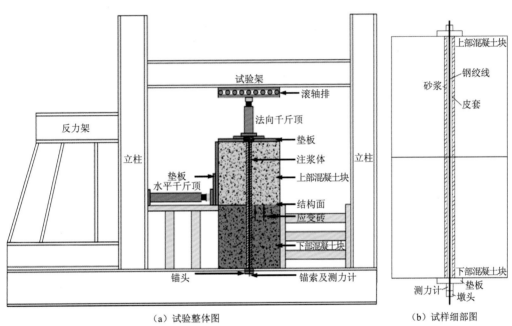

（a）试验整体图 　　　　　（b）试样细部图

图 4.3.7　锚索抗剪试验模型示意图

上、下部混凝土块的尺寸为 700 mm×700 mm×700 mm。混凝土块由 C40 混凝土制作，具体配比为水泥 444 kg（P.O 42.5 普通硅酸盐水泥），细骨料 700 kg，粗骨料 1 096 kg，减水剂 4.88 kg，水 160 kg。其实测抗压强度为 43 MPa（图 4.3.8），其力学特性与常见的岩体力学特性基本相当。经试验测定（表 4.3.1 和表 4.3.2），上、下部混凝土块接触面的摩擦系数为 0.472。

（a）试验前 　　　　　　　（b）试验后

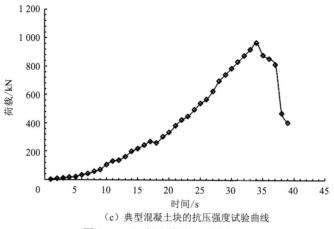

（c）典型混凝土块的抗压强度试验曲线

图 4.3.8　混凝土块抗压强度试验

表 4.3.1　摩擦系数测定数据表

编号	施加的竖向荷载/t	混凝土重/t	总竖向荷载/t	水平荷载/t
1	5.30	0.84	6.14	1.95
2	7.40	0.84	8.24	2.70
3	10.10	0.84	10.94	6.00
4	12.30	0.84	13.14	6.36
5	15.70	0.84	16.54	6.21

表 4.3.2　钢绞线基本参数

抗拉强度/MPa	屈服荷载/ kN	破坏荷载/kN	弹性模量/GPa	公称面积/mm²	伸长率/%
1 860	234.6	260.7	210	140	3.5

　　试验用钢绞线采用工程上常用的 1860 级高强低塑钢绞线（直径为 15.2 mm，7
根钢丝，见图 4.3.9），基本参数见表 4.3.2,符合《预应力混凝土用钢绞线规范》(GB/T
5224—2023）的规定。

图 4.3.9　1860 级高强低塑钢绞线

锚索孔内灌浆材料采用水灰比为 0.5 的纯水泥浆加 1%的减水剂，其性能指标满足《岩土锚杆与喷射混凝土支护工程技术规范》（GB 50086—2015）的要求（图 4.3.10）。

（a）试验前　　　　　　　　　　（b）试验后

图 4.3.10　纯水泥浆试块

试验中采用实际工程中常用的 M15-1 锚具，15 代表钢绞线的规格为 15.24（我国一般普遍使用的钢绞线为强度为 1 860 MPa 级的 15.24 钢绞线），1 是指所要穿送的钢绞线根数，本次试验中为 1 根钢绞线，如图 4.3.11 所示。

图 4.3.11　试验中采用的 M15-1 锚具

2）测试方案

在试验过程中，需对法向荷载、剪切荷载、法向位移、剪切位移，以及锚索与岩体的受力、变形进行全程实时测试。

剪切荷载和法向荷载采用放置在千斤顶和垫板之间的压力传感器进行测量（传感器的量程为 500 kN，精度为 1 kN），如图 4.3.12 所示；同时，通过安装在油泵上的油压传感器对荷载进行比对校验，如图 4.3.13 所示。

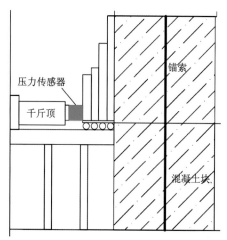

图 4.3.12　压力传感器位置示意图

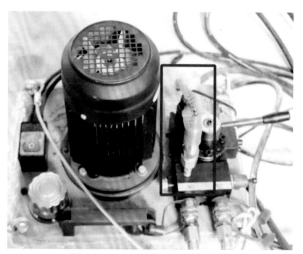

图 4.3.13　油泵上的油压传感器

　　试验中采用两个拉杆式位移传感器来测量上部混凝土块的法向位移（量程为 0～50 mm，精度为 0.02 mm），上部混凝土块水平位移的测量则采用两个激光位移传感器（量程为 5～200 mm，精度为 50 μm）来实现，如图 4.3.14 所示。

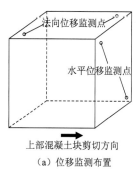

（a）位移监测布置

（b）拉杆式位移传感器

（c）激光位移传感器

图 4.3.14　位移传感器安装位置示意图

试验中锚索轴力通过穿心传感器进行测量，荷载量程为 0～300 kN，精度为 1 kN，如图 4.3.15 所示。

锚索与岩体相互作用引起的锚索周围材料的挤压变形采用布置在不同位置的 12 个应变砖进行测量，应变砖及具体布置如图 4.3.16 所示，技术指标见表 4.3.3。

图 4.3.15　穿心传感器

（a）应变砖原型照片

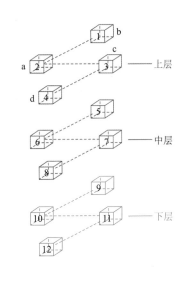

（b）应变砖空间位置

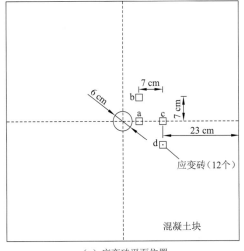

（c）应变砖平面位置

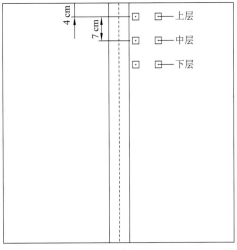

（d）应变砖剖面位置

图 4.3.16　应变砖位置示意图

表 4.3.3　应变砖技术指标

项目	描述
型号	YB-CSZ
测量范围	0～9 999 με
分辨率	≤0.05%F.S
外形尺寸	20 mm×20 mm×20 mm
接线方式	单片
阻抗	120Ω
绝缘电阻	≥200 MΩ

　　试验中荷载、位移和应变传感器的测试结果均通过电阻应变采集仪进行实时采集，如图 4.3.17 所示，电阻应变采集仪的主要技术参数如表 4.3.4 所示。

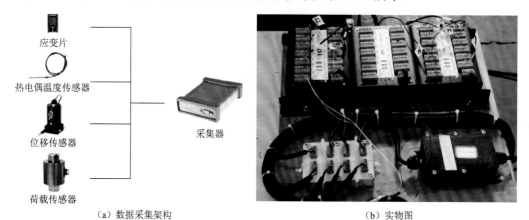

（a）数据采集架构　　　　　　　　　　　　（b）实物图

图 4.3.17　电阻应变采集仪

表 4.3.4　TCD-2A 电阻应变采集仪主要技术参数

项目	描述
测量范围	-19 999～38 000 με
平衡范围	±38 000 με
分辨率	1 με
平衡方式	自动扫描平衡
灵敏度设置范围	1.00～9.99 με
组桥方式	1/4 桥（公共补偿）、半桥、全桥和混合组桥
精度	±1 με
通信方式	通过 RS485 接口转通用串行总线（universal serial bus，USB）向个人计算机（personal computer，PC）传输测试记录

3. 试验流程

试验准备流程为：上、下部混凝土块制备（包括应变砖的安装）→混凝土块组装→锚索穿孔、底部锚定→砂浆灌注→顶部加载垫板和锚索穿心传感器安装→锚索张拉并锚固→砂浆养护 28 天→千斤顶、压力传感器、位移传感器等安装及调试，部分试验过程照片如图 4.3.18～图 4.3.21 所示。

（a）应变砖安装

（b）混凝土浇筑

图 4.3.18　混凝土块制备

（a）竖向位移传感器和千斤顶

（b）水平压力传感器和千斤顶

（c）水平激光位移传感器

（d）导线连接

图 4.3.19　千斤顶、压力传感器、位移传感器等安装及调试

图 4.3.20 锚索张拉照片

图 4.3.21 锚索抗剪试验

锚索抗剪试验的具体步骤如下。

（1）法向荷载的施加。法向荷载利用竖向千斤顶进行加载，荷载施加速率为 1 kN/s，缓慢加载至 100 kN。

（2）剪切荷载的施加。剪切荷载利用水平向千斤顶进行加载，荷载施加速率为1 kN/s，每增加 10 kN 稳压 5 min，观察试样情况，发现异常立即停止试验，直至剪切荷载增加到某一数值后锚索发生断裂破坏，试验结束。

（3）试样拆除。试验结束后，先后缓慢卸下水平向和竖向千斤顶的压力，然后进行试样拆除。依次拆除剪切荷载施加系统、法向荷载施加系统、传感器等，最后将模型试样小心移出试验系统。

（4）对试样的破坏形态进行描述和记录。

试验过程中相关传感器测得的剪切力、剪切位移、法向力及法向位移等数据通过数据采集分析系数实时记录，并绘制相关曲线。

4. 试验结果及分析

1）锚索剪切变形过程与阶段划分

图 4.3.22 是锚索剪切试验过程中，剪切荷载、锚索端部轴力随剪切位移变化的关系曲线。从试验曲线的变化特征可以看出，锚索的剪切过程可以分为如下五个阶段。

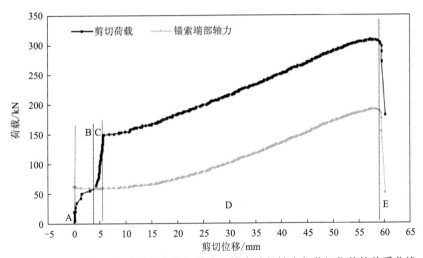

图 4.3.22　锚索剪切试验过程中剪切荷载、锚索端部轴力与剪切位移的关系曲线

阶段 A：该阶段基本不产生剪切位移，但剪切荷载快速增加，剪切荷载主要由结构面的摩擦力承担。该阶段结束时，剪切荷载增加到 37 kN，锚索端部的轴力不变，维持在预拉荷载水平（62 kN）。

阶段 B：当剪切荷载超过一定量值后（试验中为 37 kN），接触面开始发生剪切变形，剪切荷载随着剪切位移的增大缓慢增加，锚索的端部轴力继续保持不变。该阶段剪切荷载主要由结构面的摩擦力和砂浆保护层承担。该阶段结束时剪切位移为4.2 mm，剪切荷载为 58 kN。

阶段 C：当剪切位移达到一定程度后，锚索开始承担剪切荷载，剪切荷载随剪切位移的增大快速增加至 149 kN，相应地剪切位移达到 5.2 m，锚索端部的轴力仍然无明显变化。

阶段 D：随着剪切位移的持续增加，锚索开始发生弯曲变形，呈反 S 形，并且弯曲程度越来越大，剪切荷载随剪切位移的增大逐渐增大，在这一过程中锚索发生受拉变形，锚索端部的轴力也相应增加。该阶段剪切荷载最终达到峰值 307 kN，相应地剪切位移达到 58 mm，锚索端部的轴力增加至 190 kN。

阶段 E：当剪切荷载达到峰值 307 kN 后，锚索发生断裂破坏。

2）锚索与围岩的相互作用及破坏形态

为了研究锚索与围岩的相互作用，在混凝土块中预埋了 12 个应变砖，用来监测围岩竖向和水平向受力后的变形情况，见图 4.3.19。图 4.3.23～图 4.3.30 是剪切过程中不同位置应变砖实测变形随剪切位移变化的关系曲线。从图 4.3.23～图 4.3.30 可以看出：

邻近滑面、靠近锚索的应变砖在剪切过程中两个方向都有较大的变形，而离开该位置较小距离后，变形明显减小，说明锚索在发生一定剪切位移后会挤压围岩，使围岩产生变形，并且反过来围岩会限制锚索变形，提供抗剪阻滑力。同时，这种锚索与围岩的相互作用会局限在靠近滑面、邻近锚索的较小范围内。这些关系曲线上所表现出的阶梯型变化特征与前述划分的几个剪切过程阶段一致。

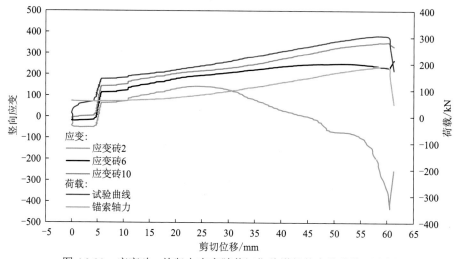

图 4.3.23　应变砖 a 族竖向应变随剪切位移增长的变化曲线示意图

试验条件：初始张拉荷载为 6.2 t，正应力为 0.2 MPa

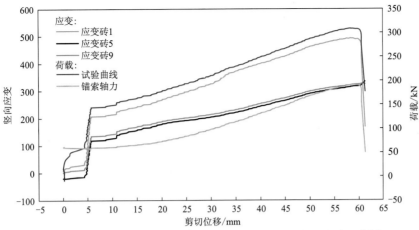

图 4.3.24　应变砖 b 族竖向应变随剪切位移增长的变化曲线示意图

试验条件：初始张拉荷载为 6.2 t，正应力为 0.2 MPa

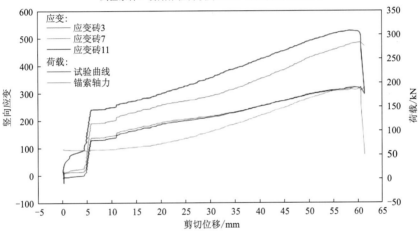

图 4.3.25　应变砖 c 族竖向应变随剪切位移增长的变化曲线示意图

试验条件：初始张拉荷载为 6.2 t，正应力为 0.2 MPa

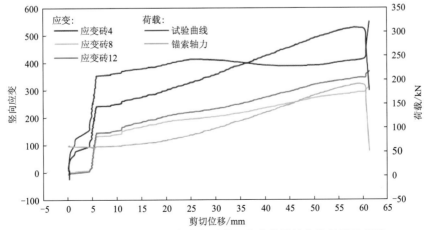

图 4.3.26　应变砖 d 族竖向应变随剪切位移增长的变化曲线示意图

试验条件：初始张拉荷载为 6.2 t，正应力为 0.2 MPa

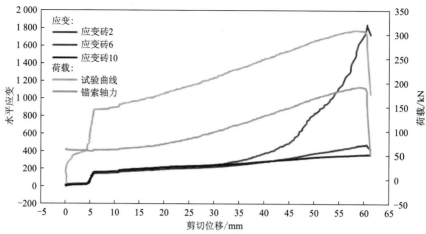

图 4.3.27　应变砖 a 族水平应变随剪切位移增长的变化曲线示意图

试验条件：初始张拉荷载为 6.2 t，正应力为 0.2 MPa

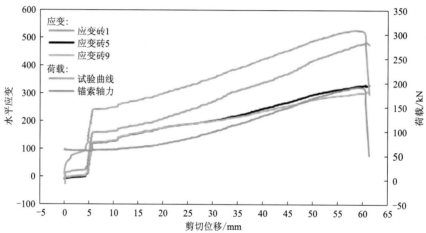

图 4.3.28　应变砖 b 族水平应变随剪切位移增长的变化曲线示意图

试验条件：初始张拉荷载为 6.2 t，正应力为 0.2 MPa

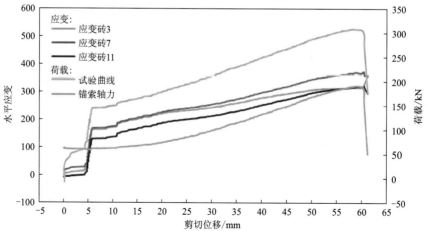

图 4.3.29　应变砖 c 族水平应变随剪切位移增长的变化曲线示意图

试验条件：初始张拉荷载为 6.2 t，正应力为 0.2 MPa

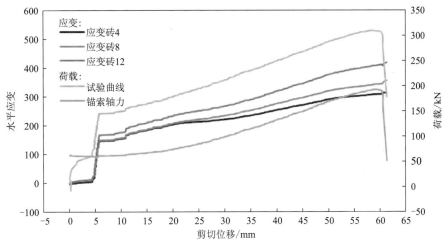

图 4.3.30　应变砖 d 族水平应变随剪切位移增长的变化曲线示意图

试验条件：初始张拉荷载为 6.2 t，正应力为 0.2 MPa

图 4.3.31 是试验结束打开试样后拍摄的锚索破坏形态照片，从图 4.3.31 中可以看出，锚索剪切面附近的混凝土在剪切过程中出现了局部脱空、局部挤压现象。锚索呈反 S 形弯曲破坏。

（a）剪切面混凝土破坏情况　　　　　　（b）剪切面处钢绞线破坏特征照片

图 4.3.31　室内试验结束后锚索破坏形态照片

图 4.3.32 为锚索剪切破坏后的断口照片。对锚索断口观察发现，锚索中的钢丝破坏主要有两种形式，一种是拉剪复合作用下产生的斜切断口，另一种是拉伸作用导致的颈缩断口，这是与锚索反 S 形破坏形式相一致的。在锚索弯曲变形较大的位置（靠近岩体一侧），钢丝处于拉剪复合的受力状态，会首先发生破坏；随后中间部位的钢丝发生拉伸破坏。在实际剪切试验过程中，锚索会发出两到三次断裂破坏的响声，从一定程度上佐证了上述分析结果。

锚索弯曲最大的部位是锚索集中破坏的位置，通过对弯曲点位置的测量发现，弯曲点与剪切面的距离都在 4～5 cm。

（a）锚索剪切破坏　　　　　　　　　　　（b）锚索弯曲点测量

图 4.3.32　锚索剪切破坏后的断口照片

3）锚索极限抗剪力分析

加锚结构面的剪切过程是一个复杂的动态变化过程，剪切过程中加锚结构面的抗剪力是不断变化的。从前面的阶段划分过程来看，加锚结构面在不同阶段的抗剪力的来源是不一样的。根据前面的分析，在 C 阶段之前，加锚结构面的抗剪力主要由结构面的摩擦力提供，随后抗剪力的增量主要是由锚索自身及其与岩体相互作用产生的。为了进一步分析锚索的阻滑抗剪作用，对锚索抗剪力试验结果进行了分解，如表 4.3.5 和图 4.3.33 所示。从表 4.3.5 中的结果可以看出，预应力锚索的真实抗剪效果要远远好于仅考虑锚索预应力的抗剪效果。

表 4.3.5　锚索抗剪力计算表　　　　（单位：kN）

项目	正应力	自重	初始预应力	初始抗剪力	总抗剪力	抗剪力增量
计算方法	T_a	T_b	T_c	$T_d=(T_a+T_b+T_c)\times0.40$	T_e	$T_f=T_e-T_d$
无黏结（锚索类型）	123	8.4	62	77.36	307	229.64

项目	端部轴力	传递损耗	预应力增量	预应力增量增加的抗剪力	锚索抗剪力	抗剪力占比
计算方法	T_g	T_h	$T_i=T_g+T_h-T_c$	$T_k=T_i\times0.4$	$T_j=T_f-T_k$	$T_n=T_f/T_e$
无黏结（锚索类型）	190	0	128	51.2	178.44	0.7

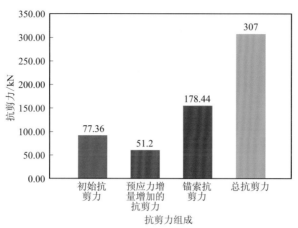

图 4.3.33　不同工况下剪切面抗剪力组成

4.3.2　锚索阻滑抗剪效应数值仿真试验

1. 数值仿真模型

为了进一步揭示预应力锚索的抗剪力学机制和效应，以室内大型锚索模型试验为原型，开展了数值仿真试验研究，建立的数值仿真模型的尺寸与室内模型试验的模型尺寸相同，模型主要由上下两块 700 mm×700 mm×700 mm 的带孔立方体混凝土、一根 1 400 mm 长的锚索和两块钢垫板组成，如图 4.3.34 所示。数值仿真模型研究的重点是预应力锚索全程的应力、变形情况和局部混凝土的变形破坏形态，模型只在锚索周围和剪切面附近对网格进行了加密，在保证计算精度的情况下有效减小了计算量。模型全部采用实体单元。

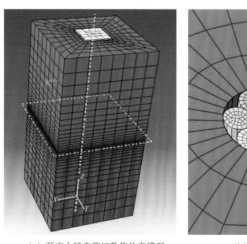
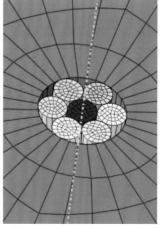

（a）预应力锚索剪切数值仿真模型　　　　　（b）局部锚索

图 4.3.34　预应力锚索剪切数值仿真模型及局部锚索示意图

根据钢绞线结构特点建立的精细化模型如图 4.3.34 所示，模型中钢绞线采用 7 根直径为 5 mm 的钢丝编织而成，螺距为 221 mm。数值模拟中钢绞线的力学参数取值如表 4.3.6 所示，表中引入了材料的膨胀系数，主要是为了通过降温法来实现预应力的施加。同时，为了模拟钢绞线在剪切过程中的渐进破坏，需引入材料的损伤模型。

表 4.3.6　数值模拟中钢绞线的力学参数取值

力学参数	密度	弹性模量	泊松比	膨胀系数	屈服应力
取值	7.85 g/cm³	201 GPa	0.3	1.2×10^{-5}	1 860 MPa

锚索在剪切过程中锚索的破坏模式属于拉剪复合破坏，其中拉应力的影响较大（图 4.3.35）。因此，模型试验中锚索的损伤破坏模拟选用柔性损伤模型。

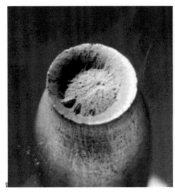 

（a）张拉　　　　　　　　　　　　　（b）剪切

图 4.3.35　金属韧性断裂断口形式

为了研究不同岩体强度下锚索的阻滑抗剪机理和作用，在数值仿真试验中，采用了三种强度（C30、C40、C50）的混凝土来模拟岩体。混凝土的渐进破坏采用塑性损伤模型来模拟，三种混凝土的材料参数见表 4.3.7。

表 4.3.7　混凝土材料参数表

项目	混凝土		
	C30	C40	C50
密度/(g/cm³)	2.39	2.4	2.42
弹性模量/MPa	30 000	32 500	34 500
泊松比	—	0.2	—
抗压强度/MPa	20.1	26.8	32.4
抗拉强度/MPa	2.01	2.39	2.64
膨胀角/(°)	—	38	—

续表

项目	混凝土		
	C30	C40	C50
偏心率	—	0.1	—
双向抗压强度与单向抗压强度之比	—	1.16	—
不变应力比	—	0.666 67	—
黏聚系数	—	1×10^{-5}	—
拉损伤恢复系数	—	0	—
压损伤恢复系数	—	1	—

数值仿真试验分为三步：锚索预应力施加分析步、混凝土正应力施加分析步和水平向剪切分析步。预应力施加过程中只固定模型底部，并且正应力施加过程中也只固定模型的底部。在进行水平向剪切之前，根据室内模型试验的边界条件，只允许上部混凝土块和钢垫板发生水平向的剪切位移，如图 4.3.36 所示。

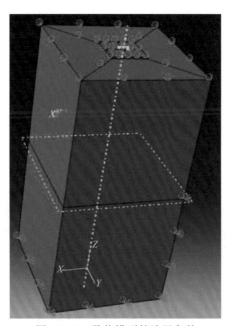

图 4.3.36　数值模型的边界条件

数值模型中，锚索预应力是通过降温法施加的，混凝土块的正应力通过在模型顶面一次性施加压强荷载来施加。对于水平向的剪切荷载，首先预设一个最大的剪切荷载，然后根据设定的步长匀速施加。

2. 数值仿真试验结果及分析

共进行了 6 种工况下的数值仿真试验，如表 4.3.8 所示，其中工况 5 与室内模型试验相对应。

表 4.3.8　数值仿真试验工况表

工况	锚索预应力	正应力	混凝土强度
1	0	0.6 MPa	40 MPa
2	5 t	0.6 MPa	30 MPa
3	5 t	0.6 MPa	40 MPa
4	5 t	0.6 MPa	50 MPa
5	5 t	0.2 MPa	40 MPa
6	10 t	0.6 MPa	40 MPa

1）工况 5 数值仿真结果

工况 5 与室内模型试验相对应，可以用于两者成果的对比验证。

（1）预应力和正应力的施加方法。

数值仿真试验中，锚索的预应力采用降温法施加。图 4.3.37 是锚索预应力施加分析步中锚索的初始状态和最终状态。一开始未施加温度荷载时，锚索的应力为 0，随着温度荷载的施加，锚索的应力状态发生变化，通过切片的方式能够确定锚索整个横截面上轴力的大小。如图 4.3.37 所示，利用降温法，锚索的轴力增加到了 5.1t，达到了与室内模型试验相一致的应力水平，也说明了这种通过降温施加预应力的方法是可行的。

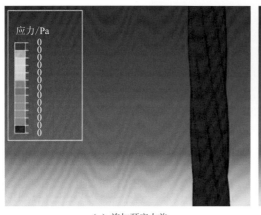
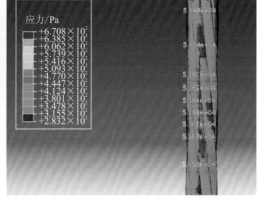

（a）施加预应力前　　　　　　　　　　　　（b）施加预应力后

图 4.3.37　锚索施加预应力前后的应力水平

　　数值仿真试验通过施加竖向荷载来实现正应力的模拟，施加竖向荷载 10 t 时，作用在混凝土上的正应力是 0.2 MPa。图 4.3.38 是数值模型中某一监测点竖向应力的计算结果。计算结果表明，监测点在竖直方向的应力在分析步开始阶段迅速达到 0.2 MPa 并稳定下来，说明正应力的施加是可行的。

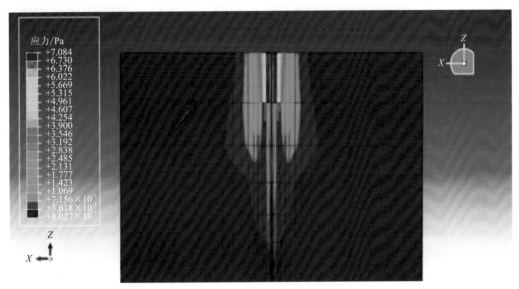

（a）监测点位置

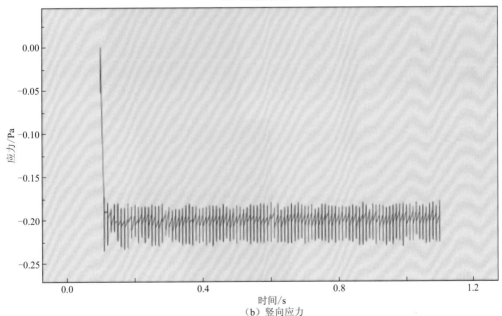

（b）竖向应力

图 4.3.38　数值模型中某一监测点的位置及竖向应力

（2）数值计算结果分析。

　　图 4.3.39 是分析获得的剪切过程中围岩塑性区的分布情况，从图 4.3.39 中可以看

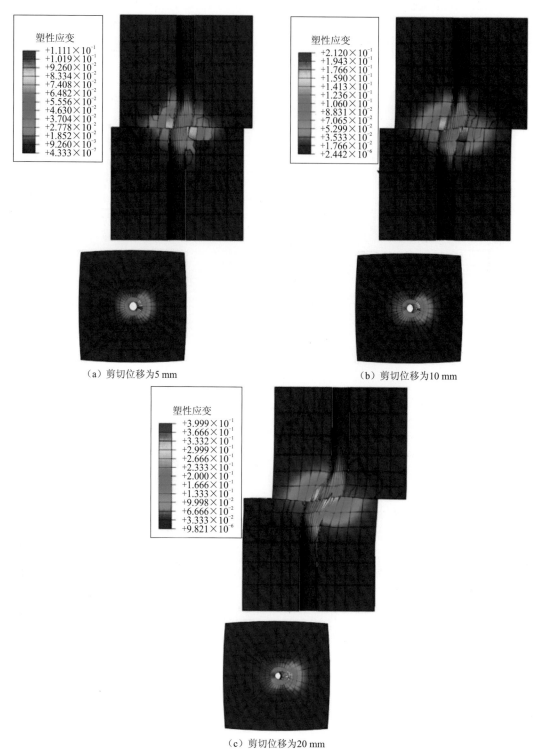

（a）剪切位移为5 mm　　　　　　　　　　　　（b）剪切位移为10 mm

（c）剪切位移为20 mm

图 4.3.39　剪切过程中围岩塑性区的分布情况

出，随着剪切位移的增加，锚索会发生弯曲变形。伴随着锚索的变形，与锚索紧密接触的岩体也会相应发生变形，并造成周围岩体的挤压破碎。随着剪切位移的增加，锚索周围岩体的变形区域逐步扩大，最终岩体变形区域的范围为锚索直径的 4～6 倍。相对于水平方向而言，竖直方向的岩体变形区域较小。围岩的变形呈以锚索和剪切面的交点为轴的对称分布；锚索挤压左上侧和右下侧的岩体并发生挤压变形破坏；右上侧和左下侧的围岩与锚索发生脱离。

图 4.3.40 是与室内模型试验应变砖 2 对应的单元的水平和竖向应变曲线。从图 4.3.40 中可以看出，随着剪切位移的增加，监测单元在水平方向上逐渐被压缩，而在竖直方向上逐渐被拉伸，锚索发生断裂后，监测单元有变形回弹的趋势。

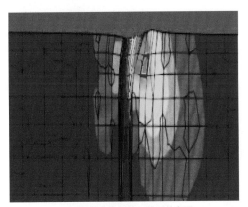
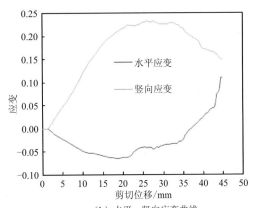

（a）混凝土内部某一单元的变形　　　　　　　（b）水平、竖向应变曲线

图 4.3.40　混凝土内部某一单元的变形及其水平、竖向应变曲线

（3）剪切过程中锚索应力的变化及破坏形式。

图 4.3.41 是锚索剪切过程中的变形情况，随着剪切位移的增加，锚索在剪切面附近形成类似于反 S 形的变形，锚索在剪切面位置的应力迅速增加，最后发生断裂破坏，与室内模型试验结果类似。在剪切面处，锚索与围岩的分离是锚索反 S 形变形的结果。在剪切过程中，锚索在剪切面附近受到的荷载比较复杂，是一种拉压弯剪的综合作用。与周围围岩一致，锚索在剪切过程中遭受的荷载也是对称的，也会发生整体"颈缩"现象。另外，由于锚索是一种复杂的旋扭组合结构，锚索的某几根钢丝会先发生断裂。

图 4.3.42 是锚索剪切过程中沿程的轴力分布图。如图 4.3.42 所示，开始剪切阶段锚索沿程的轴力基本维持在 5.1 t 不变，随着剪切位移的增加，在锚索弯曲变形的位置轴力开始增加，然后传递到两端，锚索中间位置的轴力一直大于两端。随着剪切位移的进一步增加，锚索在剪切面附近达到屈服破坏条件，该位置上的钢丝先后发生断裂破坏。在实际无黏结锚索的剪切试验过程中，随着剪切位移的增加，锚索两端的轴力也有着显著的增长，同时锚索破坏时会先后发出几次巨大的声响，这些都说明了数值模拟的可行性。

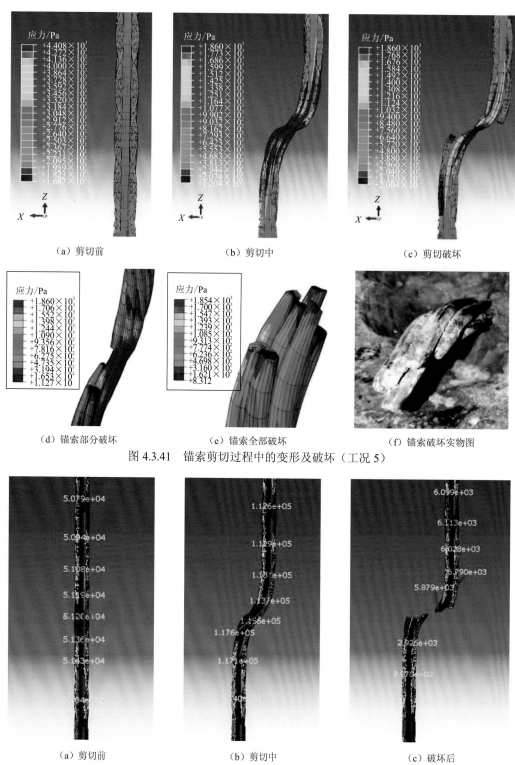

（a）剪切前　　　　　　　　　（b）剪切中　　　　　　　　　（c）剪切破坏

（d）锚索部分破坏　　　　　　（e）锚索全部破坏　　　　　　（f）锚索破坏实物图

图 4.3.41　锚索剪切过程中的变形及破坏（工况 5）

（a）剪切前　　　　　　　　　（b）剪切中　　　　　　　　　（c）破坏后

图 4.3.42　锚索剪切过程中沿程的轴力分布图（工况 5）（单位：Pa）

（4）剪切过程中剪切荷载与剪切位移的关系曲线。

图 4.3.43 是数值仿真试验和室内模型试验剪切荷载与剪切位移关系曲线的对比情况。在数值仿真试验中，随着剪切位移的增加，剪切荷载一开始迅速达到 50 kN 左右，然后以一定速率增加，最终在剪切位移为 45 mm 时达到最大抗剪强度 295 kN。数值仿真试验结果的整体趋势与室内模型试验结果基本一致。

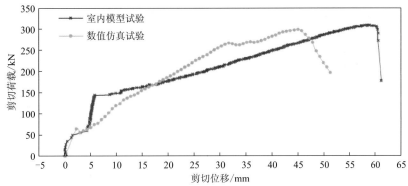

图 4.3.43　数值仿真试验和室内模型试验剪切荷载与剪切位移的关系曲线（工况 5）

2）锚索预应力和围岩强度对阻滑效应的影响

（1）锚索预应力的影响。

数值仿真试验采用三种锚索预应力，分别为 0、50 kN、100 kN。通过分析可以发现，在其他条件不变的情况下，结构面的极限抗剪强度和锚索预应力之间没有明显的关系。但是，随着锚索预应力的提高，抗剪强度会更快地达到其极限，即剪切荷载-剪切位移曲线的峰值提前。

图 4.3.44 是不同锚索预应力下，结构面到达其极限抗剪强度的剪切位移柱状图。如图 4.3.44 所示，随着锚索预应力的提高，锚索能够更加迅速地发挥其抗剪性能。由于混凝土强度的提高，锚索在较小的剪切位移下就发生破坏。

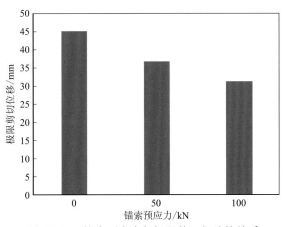

图 4.3.44　锚索预应力与极限剪切位移的关系

图 4.3.45 是在不同锚索预应力下，无黏结锚索剪切过程中不同剪切位移时的截面应力图。从图 4.3.45 可以看出，随着剪切位移的增加，锚索的受力是不均匀的。在剪切位移为 10 mm 时，随着锚索预应力的增加，锚索截面达到屈服强度的区域是增加的。

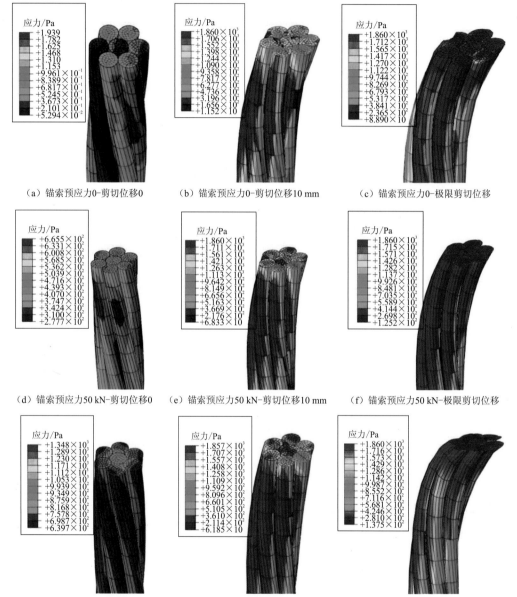

（a）锚索预应力0-剪切位移0 （b）锚索预应力0-剪切位移10 mm （c）锚索预应力0-极限剪切位移

（d）锚索预应力50 kN-剪切位移0 （e）锚索预应力50 kN-剪切位移10 mm （f）锚索预应力50 kN-极限剪切位移

（g）锚索预应力100 kN-剪切位移0 （h）锚索预应力100 kN-剪切位移10 mm （i）锚索预应力100 kN-极限剪切位移

图 4.3.45 不同锚索预应力下无黏结锚索剪切过程中不同剪切位移时的截面应力图

图 4.3.46 是不同锚索预应力下，无黏结锚索剪切过程中沿程的轴力曲线。从图 4.3.46 可以看出，随着剪切位移的增加，锚索的轴力是逐渐增加的，同时结构面附近的轴力增长得更为迅速，距离剪切面越远，锚索轴力的增量越小。图 4.3.46 中锚索在上端部（距离结构面 700 mm）的轴力很大，这主要是由建模过程中锚索和上部钢垫板相互连

接导致的，本节暂时忽略这个情况。

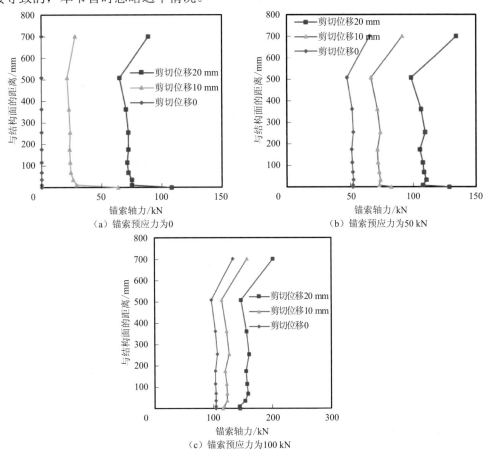

图 4.3.46　不同锚索预应力下无黏结锚索剪切过程中沿程的轴力曲线

研究发现，锚索预应力为 0 时，随着剪切位移的增加，锚索沿程的轴力增量是最多的，锚索预应力为 50 kN 的时候次之。当锚索预应力为 100 kN 时，随着剪切位移的增加，锚索沿程的轴力也是增加的，但是研究发现锚索轴力增量最大的点不在剪切结构面处，距离剪切结构面 60 mm 左右。研究认为，对于锚索预应力为 100 kN 的模型来说，剪切位移为 20 mm 时，锚索在剪切结构面附近就形成了塑性铰，从而导致该处的轴力增量比剪切结构面处大。

（2）围岩强度的影响。

数值仿真试验采用三种混凝土强度，分别为 C30、C40、C50。通过分析可以发现，在其他条件不变的情况下，结构面的极限抗剪强度和混凝土强度之间没有明显的关系。但是，随着混凝土强度的提高，抗剪强度会更快地达到其极限，即剪切荷载-剪切位移曲线的峰值提前。

图 4.3.47 是不同混凝土强度下，结构面到达其极限抗剪强度的剪切位移柱状图。如图 4.3.47 所示，随着混凝土强度的提高，锚索能够更加迅速地发挥其抗剪性能。由于混凝土强度的提高，锚索在较小的剪切位移下就发生破坏。锚索在小位移情况下，

锚索还没能完全发挥其本身的抗剪特性，因此，岩体的强度越高，锚索剪切过程中的弯曲变形越小，锚索局部的应力集中越大，锚索容易发生破坏。

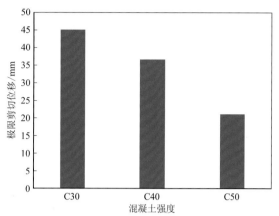

图 4.3.47　锚索极限剪切位移与混凝土强度的关系

图 4.3.48 是在不同混凝土强度（C30、C40、C50）下，无黏结锚索剪切过程中不同剪切位移时的截面应力图。从图 4.3.48 可以看出，随着剪切位移的增加，锚索的受力是不均匀的。在剪切位移为 10 mm 时，随着混凝土强度的增加，锚索截面达到屈服强度的区域是增加的。

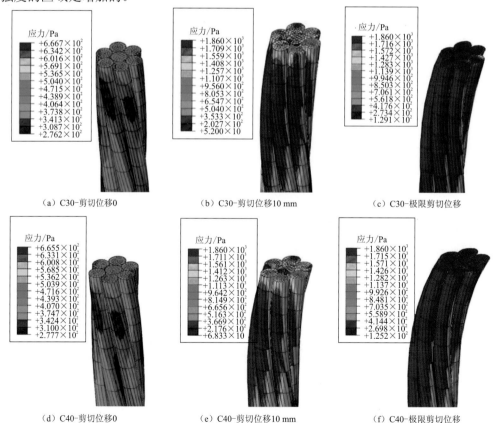

（a）C30-剪切位移0　　　　　　（b）C30-剪切位移10 mm　　　　　（c）C30-极限剪切位移

（d）C40-剪切位移0　　　　　　（e）C40-剪切位移10 mm　　　　　（f）C40-极限剪切位移

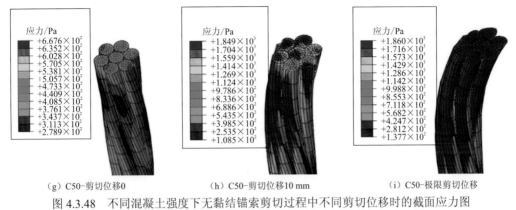

（g）C50-剪切位移0　　　　　　（h）C50-剪切位移10 mm　　　　　　（i）C50-极限剪切位移

图 4.3.48　不同混凝土强度下无黏结锚索剪切过程中不同剪切位移时的截面应力图

图 4.3.49 是不同混凝土强度（C30、C40、C50）下，无黏结锚索剪切过程中沿程的轴力曲线。从图 4.3.49 可以看出，随着剪切位移的增加，锚索的轴力是逐渐增加的，同时结构面附近的轴力增长得更为迅速，距离剪切结构面越远，锚索轴力的增量越小。

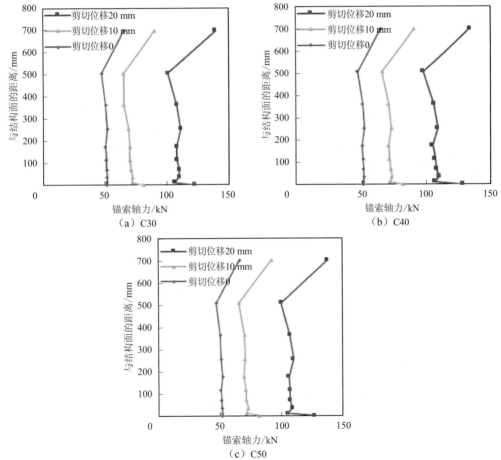

图 4.3.49　不同混凝土强度下无黏结锚索剪切过程中沿程的轴力曲线

同时，研究发现，剪切位移达到 10 mm 时，三种混凝土强度下锚索轴力的发展趋势基本一致；剪切位移达到 20 mm 时，结构面附近轴力的增量随着混凝土强度的增加是增大的，这也解释了 C50 混凝土条件下锚索在较小的剪切位移下就发生了破坏。

3）锚索分区破坏形式

图 4.3.50 和图 4.3.51 为无黏结预应力锚索数值模拟过程中，组成钢绞线的每一根钢丝沿程的轴力分布。从图 4.3.50 和图 4.3.51 可以看出，在未施加剪切荷载时，锚索内中丝承受的轴力最大（5.55 kN），6 根外丝承受的轴力较小（4.67～4.78 kN）。

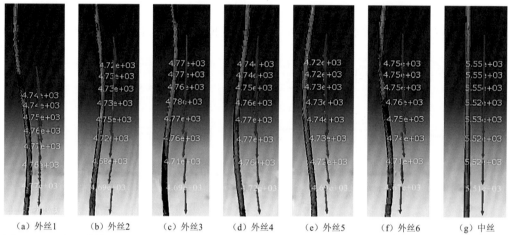

（a）外丝1　（b）外丝2　（c）外丝3　（d）外丝4　（e）外丝5　（f）外丝6　（g）中丝

图 4.3.50　未开始剪切时无黏结预应力锚索每根钢丝沿程的轴力分布（剪切位移为 0）（单位：Pa）

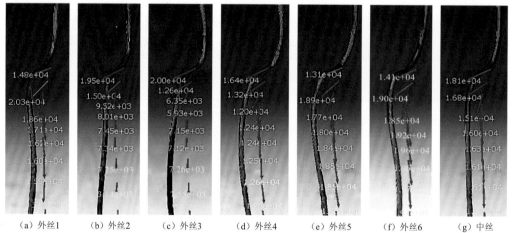

（a）外丝1　（b）外丝2　（c）外丝3　（d）外丝4　（e）外丝5　（f）外丝6　（g）中丝

图 4.3.51　无黏结预应力锚索剪切过程中每根钢丝沿程的轴力分布（剪切位移为 0）（单位：Pa）

随着剪切位移的增加，锚索的轴力也会相应增加。与之对应，组成钢绞线的每一根钢丝的受力不尽相同，其中中丝最大轴力为 18.1 kN，外丝最大轴力的范围为 16.4～20.3 kN。

总体来说，中丝所受的轴力处于中间水平，一部分外丝的轴力增加较大，超过中丝。随着剪切位移的进一步增加，承受轴力较大的外丝首先发生破坏，然后其他钢丝再逐步破坏，锚索呈现出一种分区破坏的特点。

4.4 岩体-锚固结构剪切力学理论模型

本节以无预应力全长黏结锚杆为研究对象，根据节理抗剪强度参数-内摩擦角对外部荷载的响应，提出采用有效计算内摩擦角 φ_e 来描述结构面剪切全过程中内摩擦角的演化规律。通过建立有效计算内摩擦角的演化解析公式，结合基于莫尔-库仑强度准则的锚固节理剪切荷载计算公式，得到了锚固节理剪切全过程的剪切荷载计算模型。

4.4.1 岩体-锚杆剪切力学理论模型

1. 基于莫尔-库仑强度准则的锚固节理剪切荷载计算公式

锚固节理剪切荷载主要包括锚杆贡献的抗剪强度和结构面自身的抗剪强度。其中，锚杆贡献的抗剪强度可以通过锚杆受力分析获得。图 4.4.1 是锚杆在剪切作用下的受力分解图。从图 4.4.1 中可以看出，锚杆弯曲变形后杆体产生轴力 N_O 和剪力 Q_O。将其合力 R_O 沿平行于节理方向和垂直于节理方向进行分解，得到沿着结构面方向的分力 R_{Ot} 和垂直结构面方向的分力 R_{On}。前者为岩石结构面提供了黏聚力的增量，后者在结构面上提供了附加的法向荷载，增加了结构面上的摩擦力。

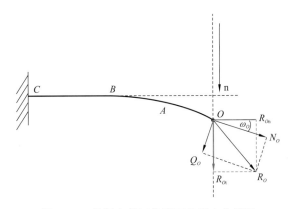

图 4.4.1 锚杆在剪切作用下的受力分解图

根据莫尔-库仑强度准则，可以采用式（4.4.1）～式（4.4.3）计算锚固节理的剪切荷载：

$$T_{bj} = (R_c + \Delta c_b) + (\Delta\sigma_{nb} + R_{\sigma_n})\tan\varphi_j \tag{4.4.1}$$

$$\Delta c_b = (N_O\sin\omega_O + Q_O\cos\omega_O) \tag{4.4.2}$$

$$\Delta\sigma_{nb} = (N_O\cos\omega_O - Q_O\sin\omega_O) \tag{4.4.3}$$

式中：T_{bj} 为锚固节理的剪切荷载；R_c 为结构面初始黏；Δc_b 为锚杆附加黏聚力提供的抗剪荷载；$\Delta\sigma_{nb}$ 为锚杆提供的结构面上的附加法向荷载；R_{σ_n} 为结构面初始法向荷载；φ_j 为结构面的内摩擦角；ω_O 为锚杆 O 点的旋转角。

2. 有效计算内摩擦角的演化解析公式

典型粗糙结构面的剪切荷载-剪切位移曲线可以分为三个阶段，如图 4.4.2 所示。Od 阶段为峰值剪切强度前的弹性-弹塑性阶段；de 阶段为峰值剪切强度的塑性软化阶段；第三阶段为 e 点之后的残余强度阶段。根据剪切荷载-剪切位移曲线信息，通过莫尔-库仑强度准则公式进行反算，可以得到结构面有效计算内摩擦角随剪切位移的变化曲线（图 4.4.2 中 φ_e 曲线）。

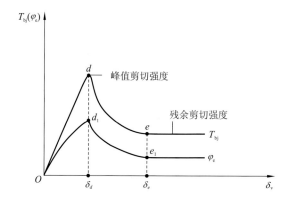

图 4.4.2　典型粗糙结构面的剪切荷载-剪切位移曲线

δ_d 为粗糙结构面的剪切荷载-剪切位移曲线峰值剪切荷载对应的剪切位移；

δ_e 为粗糙结构面的剪切荷载-剪切位移曲线进入残余剪切阶段时对应的剪切位移

采用分段函数来描述有效计算内摩擦角的变化规律：

$$\varphi_e = \begin{cases} Z_1\delta_v^2 + Z_2\delta_v + Z_3, & \delta_v \in [0,\delta_d) \\ Z_4\delta_v^2 + Z_5\delta_v + Z_6, & \delta_v \in [\delta_d,\delta_e) \\ Z_7, & \delta_v \geqslant \delta_e \end{cases} \tag{4.4.4}$$

式中：φ_e 为有效计算内摩擦角；Z_1、Z_2、Z_3、Z_4、Z_5、Z_6、Z_7 为待定系数；δ_v 为剪切位移。

将式（4.4.4）代入式（4.4.1）中，用有效计算内摩擦角 φ_e 替换掉式（4.4.1）中的结构面内摩擦角 φ_j，可以得到剪切全过程锚固节理剪切荷载-剪切位移曲线的计算公式：

$$T_{bj} = \Delta c_b + (\Delta\sigma_{nb} + R_{\sigma_n})\tan\varphi_e \tag{4.4.5}$$

式（4.4.5）为锚固节理的剪切荷载-剪切位移计算模型。轴力 N_O、剪力 Q_O 的大小与方向都是关于剪切位移 δ_v 的函数，下面会逐一推导出相对应的解析公式。

3. 剪切过程中锚杆轴力、剪力的演化模型

1）锚杆剪力计算公式推导

（1）弹性阶段。

当锚固节理发生剪切时，锚杆自身的横向抗剪能力会限制节理的相对变形，锚杆的抗剪力称为销钉剪力。目前，常用经典弹性地基梁理论计算锚杆抗剪力。该理论将锚杆视为弹性地基上的半无限梁，将周围混凝土视为弹性地基。弹性地基梁系统的微分方程可以表示为

$$E_b I_b \frac{d^4 v}{dx^4} = -k_e v \tag{4.4.6}$$

式中：k_e 为弹性地基的模量（即弹簧刚度）；v 为锚杆横向位移（即锚杆挠度）；E_b 为锚杆的弹性模量；I_b 为锚杆的惯性矩，且 $I_b = \pi D_b^4/64$，其中，D_b 为锚杆直径。

对式（4.4.6）进行求解，其通解可以表示为

$$v(x) = e^{\lambda x}[T_1 \cos(\lambda x) + T_2 \sin(\lambda x)] + e^{-\lambda x}[T_3 \cos(\lambda x) + T_4 \sin(\lambda x)] \tag{4.4.7}$$

$$\lambda = \left(\frac{k_e}{4 E_b I_b} \right)^{\frac{1}{4}} \tag{4.4.8}$$

式中：T_1、T_2、T_3、T_4 为待定系数。

对式（4.4.7）多次求导，得

$$v'''(x) = T_{1111} e^{\lambda x} \cos(\lambda x) + T_{2222} e^{\lambda x} \sin(\lambda x) + T_{3333} e^{-\lambda x} \cos(\lambda x) + T_{4444} e^{-\lambda x} \sin(\lambda x) \tag{4.4.9}$$

式中：$T_{1111} \sim T_{4444}$ 为待定系数，$T_{1111} = T_{111}\lambda + T_{222}\lambda$，$T_{2222} = -T_{111}\lambda + T_{222}\lambda$；$T_{3333} = -T_{333}\lambda + T_{444}\lambda$，$T_{4444} = -T_{333}\lambda - T_{444}\lambda$，$T_{111} \sim T_{444}$ 为待定系数。

于是，当 x 趋近于正无穷时，$v(x)=0$。因此，$T_1 = T_2 = 0$。

因为 $v''(x) = \dfrac{M(x)}{E_b I_b}$，$v'''(x) = \dfrac{Q(x)}{E_b I_b}$ [$M(x)$ 为坐标 x 处的弯矩；$Q(x)$ 为坐标 x 处的剪力]，当 $x=0$ 时，即在 O 点处，

$$v''(0) = M_O = -T_{33}\lambda + T_{44}\lambda = -(-T_3\lambda + T_4\lambda)\lambda + (-T_3\lambda - T_4\lambda)\lambda \tag{4.4.10}$$

$$v'''(0) = \frac{Q_O}{E_b I_b}(2T_3 + 2T_4)\lambda^3 \tag{4.4.11}$$

式中：T_{33}、T_{44} 为待定系数。

锚固节理直剪试验示意图如图 4.4.3 所示，由边界条件可知，锚杆与节理面的交点 O 点处存在最大剪力 Q_O，且弯矩等于零，即 M_O 等于零。因此，$T_4 = 0$。

于是，T_3 的表达式为

$$T_3 = \frac{Q_O}{2\lambda^3 E_b I_b} \tag{4.4.12}$$

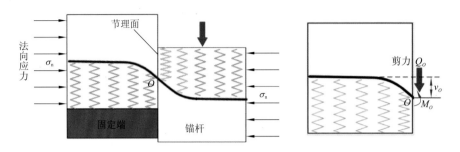

图 4.4.3　锚固节理直剪试验示意图

v_O 为锚杆沿节理面方向的剪切位移

因此，式（4.4.7）变为

$$v(x) = \frac{e^{-\lambda x}}{2\lambda^3 E_b I_b} Q_O \cos(\lambda x) \tag{4.4.13}$$

将式（4.4.8）代入式（4.4.13）得

$$v(x) = \frac{2\lambda Q_O e^{-\lambda x} \cos(\lambda x)}{k} \tag{4.4.14}$$

对式（4.4.14）求导，得到横向位移曲线的斜率：

$$\omega(x) = -\frac{2\lambda^2 Q_O e^{-\lambda x}[\cos(\lambda x)+\sin(\lambda x)]}{k} \tag{4.4.15}$$

令式（4.4.14）中的 $x=0$，O 点处剪力 Q_O 的表达式为

$$Q_O = (kv_O)/(2\lambda) \tag{4.4.16}$$

令式（4.4.15）中的 $x=0$，O 点处旋转角 ω_O 的表达式为

$$\omega_O = -2\lambda^2 Q_O / k \tag{4.4.17}$$

弹性地基的模量 k 取决于锚杆周围混凝土的强度，计算公式为

$$k = \frac{220 f_c^{0.85}}{[1+3(DI-0.02)^{0.8}]^4} \tag{4.4.18}$$

式中：f_c 为注浆混凝土抗压强度；DI 为参量损伤系数，其表达式为

$$DI = v_O / D_b \tag{4.4.19}$$

将式（4.4.18）和式（4.4.19）代入式（4.4.16）中，得

$$Q_O = \frac{110 f_c^{0.85} v_O}{\lambda \left[1+3\left(\dfrac{v_O}{D_b}-0.02\right)^{0.8}\right]^4} \tag{4.4.20}$$

将式（4.4.20）代入式（4.4.17）中，得

$$\omega_O = -\frac{220\lambda^2 f_c^{0.85} v_O}{\lambda k \left[1+3\left(\dfrac{v_O}{D_b}-0.02\right)^{0.8}\right]^4} \tag{4.4.21}$$

式（4.4.20）为弹性阶段锚杆 O 点剪力的计算公式，式（4.4.21）为弹性阶段锚杆 O 点旋转角的计算公式。

（2）弹塑性阶段。

Chen 等（2020）将弹塑性阶段的锚杆基于矩形截面梁进行简化，并且根据边界条件和锚杆挠度、旋转角、剪力的连续条件推导出了弹塑性阶段锚杆 O 点剪力和旋转角的计算公式。然而，锚杆在弹塑性阶段的弯曲变形过程非常短，弹性阶段式（4.4.20）和式（4.4.21）的计算结果和 Chen 等（2020）推导的弹塑性阶段公式的计算结果误差很小，因此，本节建议继续采用式（4.4.20）计算弹塑性阶段锚杆在 O 点处的剪力和旋转角。

2）锚杆轴力计算公式推导

（1）锚杆 O 点轴力计算推导。

图 4.4.4 为锚杆剪切变形过程图。从图 4.4.4 中可以看出，锚杆在剪切作用下产生弯曲变形，形成两个奇异点：锚杆与结构面的交点 O 点，该点的弯矩为零；A 点，即塑性铰点，该点的剪力是零，且弯矩最大。此外，图 4.4.4 中的 B 点为弯曲的起始点，挠度为零，C 点为锚杆端部，由锚头与垫板固定，与周围混凝土之间无相对位移。Ma 等（2019）、Pellet 和 Egger（1996）将锚杆分为 OA、AB 和 BC 三个部分，并且认为 AB 段的长度等于 OA 段的长度，即 $L_{OA}=L_{AB}=L_{OB}/2$。OO_1 阶段为锚杆弹性变形阶段，锚杆在 A 点处形成塑性铰。设 OO_1 的距离是 v_{Oe}，O 点的旋转角为 ω_{Oe}。此过程中，锚杆产生逐渐增大的剪切荷载，锚杆无轴力。从 O_1 点开始，锚杆进入塑性变形阶段。由于塑料铰的出现，锚杆 OA 段将仅绕着 A 点旋转角度 ω_{Op}。锚杆的 OA 段表现为桁架，仅轴力增大，剪力 Q_O 始终保持不变（$Q_O=Q_{Oe}$）。因此，锚杆轴力的计算应当从锚杆弯曲变形的塑性阶段开始，即从 O_1 点开始。

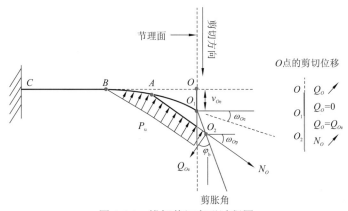

图 4.4.4　锚杆剪切变形过程图

ω_{Op} 为锚杆在塑性阶段的偏转角

具有粗糙度的节理面在剪切过程中会出现剪胀效应，剪胀曲线如图 4.4.5 所示。

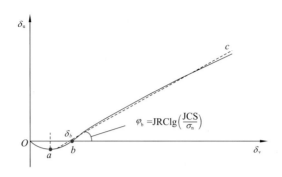

图 4.4.5　粗糙节理剪胀曲线

δ_u 为节理面剪胀位移；δ_b 为剪胀为 0 时对应的节理剪切位移

Oa 段表示直剪试验中的初始剪缩阶段，在 a 点达到最大剪缩量。随着剪切位移的增加，法向位移开始逐渐增大，当剪切位移到达 b 点时，剪胀值为零。此后，随着剪切位移的不断增加，正向法向位移开始出现。唐志成等（2011）总结了众多研究者的试验数据后发现，锚固节理的剪缩量非常小，通常在微米级水平，可以简化认为 b 点之前的剪胀量始终为零，岩体剪胀从 b 点开始。根据现有研究，b 点的剪切位移通常为 1 mm 左右，与锚杆弹性阶段的剪切位移非常相近。因此，假定结构面的剪胀位移和锚杆的轴力同时在锚杆塑性变形阶段开始产生。如图 4.4.4 所示，节理的剪胀位移从 O_1 点（紫色线）开始产生。

Barton 和 Choubey（1977）、Barton 等（1985）利用式（4.4.22）描述了剪胀角与正应力和节理粗糙度之间的关系：

$$\varphi_b = \mathrm{JRClg}\left(\frac{\mathrm{JCS}}{\sigma_n}\right) \tag{4.4.22}$$

式中：φ_b 为岩石结构面的剪胀角；JRC 为节理粗糙系数；JCS 为节理壁岩的抗压强度，对于新鲜的结构面，其值等于岩石的单轴抗压强度。

根据图 4.4.4 中的长度关系，O_1O_2 段长度 L_d 的表达式为

$$L_d = \frac{v_O - v_{Oe}}{\cos\varphi_b} \tag{4.4.23}$$

根据余弦定理，AO_2 段长度 L_B 的表达式为

$$L_B = \sqrt{L_{L_{OA}}^2 + L_d^2 - 2L_{L_{OA}}L_d\cos(\pi/2 + \varphi_b + \omega_{Oe})} \tag{4.4.24}$$

因此，OA 段的应变表达式为

$$\varepsilon_L = (L_B - L_{L_{OA}})/L_{L_{OA}} \tag{4.4.25}$$

将锚杆视为线性增强弹塑性材料，其应力应变关系如图 4.4.6 所示。图 4.4.6 中，σ_s 为材料屈服强度，ε_e 为材料屈服强度对应的应变，σ_u 为材料的极限强度，ε_u 为材料的极限强度对应的应变。O 点处的轴力可以表示为

$$N_O = \begin{cases} \varepsilon_L A_b E_b, & \varepsilon_L \leqslant \varepsilon_e \\ \varepsilon_e A_b E_b + (\varepsilon_L - \varepsilon_e) A_b E_p, & \varepsilon_L > \varepsilon_e \end{cases} \tag{4.4.26}$$

式中：E_b 为锚杆弹性模量；E_p 为锚杆塑性模量；A_b 为锚杆的横截面面积。

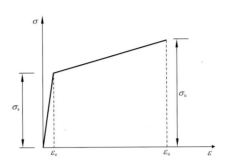

图 4.4.6　线性增强弹塑性材料的应力应变关系

　　计算锚杆的轴力首先需要计算结构面到锚杆塑性铰的距离 L_A。在剪切作用下，锚杆除了产生轴向拉伸变形外，在结构面附近一定范围内出现了弯曲变形，并且在弯矩最大点截面达到完全塑性而引起转动效应，通常将该点称为塑性铰。塑性铰的形成与锚杆剪力有关，可通过经典的弹性地基梁理论来求解锚杆的剪力。锚杆在剪切作用下的受力简化力学模型如图 4.4.7（a）所示。浆体对锚杆的反作用力为 P_u。随着锚杆的剪切弯曲，法向应力通过岩体施加在锚杆 OA 段，ω_O 为锚杆 O 点的旋转角，如图 4.4.7（b）所示。

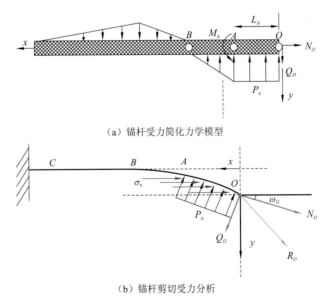

（a）锚杆受力简化力学模型

（b）锚杆剪切受力分析

图 4.4.7　锚杆塑性铰受力图

　　锚杆受剪力和轴力共同作用时，首先在弯矩最大点（A 点）处屈服。锚杆在 A 点的弹性极限可以表示为

$$\sigma_y = \frac{M_A}{W_b} + \frac{N_A}{A_b} \tag{4.4.27}$$

式中：N_A 为 A 点的轴力；M_A 为 A 点的弯矩；A_b 为锚杆的横截面面积；W_b 为截面模量，且 $W_b = \pi D_b^3 / 32$，其中，D_b 为锚杆直径。

由于塑性铰处剪力为 0，根据受力平衡原则，O 点处的剪力可以表示为

$$Q_O = (P_u + \sigma_n \sin\omega_O) \times L_A \tag{4.4.28}$$

根据力矩平衡原则，A 点的弯矩 M_A 可以表达为

$$M_A = Q_O \times L_A - \frac{(P_u + \sigma_n \sin\omega_O)L_A^2}{2} \tag{4.4.29}$$

联立式（4.4.28）和式（4.4.29），化简得

$$M_A = \frac{(P_u + \sigma_n \sin\omega_O)L_A^2}{2} \tag{4.4.30}$$

将式（4.4.27）代入式（4.4.30），得到结构面到锚杆塑性铰距离 L_A 的大小：

$$L_A = \frac{1}{4}\sqrt{\frac{D_b(\sigma_y \pi D_b^2 - 4N_A)}{P_u + \sigma_n \sin\omega_O}} \tag{4.4.31}$$

Jalalifar 等（2006）通过试验发现，在弹性阶段锚杆轴力很小，可视为 0。因此，式（4.4.31）可以简化为

$$L_A = \frac{1}{4}\sqrt{\frac{D_b^3 \sigma_y \pi}{P_u + \sigma_n \sin\omega_O}} \tag{4.4.32}$$

Pellet 和 Egger（1996）推导了浆体对锚杆的反作用力 P_u 的表达式，发现岩石反力的大小取决于围岩抗压强度：

$$P_u = k_r D_b \sigma_c \tag{4.4.33}$$

式中：k_r 为地基反力系数；σ_c 为岩石的单轴抗压强度。

将式（4.4.32）进行改写得

$$L_A = \frac{1}{4}\sqrt{\frac{D_b(\sigma_y \pi D_b^2)}{P_u + \sigma_n \sin\omega_O}} \tag{4.4.34}$$

将式（4.4.17）代入式（4.4.34）得

$$L_A = \sqrt{\frac{D_b^3 \sigma_y \pi}{k_r D_b \sigma_c + \sigma_n \sin\left(\sqrt[4]{\frac{k_e}{4E_b I_b}}v_O\right)}} \tag{4.4.35}$$

式（4.4.35）为锚杆塑性铰长度 L_A 的表达式。

（2）锚杆 C 点轴力计算推导。

目前室内试验常用微型轴向力计来记录锚杆端部轴力随剪切位移的变化情况。接下来推导锚杆端部轴力的计算公式。

锚杆在剪切作用下逐渐弯曲变形且弯曲角度越来越大。在此采用截面法，将锚杆从 B 点的 $n—n$ 截面分为左、右两部分。如图 4.4.8 所示，CB 段为左段，N_C 为 C 点处

的轴力。BO 段为右段，O 点为 Q_O 和 Q_B 延长线的交点，且 Q_O 和 Q_B 的夹角等于 O 点的旋转角 ω_O。将均布荷载等效为集中荷载 Q_s。BO 段中 P_u 的分布形状近似为梯形，并且梯形上底长度是下底长度的一半。根据梯形重心的计算方法，集中荷载 Q_s 的位置是 BO 段截面长度（在 O 点附近）的 7/18。

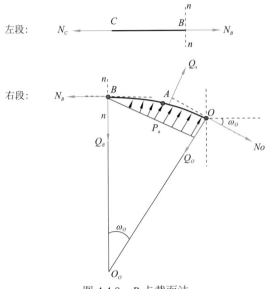

图 4.4.8　B 点截面法

为了方便计算，近似地使 Q_s 的延长线方向通过 O_O 点。由于 A 点的剪力为零，因此可以通过建立式（4.4.36）来计算 P_u 与 Q_O 之间的关系：

$$Q_O = P_u L_A \tag{4.4.36}$$

等效集中荷载 Q_s 的大小可以表示为

$$Q_s = \frac{3}{2} Q_O \tag{4.4.37}$$

将 BO 段上的内力和外力投影到截面 n—n 的法线方向上，根据静力平衡方程计算 B 点处的轴力：

$$N_B = N_O\cos\omega_O - Q_O\sin\omega_O + \frac{3}{2}Q_O\sin\left(\frac{11}{18}\omega_O\right) \tag{4.4.38}$$

由于 B 点处轴力等于 C 点处轴力，因此可得

$$N_C = N_O\cos\omega_O - Q_O\sin\omega_O + \frac{3}{2}Q_O\sin\left(\frac{11}{18}\omega_O\right) \tag{4.4.39}$$

可以由式（4.4.17）计算 ω_O 在弹性阶段的大小，在塑性阶段旋转角 ω_{Op} 可以根据图 4.4.4 的几何关系，采用正弦定理求得。

$$\omega_{Op} = \arctan\left(\frac{L_A\sin\omega_{Oe} + L_d\cos\varphi_b}{L_A\cos\omega_{Oe} + L_d\sin\varphi_b}\right) \tag{4.4.40}$$

式中：ω_{Op} 为塑性阶段锚杆旋转角；ω_{Oe} 为弹性阶段锚杆旋转角。

因此，锚杆 C 点的轴力计算公式为

$$N_C = \begin{cases} \varepsilon_L A_b E_b \cos\omega_O - \dfrac{kv_O}{2\lambda}\sin\omega_O + \dfrac{3kv_O}{4\lambda}\sin\left(\dfrac{11}{18}\omega_O\right), & \varepsilon_L \leqslant \varepsilon_e \\ [\varepsilon_e A_b E_b + (\varepsilon_L - \varepsilon_e)A_b E_p]\cos\omega_{Op} - \dfrac{kv_O}{2\lambda}\sin\omega_{Op} + \dfrac{3kv_O}{4\lambda}\sin\left(\dfrac{11}{18}\omega_{Op}\right), & \varepsilon_L > \varepsilon_e \end{cases} \quad (4.4.41)$$

4. 锚杆破坏准则与验证

根据式（4.4.4），求解出有效计算内摩擦角公式对剪切位移的待定系数。以粗糙度为 3.14 的节理面的剪切荷载-剪切位移曲线为例进行求解。首先，根据莫尔-库仑强度准则，重新计算内摩擦角-剪切位移曲线，如图 4.4.9 所示。然后，根据曲线特性，使用 MATLAB 软件进行曲线拟合，并计算出待定系数，结果为 $Z_1=-3.454$，$Z_2=27.78$，$Z_3=-6.013\ 9$，$Z_4=0.035\ 5$，$Z_5=-1.138\ 5$，$Z_6=46.999$，$Z_7=38.453\ 5$。根据上述计算结果，绘制图 4.4.10 无锚固节理剪切荷载-剪切位移曲线。节理表面摩擦角的拟合函数的待定系数见表 4.4.1。平直节理的 JRC 为 0，内摩擦角在到达峰值后并没有衰减，因此采用两段函数进行拟合。

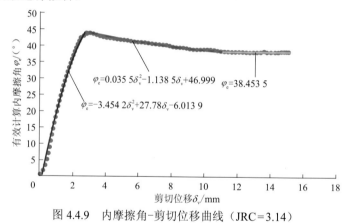

图 4.4.9　内摩擦角-剪切位移曲线（JRC＝3.14）

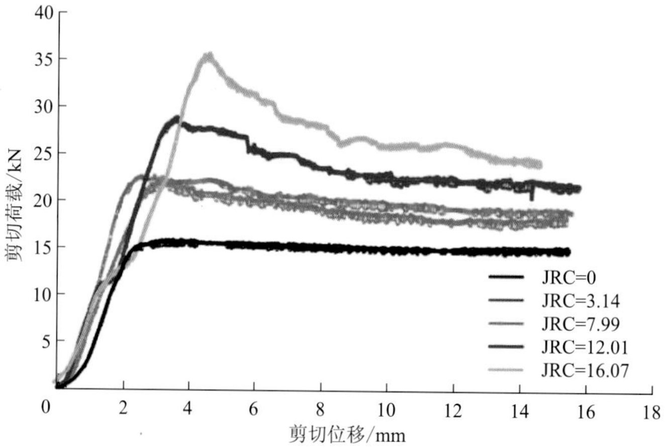

图 4.4.10　无锚固节理剪切荷载-剪切位移曲线

表 4.4.1　不同粗糙度的节理面内摩擦角拟合函数的待定系数

JRC	待定系数						
	Z_1	Z_2	Z_3	Z_4	Z_5	Z_6	Z_7
0	−0.689	19.157	−6.435 2	—	—	—	33.573
3.14	−3.454 2	27.78	−6.013 9	0.035 5	−1.138 5	46.999	38.453 5
7.99	−5.464 5	37.023	−9.619 3	0.021 5	−0.806 1	47.125	40.330 7
12.01	−1.826 9	22.111	−1.688 7	0.066 7	−2.008 7	58.454	44.787 3
16.07	−0.538 4	14.757	3.785 8	0.202 8	−4.427 3	73.165	48.956 5

图 4.4.11 展示了五种粗糙度的节理面分析模型和直剪试验的结果，分析模型与直剪试验的结果吻合较好。从图 4.4.11 可以看出，节理面粗糙度对锚固节理剪切性能的影响较大。粗糙度越大，锚固节理的抗剪承载力越大。当粗糙度较小（JRC＝3.14，7.99）时，剪切荷载-剪切位移曲线呈现出弹性阶段和塑性强化阶段。当粗糙度较大（JRC＝12.01，16.07）时，剪切荷载-剪切位移曲线在弹性阶段后呈现出塑性软化阶段。这是因为粗糙度较大的节理面峰值剪切强度较大，峰值剪切强度与残余剪切强度之差大于锚杆的剪切贡献强度。

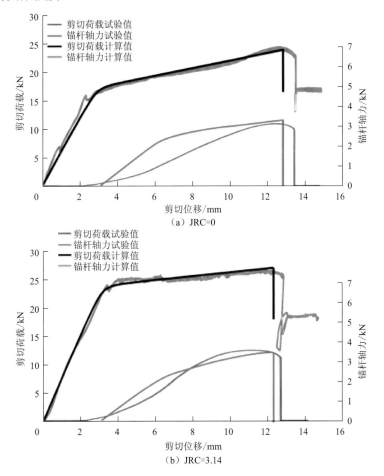

（a）JRC=0

（b）JRC=3.14

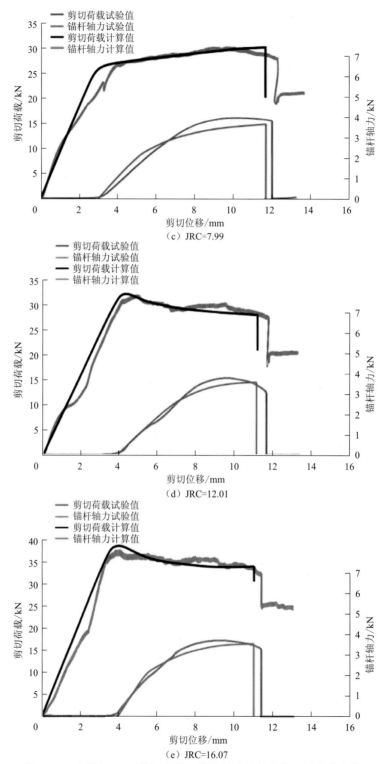

图 4.4.11 不同 JRC 下剪切荷载、锚杆轴力计算值与试验值的比较

对于锚杆中轴力的变化趋势，分析模型与直剪试验结果也基本相同，轴力并不是在剪切位移刚发生时就开始增长，而是在一定的剪切位移之内，轴力恒定为零，然后当剪切位移达到约 3 mm 时，轴力快速上升，然后缓慢增加，在最后甚至有一段下降阶段，以往的研究并未提及这个特征。在本试验中，锚杆最终断裂时，锚杆端部轴力计测得的锚杆轴力在 3～4 kN。

图 4.4.12 展示的是锚固节理分别在法向应力 0.5 MPa、1.0 MPa、1.5 MPa 和 2.0 MPa 下的剪切试验结果，选取的节理面 JRC 为 0，分析模型与剪切试验的结果吻合较好。从图 4.4.12 中锚杆断裂点的位置可以看出，法向应力越大，锚杆断裂对应的剪切位移越小。法向应力为 0.5 MPa、1.0 MPa、1.5 MPa 和 2.0 MPa 时，断裂处的剪切位移分别为 14.1 mm、13.4 mm、11.7 mm 和 11.4 mm。根据模型推导过程可知，锚杆断裂过程为两个塑性铰之间的锚杆部分逐渐拉伸变形，轴力增大，最终达到断裂强度。因此，法向应力越大，锚杆两个塑性铰之间的长度越小，允许变形越小，锚杆断裂的速度越快。

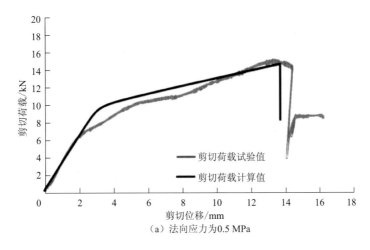

（a）法向应力为0.5 MPa

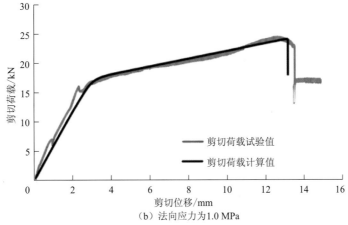

（b）法向应力为1.0 MPa

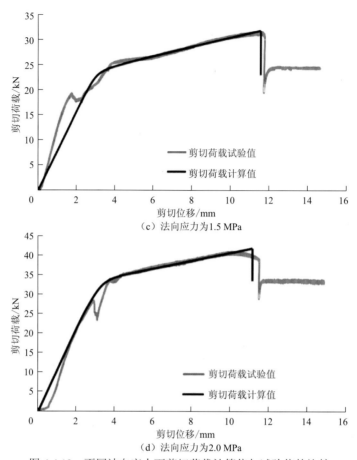

（c）法向应力为1.5 MPa

（d）法向应力为2.0 MPa

图 4.4.12　不同法向应力下剪切荷载计算值与试验值的比较

4.4.2　岩体–锚索阻滑抗剪效应力学模型

1. 屈服与破坏准则

现有研究表明，锚固节理的剪切破坏模式主要包括两种，即较坚硬岩石中的锚杆在 O 点处发生的拉剪破坏和较软岩石中的锚杆在 A 点发生的拉弯破坏。由于拉弯破坏模式一般不考虑锚杆的横向剪切作用，在本章中不对这种破坏模式进行探讨。

拉剪破坏模式采用特雷斯卡（Tresca）屈服准则：

$$\left(\frac{N_O}{N_p}\right)^2 + \left(\frac{Q_O}{Q_p}\right)^2 = 1 \tag{4.4.42}$$

式中：N_p 和 Q_p 分别为在非交互式力条件下的极限轴力和极限剪力，$N_p = S\sigma_p$，$Q_p = S\sigma_p/2$，S 为锚索横截面面积，σ_p 为破坏时的极限正应力。

根据式（4.4.20）和式（4.4.26），可以很容易地计算出锚杆的剪力和轴力。在得到锚杆的屈服强度和极限强度后，根据破坏准则可以得到锚杆破坏时的轴力和剪力。

2. 预应力锚索三阶段破坏模式

结合现场实际工程调研、室内模型试验及数值仿真试验结果可知，随着剪切位移的增加，锚索会发生反 S 形弯曲变形，在锚索和注浆体之间产生挤压作用，锚索承受轴向荷载、剪切荷载和弯矩荷载的组合作用，发生拉弯或拉剪复合破坏。

锚索的剪切破坏过程可以用以下三个阶段来描述，如图 4.4.13 所示。

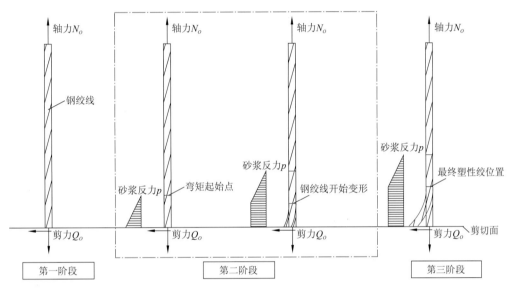

图 4.4.13　锚索剪切破坏过程中的受力示意图

第一阶段：未发生剪切位移，锚索只承受预拉应力，沿着剪切面，锚索不承受剪切荷载。

第二阶段：剪切位移较小时，锚索在剪切面附近对围岩产生挤压；随着剪切位移的增加，锚索发生弯曲变形，对围岩的挤压作用越来越强，锚索在剪切面处的剪切荷载也相应增加。

第三阶段：当剪切位移达到一定程度时，锚索发生较大的弯曲变形，并在某一位置处形成塑性铰，在塑性铰位置发生屈服。

3. 锚索阻滑抗剪效应力学模型

锚索在整个剪切破坏过程中经历了弹性阶段、屈服阶段和破坏阶段，这个过程十分复杂。现阶段，可以借助弹性地基梁的理论，在一定的假设条件下分析锚索剪切破坏过程中的变形与受力情况。这些假设条件包括：注浆体与锚索之间的侧向相互作用沿锚索轴向连续分布；锚索侧向变形和注浆体的压缩变形是连续的；锚索变形范围内注浆体与锚索之间的相互作用垂直于锚索轴线；锚索弯曲变形符合平截面假定。

本节提出了预应力锚索在剪切破坏过程中的三阶段破坏模式，如果将锚索简化为一个地基梁，其挠度的微分控制方程可以表达为

$$EI\frac{d^4 y_d}{dx^4} + k_r y_b = q(x) \qquad (4.4.43)$$

式中：EI 为锚索的抗弯刚度；k_r 为地基反力系数；y_b 为锚索的挠度；y_d 为锚索直径。

当 $q(x)=0$ 时，该齐次微分方程的通解 β_t 为

$$y_b = e^{\beta_t x}[A\cos(\beta_t x) + B\sin(\beta_t x)] + e^{-\beta_t x}[C\cos(\beta_t x) + D\sin(\beta_t x)] \qquad (4.4.44)$$

$$\beta_t = \sqrt[4]{\frac{k}{4EI}} \qquad (4.4.45)$$

由边界条件可以推导出四个任意的常数 A、B、C、D。

如果已知剪切面位置处锚索的剪切位移为 y_0，锚索在任意位置的挠度、转角、弯矩和剪力的计算公式为

$$\begin{cases} y_b = y_0 e^{-\beta_t x}\cos(\beta_t x) \\ \theta = -2y_0 e^{-\beta_t x}[\sin(\beta_t x) + \cos(\beta_t x)] \\ M = -2EIy_0 \beta_t^2 e^{-\beta_t x}\sin(\beta_t x) \\ Q = 2EIy_0 \beta_t^3 e^{-\beta_t x}[\sin(\beta_t x) - \cos(\beta_t x)] \end{cases} \qquad (4.4.46)$$

根据式（4.4.46），在理想弹性状态下锚索中钢绞线的变形和受力状态如图 4.4.14 所示。如果是预应力锚索，锚索还承受轴力的作用。从式（4.4.46）或图 4.4.14 可以看出，剪力为 0 处锚索弯矩最大。

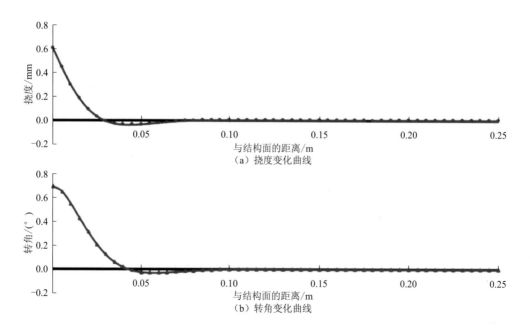

（a）挠度变化曲线

（b）转角变化曲线

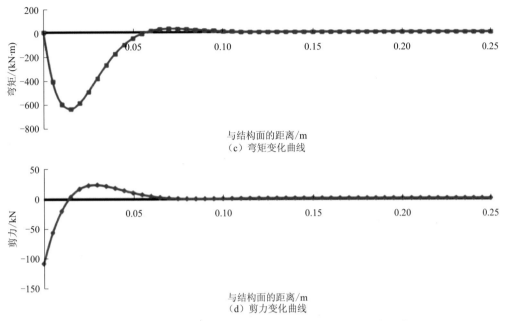

（c）弯矩变化曲线

（d）剪力变化曲线

图 4.4.14　理想弹性状态下锚索中钢绞线的变形和受力状态

事实上，当锚索在剪切位移作用下产生弯曲变形时，锚索与周围岩体会发生相互作用。当锚索挠曲变形发展到一定程度时，可能出现两种可能的破坏形态，即：锚索在最大弯矩处发生屈服，形成塑性铰；在锚索最大挠度位置即剪切面处岩体发生屈服。

上述两种情况的判断准则如下。

第一种，锚索在弯矩最大处发生屈服，此时 $Q=0$，根据式（4.4.46）有

$$\sin(\beta_t x) - \cos(\beta_t x) = 0 \tag{4.4.47}$$

即 $\beta_t x = 0.785\,4$。出现最大弯矩的位置（塑性铰位置）和相应的最大弯矩为

$$x_M = \frac{0.785\,4}{\beta_t} \tag{4.4.48}$$

$$M_{\max} = -0.644\,8EIy_0\beta_t^2$$

对于锚索这种金属材料来说，其拉弯屈服准则可以表示为

$$\frac{N}{A_e} + \frac{My_{D_e}}{I_e} = \sigma_{S_e} \tag{4.4.49}$$

式中：N 为锚索所受的轴力；A_e 为锚索等效面积；M 为锚索在断面上所受的弯矩；I_e 为等效截面惯性矩；y_{D_e} 为锚索断面最外侧点到中性轴的距离；σ_{S_e} 为屈服应力。

联合式（4.4.48）和式（4.4.49）可以得到最大允许剪切位移：

$$y_{0\max 1} = \frac{\sigma_{S_e} - \dfrac{N}{A_e}}{-0.644\,8E\beta_t^2 y_{D_e}} \tag{4.4.50}$$

第二种，在最大挠度处岩体发生屈服，此时：

$$ky_0 = \gamma\sigma_c \tag{4.4.51}$$

式中：γ 为考虑岩体条件的折减系数，一般为 0.5～1.0；σ_c 为围岩的单轴抗压强度。相应的最大允许剪切位移为

$$y_{0\max 2} = \frac{\gamma\sigma_c}{k} \tag{4.4.52}$$

实际允许的最大剪切位移为两者中的小值，即 $y_{0\max} = \min\{y_{0\max 1}, y_{0\max 2}\}$。

当截面发生剪切位移 $y_{0\max}$ 时，对应的剪力为

$$Q_{\max} = -2EI\beta_t^3 y_{0\max} \tag{4.4.53}$$

则锚索屈服（塑性铰形成，第三阶段）时，锚固边坡滑面所能提供的抗剪力可按式（4.4.54）计算：

$$\begin{cases} T_z = T_h + T_y + R_z \\ T_h = N_n \cdot f_H + S_H \cdot c_H \\ T_y = N_y \cdot f_H \\ R_z = Q_{\max} \end{cases} \tag{4.4.54}$$

式中：T_z 为总阻滑力；T_h 为滑面抗剪力；T_y 为预应力所产生的抗剪力；R_z 为锚索在塑性铰形成时提供的抗剪力增量；f_H 为滑面的摩擦系数；c_H 为滑面的黏聚力；S_H 为剪切面面积；N_n 为锚索轴力垂直滑面的分量；N_y 为锚索轴力平行滑面的分量。

试验成果与理论模型计算结果的对比情况如表 4.4.2 所示。

表 4.4.2　试验成果与理论模型计算结果的对比

项目	法向力作用提供的抗剪力 $T_h + T_y$		锚索在塑性铰形成时提供的抗剪力增量 R_z	抗剪力 $T_h + T_y + R_z$
试验成果/kN	72.8		75.9	148.7
理论模型计算结果 /kN	75.4		72.1	147.5
	52.6（T_h）	22.8（T_y）		
误差/%	3.6		−5.2	−0.8

从对比结果可以看出，试验中锚索产生的抗剪力为 94.9 kN，比单纯考虑预应力增加了 3 倍多，即使按实际应用中的预应力上限 150 kN 考虑，锚索抗剪力也被低估了近一半。

参 考 文 献

蔡毅, 2018. 岩体结构面粗糙度评价与峰值抗剪强度估算方法研究[D]. 武汉: 中国地质大学(武汉).

曹平, 宁果果, 范祥, 等, 2013. 不同温度的水岩作用对岩石节理表面形貌特征的影响[J]. 中南大学学报(自然科学版), 44(4): 1510-1516.

崔凯, 吴国鹏, 王秀丽, 等, 2015. 不同水岩作用下板岩物理力学性质劣化实验研究[J]. 工程地质学报, 23(6): 1045-1052.

崔凯, 顾鑫, 吴国鹏, 等, 2021. 不同条件下贺兰口岩画载体变质砂岩干湿损伤特征与机制研究[J]. 岩石力学与工程学报, 40(6): 1236-1247.

常乐, 2023. 酸性环境和干湿循环下砂岩的强度和蠕变特性研究[D]. 青岛: 青岛科技大学.

邓华锋, 胡安龙, 李建林, 等, 2017. 水岩作用下砂岩劣化损伤统计本构模型[J]. 岩土力学, 38(3): 631-639.

邓华锋, 支永艳, 段玲玲, 等, 2019. 水-岩作用下砂岩力学特性及微细观结构损伤演化[J]. 岩土力学, 40(9): 3447-3456.

邓华锋, 王文东, 李建林, 等, 2023. 水-岩和重复剪切次序作用下节理岩体损伤效应及模型[J]. 岩土工程学报, 45(3): 503-511.

董武书, 2022. 干湿循环及化学溶蚀作用下灰岩的劣化机理研究[D]. 昆明: 昆明理工大学.

樊德东, 仇意, 常乐, 2021. 三轴压缩与干湿循环作用下灰岩的力学试验研究[J]. 湖南文理学院学报(自然科学版), 33(3): 69-75.

方景成, 2022. 水-岩作用下单节理岩体渗流及剪切特性演化规律研究[D]. 宜昌: 三峡大学.

傅晏, 2011. 干湿循环水岩相互作用下岩石劣化机理研究[D]. 重庆: 重庆大学.

傅晏, 袁文, 刘新荣, 等, 2018. 酸性干湿循环作用下砂岩强度参数劣化规律[J]. 岩土力学, 39(9): 3331-3339.

高学成, 2021. 水-岩作用下三峡库区巫峡段灰岩损伤演化规律研究[D]. 重庆: 重庆大学.

郭义, 2014. 香溪河岸坡粉砂岩干湿循环损伤机理试验研究[D]. 武汉: 中国地质大学(武汉).

郭慧敏, 2020. 饱水-风干循环作用下砂岩力学性质劣化规律[J]. 长江科学院院报, 37(1): 90-94.

胡盛明, 胡修文, 2011. 基于量化的GSI系统和Hoek-Brown准则的岩体力学参数的估计[J]. 岩土力学, 32(3): 861-866.

胡鑫, 孙强, 晏长根, 等, 2023. 陕北烧变岩水-岩作用的劣化特性[J]. 煤田地质与勘探, 51(4): 76-84.

蒋浩鹏, 姜谱男, 杨秀荣, 2021. 基于Weibull分布的高温岩石统计损伤本构模型及其验证[J]. 岩土力学, 42(7): 1894-1902.

李洁, 王乐华, 陈招军, 等, 2017. 长期浸泡与干湿循环作用下砂岩损伤特性研究[J]. 水电能源科学, 35(3): 123-126.

李达朗, 2021. 干湿循环条件下红层砂岩物理力学特性研究[D]. 贵阳: 贵州大学.

廖逸夫, 2021. 灰岩酸性环境干湿循环作用下劣化效应研究[D]. 桂林: 桂林理工大学.

刘才华, 李育宗, 2018. 考虑横向抗剪效应的节理岩体全长黏结型锚杆锚固机制研究及进展[J]. 岩石力学与工程学报, 37(8): 1856-1872.

吕倩文, 2020. 化学溶液及干湿循环条件下玄武岩损伤效应研究[D]. 昆明: 昆明理工大学.

罗小勇, 2023. 酸性干湿循环作用下灰岩的损伤特性研究[D]. 重庆: 重庆三峡学院.

齐豫, 2022. 水-岩作用下节理岩体剪切力学特性劣化效应及机理[D]. 宜昌: 三峡大学.

苏永华, 封立志, 李志勇, 等, 2009. Hoek-Brown准则中确定地质强度指标因素的量化[J]. 岩石力学与工程学报, 28(4): 679-686.

唐志成, 夏才初, 肖素光, 2011. 节理剪切应力–位移本构模型及剪胀现象分析[J]. 岩石力学与工程学报, 30(5): 917-925.

王乐华, 李建荣, 李建林, 等, 2013. RMR 法评价体系的修正及工程应用[J]. 岩石力学与工程学报, 32(S2): 3309-3316.

王维, 顾峰, 何刘, 等, 2022. 水岩循环作用下变质砂岩力学参数劣化试验研究[J]. 水资源与水工程学报, 33(2): 179-185.

王鹏鹏, 2022. 酸性干湿循环作用下岩溶区灰岩溶蚀特性及三轴试验研究[D]. 桂林: 桂林理工大学.

吴杰, 2019. 干湿循环作用下兰坪铅锌矿砂岩力学参数劣化研究[D]. 昆明: 昆明理工大学.

晏鄂川, 唐辉明, 2002. 工程岩体稳定性评价与利用[M]. 武汉: 中国地质大学出版社.

曾建斌, 2020. 酸性干湿循环作用灰岩腐蚀过程及强度劣化特性试验研究[D]. 桂林: 桂林理工大学.

张亮, 2022. 干湿循环下节理砂岩力学特性损伤效应及本构模型研究[D]. 重庆: 重庆大学.

张景科, 刘盾, 马雨君, 等, 2022. 弱胶结砂岩水岩作用机制: 以庆阳北石窟为例[J]. 东北大学学报 (自然科学版), 43(7): 1019-1032, 1064.

赵婷, 2019. 基于干湿循环作用下的某花岗岩高边坡稳定性研究[D]. 昆明: 昆明理工大学.

郑罗斌, 2022. 水致劣化作用下锚固节理剪切力学模型及边坡稳定性研究[D]. 武汉: 中国地质大学 (武汉).

周辉, 宋明, 张传庆, 等, 2022. 三轴应力下水对泥质砂岩力学特性影响的试验研究[J]. 岩土力学, 43(9): 2391-2398.

周念清, 杨楠, 汤亚琦, 等, 2013. 基于 Hoek-Brown 准则确定核电工程场地岩体力学参数[J]. 吉林大学学报(地球科学版), 43(5): 1517-1522, 1532.

AN W B, WANG L G, CHEN H, 2020. Mechanical properties of weathered feldspar sandstone after experiencing dry-wet cycles[J]. Advances in materials science and engineering, 2020: 6268945.

BARTON N, 1973. Review of a new shear-strength criterion for rock joints[J]. Engineering geology, 7: 287-332.

BARTON N, CHOUBEY V, 1977. The shear strength of rock joints in theory and practice[J]. Rock mechanics, 10(1): 1-54.

BARTON N, BANDIS S, BAKHTAR K, 1985. Strength, deformation and conductivity coupling of rock joints[J]. International journal of rock mechanics and mining sciences & geomechanics abstracts, 22(3): 121-140.

CAI X, ZHOU Z L, TAN L H, et al., 2020. Fracture behavior and damage mechanisms of sandstone subjected to wetting -drying cycles[J]. Engineering fracture mechanics, 234: 107109.

CHEN X X, HE P, QIN Z, 2018. Damage to the microstructure and strength of altered granite under wet-dry cycles[J]. Symmetry, 10(12): 10120716.

CHEN Y, WEN G, HU J, 2020. Analysis of deformation characteristics of fully grouted rock bolts under pull-and-shear loading[J]. Rock mechanics and rock engineering, 53: 2981-2993.

FANG J C, DENG H F, QI Y, et al., 2019. Analysis of changes in the micromorphology of sandstone joint surface under dry-wet cycling[J]. Advances in materials science and engineering, 2019: 8758203.

HOEK E, BEOWN E T, 1980. Underground excavations in rock[M]. Herford: Austin &Sons Ltd.

HUANG S Y, WANG J J, QIU Z F, et al., 2018. Effects of cyclic wetting-drying conditions on elastic modulus and compressive strength of sandstone and mudstone[J]. Processes, 6(12): 6120234.

HUANG S B, HE Y B, LIU X W, et al., 2021. Experimental investigation of the influence of dry-wet, freeze-thaw and water immersion treatments on the mechanical strength of the clay-bearing green sandstone[J]. International journal of rock mechanics and mining sciences, 138: 104613.

HUANG Z, ZHANG W, ZHANG H, et al., 2022. Damage characteristics and new constitutive model of sandstone under wet-dry cycles[J]. Journal of mountain science, 19(7): 2111-2125.

JALALIFAR H, AZIZ N, HADI M, 2006. The effect of surface profile, rock strength and pretension load on bending behaviour of fully grouted bolts[J]. Geotechnical and geological engineering, 24(5): 1203-1227.

LI X S, PENG K, PENG J, et al., 2021. Experimental investigation of cyclic wetting-drying effect on mechanical behavior of a medium-grained sandstone[J]. Engineering geology, 293: 106335.

LIU X R, JIN M H, LI D L, et al., 2018. Strength deterioration of a shaly sandstone under dry-wet cycles: A case study from the Three Gorges Reservoir in China[J]. Bulletin of engineering geology and the environment, 77(4): 1607-1621.

MA S Q, ZHAO Z Y, SHANG J L, 2019. An analytical model for shear behaviour of bolted rock joints [J]. International journal of rock mechanics and mining sciences, 121: 104019.

MA D H, YAO H Y, XIONG J, et al., 2022. Experimental study on the deterioration mechanism of sandstone under the condition of wet-dry cycles[J]. KSCE journal of civil engineering, 26(6): 2685-2694.

PELLET F, EGGER P, 1996. Analytical model for the mechanical behaviour of bolted rock joints subjected to shearing[J]. Rock, mechanics and rock engineering, 29(2): 73-97.

TANG C Z, ZHANG Z Q, ZHANG Y, 2021. Cyclic drying-wetting effect on shear behaviors of red sandstone fracture[J]. Rock mechanics and rock engineering, 54(5): 2595-2613.

WANG Z J, LIU X R, 2023. Effects of rock mass deterioration induced by wetting-drying cycles on slope stability of reservoir banks[C]//2nd International Civil Engineering and Architecture Conference. Singapore: Springer Nature Singapore: 221-240.

WOO I, FLEURISSON J A, PARK H J, 2010. Influence of weathering on shear strength of joints in a porphyritic granite rock mass in Jechon area, South Korea[J]. Geosciences journal, 14(3): 289-299.

XU J B, SUN H H, CUI Y L, et al., 2021. Study on dynamic characteristics of diorite under dry-wet cycle[J]. Rock mechanics and rock engineering, 54(12): 6339-6349.

YANG X, WANG J, HOU D, et al., 2018. Effect of dry-wet cycling on the mechanical properties of rocks: A laboratory-scale experimental study[J]. Processes, 6(10): 6100199.

YAO W M, LI C D, ZHAN H B, et al., 2020. Multiscale study of physical and mechanical properties of sandstone in Three Gorges Reservoir region subjected to cyclic wetting-drying of Yangtze River water[J]. Rock mechanics and rock engineering, 53(5): 2215-2231.

ZHANG Z H, XUE J J, YAO H Y, 2012. Experimental study on the strength difference of two types of sandstones with different composition of minerals under the conditions of dry and wet cycles[J]. Advanced materials research, 374: 2217-2220.

ZHANG Z H, JIANG Q H, ZHOU C B, et al., 2014. Strength and failure characteristics of jurassic red-bed sandstone under cyclic wetting-drying conditions[J]. Geophysical journal international, 198(2): 1034-1044.

ZHANG Z H, CHEN X C, YAO H Y, et al., 2021. Experimental investigation on tensile strength of Jurassic Red-Bed sandstone under the conditions of water pressures and wet-dry cycles[J]. KSCE journal of civil engineering, 25(7): 2713-2724.

ZHOU Z, CAI X, CHEN L, et al., 2017. Influence of cyclic wetting and drying on physical and dynamic compressive properties of sandstone[J]. Engineering geology, 220: 1-12.

第5章

岩体-锚固结构应力演变分析方法

目前锚固结构在边坡工程和地下洞室工程中得到了广泛应用。不同锚固类型的应力分布规律不同，按黏结特点可将锚固结构分为无黏结锚和全黏结锚；按照受荷特点可将锚固结构分为拉力集中（或分散）型预应力锚、压力集中（或分散）型预应力锚和非预应力锚等。本章无法做到覆盖全部锚固结构类型，这里主要针对无黏结拉力集中型预应力锚、无黏结压力集中型预应力锚和全长黏结非预应力锚三种锚固结构的应力分析方法开展了研究。

5.1　无黏结拉力集中型预应力锚应力空间分布

岩土体中的锚筋（包含锚索、锚杆）在外荷载张拉作用下，形成了以锚杆（索）为中心的"锚杆（索）—胶结物—围岩"系统，同时形成了"锚杆（索）—胶结物"和"胶结物—围岩"两个接触带。边坡工程与地下洞室工程中的无黏结拉力集中型预应力锚的荷载传递机制和应力分布类似，因此，相关理论方法适用于边坡工程和地下洞室工程。

5.1.1　无黏结拉力集中型预应力锚荷载传递机制

无黏结拉力集中型预应力锚一般采用水泥砂浆或纯水泥浆将索体内锚固段黏结在稳定基岩或结构上。张拉时荷载依靠内锚段索体与注浆体之间的剪应力向内锚段深处传递。工作时，内锚段前端会产生拉应力集中现象，并向锚孔深处迅速衰减。

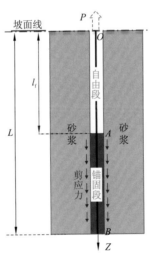

图 5.1.1　无黏结拉力集中型预应力锚受力概化模型

P 为锚杆（索）轴截面上的轴力

如图 5.1.1 所示，以锚杆（索）为研究对象，设锚固系统中自由段长度为 l_f，总长度为 l。基于连续介质力学的小变形和物质连续假设，对于任一时刻下的锚固系统，取微元体进行分析时，为了分析方便还需要进行如下假设：①在施工中，过长的锚孔可能会由于重力作用不是绝对平直，会出现孔道些微弯曲的现象，此时锚杆（索）拉力不在轴线方向，甚至出现弯曲现象，因此需要假设锚杆（索）所受荷载与轴线一致，不产生偏心弯矩；②由于锚杆（索）自由段可简化为一维拉伸杆件，其截面上为均布正应力，因此假设锚杆（索）自由段只受到轴向拉力作用，而锚固段在黏结界面还存在轴向剪切抗力；③假设锚杆（索）、黏结介质、围岩基体材料性质均匀，变形参数各向同性，且锚杆（索）可视为线弹性体，不考虑其在材料极限荷载下发生的塑性变形。

如图 5.1.2 所示，在几何关系上，由于锚杆原点不动而外锚头向 Z 轴负向移动，因此应变-位移关系带有负号；同理，若是锚杆压缩而外锚头向 Z 轴正向运动则不带负号。根据分析可知，无论锚杆是压缩还是伸长，只要其运动方向是向 Z 轴负向，则必然有带负号的应变-位移关系。

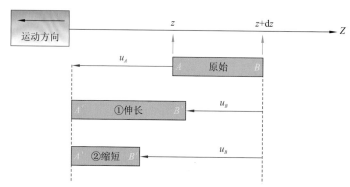

图 5.1.2　微元体运动分析

u_A 和 u_B 分别为 A、B 点的位移；z 为 A 点坐标；$z+\mathrm{d}z$ 为 B 点坐标

微段 AB（长度为 $\mathrm{d}z$）受力变形并发生位移后，其应变为

$$\varepsilon = \frac{\left| A'B' \right| - \left| AB \right|}{\left| AB \right|} \tag{5.1.1}$$

上述过程满足如下几何关系：

$$\left| A'B' \right| - \left| AB \right| = u_A - u_B \tag{5.1.2}$$

则一元位移函数 $u(z)$ 在 B 处的位移可由微分形式表示：

$$u_A - u_B = -u'(z)\mathrm{d}z \tag{5.1.3}$$

因此，应变表达式最终为

$$\varepsilon = \frac{-u'(z)\mathrm{d}z}{\mathrm{d}z} = -u'(z) \tag{5.1.4}$$

也就是说，任意一点的应变与位移的一阶导数负相关：

$$\varepsilon = -\frac{\mathrm{d}u}{\mathrm{d}z} = -u' \tag{5.1.5}$$

式中：ε 为应变。

锚杆微元体满足一维杆件模型假设，因此其横截面上具有 $\sigma = E\varepsilon$ 的应力应变关系，代入式（5.1.5）可得

$$\sigma = -E_s u' \tag{5.1.6}$$

式中：E_s 为锚杆的弹性模量；σ 为锚杆杆体的应力。

如图 5.1.3 所示，对于半径为 r_s 且长度为 dz 的锚筋微元体，当其受力平衡（或极其缓慢地拔出）时，对 Z 轴上 $[l_f, L]$ 范围内的锚筋开展受力分析可得

$$P = 2\pi r_s \tau \mathrm{d}z + (P + \mathrm{d}P) \tag{5.1.7}$$

于是有一阶荷载传递方程：

$$\frac{\mathrm{d}P}{\mathrm{d}z} + 2\pi r_s \cdot \tau = 0 \tag{5.1.8}$$

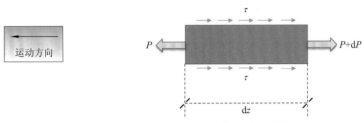

图 5.1.3　微元体荷载传递分析

P 为锚筋轴截面上的轴力；τ 为锚筋-砂浆界面的剪应力

将式（5.1.5）和式（5.1.6）代入式（5.1.8）中可得微元体的二阶微分荷载传递方程：

$$\frac{\mathrm{d}^2 u}{\mathrm{d}z^2} - \frac{C_s}{E_s A_s} \tau = 0 \tag{5.1.9}$$

式中：A_s 和 C_s 分别为锚筋截面的面积与周长。

预应力锚杆（索）是边坡工程中最常见的支护手段，揭示其预应力时程变化规律对开展加固边坡的长期稳定性研究具有重要意义，因此出现了大量工程应用性极强的边坡-锚固体系应力计算模型，如开尔文模型、明德林问题及剪切滞后模型等。其中，剪切滞后模型以其较好的实用性及可靠性得到了越来越多学者的青睐。

由图 5.1.4 可知研究对象的受力状态关于 Z 轴对称，因此，取出隔离体时只分析一侧即可。取出隔离体的方式共有五种，它们的形式是一样的，这里只详述其中一种，其他的依此类推即可。

沿着砂浆内部任意一点 r 取出隔离体，剪切应力表示为 τ。必须指出的是，这里的剪切力的方向按道理应该是与 Z 轴相反的。根据图 5.1.5 所示取出的隔离体中微元体的力学平衡有

$$N_f + \mathrm{d}N_f + 2\pi r \tau \mathrm{d}z = N_f \tag{5.1.10}$$

式中：N_f 为杆体正截面上的法向荷载。

于是有荷载传递方程：

$$\frac{\mathrm{d}N_f}{\mathrm{d}z} + 2\pi r \tau = 0 \tag{5.1.11}$$

类似地，对于砂浆-岩体界面、岩体影响区-岩体未影响区也有

$$\frac{\mathrm{d}N_f}{\mathrm{d}z} + 2\pi r_i \tau_i = 0 \tag{5.1.12}$$

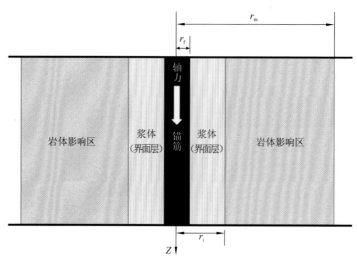

图 5.1.4　剪切滞后模型微元体荷载传递分析

r_f、r_i 和 r_m 分别为锚杆-砂浆界面、砂浆-岩体影响区界面、岩体影响区-岩体未影响区界面的径向坐标

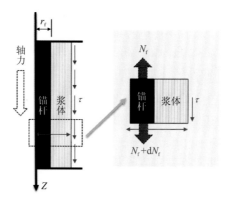

图 5.1.5　剪切滞后模型隔离体中微元体的受力分析

$$\frac{\mathrm{d}N_f}{\mathrm{d}z} + 2\pi r_m \tau_m = 0 \tag{5.1.13}$$

如此可得以下荷载传递方程：

$$\tau_f r_f = \tau_i r_i = \tau_m r_m = \tau r \tag{5.1.14}$$

式中：r_f、r_i 和 r_m 分别为锚杆-砂浆界面、砂浆-岩体影响区界面、岩体影响区-岩体未影响区界面的径向坐标；τ_f、τ_i 和 τ_m 分别为锚杆-砂浆界面、砂浆-岩体影响区界面、岩体影响区-岩体未影响区界面的剪应力；τ 和 r 分别表示非界面应力和非界面位置处的坐标。

如图 5.1.6 所示，剪应变为负值，有如下剪切关系：

$$\tau = \frac{\mathrm{d}w}{\mathrm{d}r} G_i, \quad r_f \leqslant r \leqslant r_i \tag{5.1.15}$$

即

$$\frac{\tau}{G_i} = \frac{dw}{dr}, \quad r_f \leqslant r \leqslant r_i \tag{5.1.16}$$

式中：w 为剪切滞后模型的剪切位移；G_i 为剪切滞后模型的剪切模量。

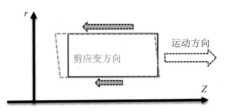

图 5.1.6　剪切滞后模型隔离体的位移分析

由荷载传递方程 $\tau_i r_i = \tau r$ 得 $\tau = \dfrac{\tau_i r_i}{r}$，将其代入式（5.1.16）有

$$\frac{\tau_i r_i}{G_i r} = \frac{dw}{dr}, \quad r_f \leqslant r \leqslant r_i \tag{5.1.17}$$

对式（5.1.17）求解有

$$w = \frac{\tau_i r_i}{G_i} \ln r + C, \quad r_f \leqslant r \leqslant r_i \tag{5.1.18}$$

式中：C 为积分常数。

根据 Tsai（1990）给出的固定边界有

$$\begin{cases} r = r_f, & w = w_1 \\ r = r_i, & w = w_2 \end{cases} \tag{5.1.19}$$

式中：w_1 为锚杆-砂浆界面的剪应力；w_2 为砂浆-岩体影响区界面的剪应力。

整理可得 τ_i 和位移的关系：

$$\tau_i = \frac{(w_1 - w_2)G_i}{r_i \ln \dfrac{r_f}{r_i}} \tag{5.1.20}$$

同理，可得 τ_m 和位移的关系：

$$\tau_m = -\frac{G_m}{r_m \ln \dfrac{r_m}{r_i}} \cdot w_2 \tag{5.1.21}$$

式中：G_m 为岩石的剪切模量。

由于纤维运动方向和 Z 轴正向相同，根据轴力应变关系：

$$N_f = E_f \pi r_f^2 \varepsilon_f = E_f \pi r_f^2 \frac{dw_1}{dz} \tag{5.1.22}$$

式中：E_f 为钢筋的弹性模量；ε_f 为其轴向应变。

将式（5.1.20）～式（5.1.22）代入式（5.1.12）、式（5.1.13）中有

$$\frac{\mathrm{d}^2 w_1}{\mathrm{d}z^2} - \alpha^2 w_1 = 0, \quad \alpha^2 = \frac{2G_i G_m / (E_f r_f^2)}{G_m \ln \dfrac{r_i}{r_f} + G_i \ln \dfrac{r_m}{r_i}} \tag{5.1.23}$$

剪切滞后模型中的 w_1 即锚杆位移 u，则式（5.1.23）可以改写为

$$\frac{\mathrm{d}^2 u}{\mathrm{d}z^2} - \alpha^2 u = 0 \tag{5.1.24}$$

由此可见，系数 α 是静态的，无法反映锚杆的动态变化。当锚杆运动方向和 z 轴同向时，最终推导得到的二阶微分方程具有相同的形式，根据常微分方程理论可得

$$u = A\mathrm{e}^{\alpha z} + B\mathrm{e}^{-\alpha z} \tag{5.1.25}$$

其中，A 和 B 都是积分常数，且其定义域为包含锚固段起点和终点的闭区间 $[l_f, L]$。

其中，边界条件如下：

$$\begin{cases} \sigma = \dfrac{P_0}{A_s}, & z = l_f \\ u = 0, & z = L \end{cases} \tag{5.1.26}$$

式中：P_0 为锚固外端点的荷载；A_s 为杆体截面积。

于是 A 和 B 的值为

$$\begin{cases} A = -\dfrac{P_0}{\alpha E_s A_s} \cdot \dfrac{\mathrm{e}^{\alpha l_f}}{\mathrm{e}^{2\alpha l_f} + \mathrm{e}^{2\alpha L}} \\ B = \dfrac{P_0}{\alpha E_s A_s} \cdot \dfrac{1}{\dfrac{\mathrm{e}^{\alpha l_f}}{\mathrm{e}^{2\alpha L}} + \dfrac{1}{\mathrm{e}^{\alpha l_f}}} \end{cases} \tag{5.1.27}$$

因此，

$$u(z) = \frac{P_0}{\alpha E_s A_s} \cdot \frac{\mathrm{e}^{\alpha l_f}}{\mathrm{e}^{2\alpha l_f} + \mathrm{e}^{2\alpha L}} \left(\frac{\mathrm{e}^{2\alpha L}}{\mathrm{e}^{\alpha z}} - \mathrm{e}^{\alpha z} \right) \tag{5.1.28}$$

根据式（5.1.6）和式（5.1.9）可知，位移的一阶导函数为轴力的分布函数，位移的二阶导函数为剪应力的分布函数，因此有

$$\sigma(z) = \frac{P_0}{A_s} \cdot \frac{\mathrm{e}^{\alpha l_f}}{\mathrm{e}^{2\alpha l_f} + \mathrm{e}^{2\alpha L}} \left(\frac{\mathrm{e}^{2\alpha L}}{\mathrm{e}^{\alpha z}} + \mathrm{e}^{\alpha z} \right) \tag{5.1.29}$$

$$\tau_i(z) = \frac{\alpha P_0}{C_s} \cdot \frac{\mathrm{e}^{\alpha l_f}}{\mathrm{e}^{2\alpha l_f} + \mathrm{e}^{2\alpha L}} \left(\frac{\mathrm{e}^{2\alpha L}}{\mathrm{e}^{\alpha z}} - \mathrm{e}^{\alpha z} \right) \tag{5.1.30}$$

式中：C_s 为锚杆正截面的周长。

可见 $\tau_i(z)$ 函数是一条单调递减的曲线，在锚固段起点具有最大值，在锚固段终点的值为 0。

必须指出的是，轴应力分布函数的在 $z = l_f$ 的锚固段起始段的边界条件应该满足此点的轴力等于 P_0，则可以得到如下结果：

$$\begin{cases} u(z) = \dfrac{P_0}{\mathrm{ch}\,\alpha(l-l_\mathrm{f})} \cdot \dfrac{\mathrm{sh}[\alpha(l-z)]}{\alpha E_\mathrm{s} A_\mathrm{s}}, & z \in [l_\mathrm{f},l], u\big|_{z=l_\mathrm{f}} = 0 \\[3mm] P(z) = \dfrac{P_0}{\mathrm{ch}\,\alpha(l-l_\mathrm{f})} \cdot \mathrm{ch}[\alpha(l-z)], & z \in (l_\mathrm{f},l), P\big|_{z=l_\mathrm{f}} = P_0 \quad (5.1.31) \\[3mm] \tau_\mathrm{i}(z) = \dfrac{P_0}{\mathrm{ch}\,\alpha(l-l_\mathrm{f})} \cdot \dfrac{\alpha\,\mathrm{sh}[\alpha(l-z)]}{C_\mathrm{s}}, & z \in (l_\mathrm{f},l) \end{cases}$$

式中：$u(z)$ 为坐标 z 处的位移；$P(z)$ 为坐标 z 处的锚筋轴力。

分析式（5.1.31），可以得知，锚筋位移、轴力和锚筋-砂浆界面与最终状态的拉力 P_0、锚固区间 $[l_\mathrm{f},L]$ 有关，当然区间也是和拉力相关的。因此，对不同的状态进行分析时，这几个参数应分别讨论。特别地，对于自由段和锚固段的交点而言，有

$$u\big|_{z=l_\mathrm{f}} = \frac{P_0}{\alpha A_\mathrm{s} E_\mathrm{s}} \cdot \mathrm{th}\,\alpha(l-l_\mathrm{f}) \qquad (5.1.32)$$

$$\sigma\big|_{z=l_\mathrm{f}} = \frac{P_0}{A_\mathrm{s}} \qquad (5.1.33)$$

$$\tau_\mathrm{i}\big|_{z=l_\mathrm{f}} = \frac{\alpha P_0}{C_\mathrm{s}} \cdot \mathrm{th}\,\alpha(l-l_\mathrm{f}) \qquad (5.1.34)$$

式中：E_s 为锚筋材料弹性模量；u 为杆体位移；σ 为杆体轴应力；τ_i 为剪切力。

5.1.2　考虑坡表形变的锚固结构应力分布理论解

如图 5.1.7 所示，锚杆（索）在 $T = t_1^\mathrm{c}$ 时刻完成"张拉协调"，可以解出 l_f^0、$l_\mathrm{f}^{\mathrm{c}1}$ 和 P_1^c。随后，锚杆（索）先经过"坡表形变"在 $T = t_2^\mathrm{g}$ 时刻达到平衡状态，接着再经过"脱黏协调"于 $T = t_3^\mathrm{d}$ 时刻达到平衡状态，此时待求的自由段长度和轴力分别为 $l_\mathrm{f}^{\mathrm{d}3}$ 和 P_3^d。为分析方便，同样假设脱黏后锚杆（索）在 $T = t_\mathrm{i}^\mathrm{d}$ 时刻为不受荷的"脱黏自然状态"。

锚杆（索）在 $T = t_2^\mathrm{g}$ 时刻发生界面脱黏，锚固体外端将出现长度为 d 的脱黏段，并且在 $T = t_3^\mathrm{d}$ 时刻达到脱黏后协调稳定状态，此时锚固体的位移分布函数变为

$$u_\mathrm{s}^{\mathrm{d}3}(z) = \frac{l_\mathrm{f}^{\mathrm{d}3} - l_\mathrm{f}^\mathrm{d}}{\mathrm{ch}\,\alpha(l-l_\mathrm{f}^{\mathrm{d}3}) \times l_\mathrm{f}^\mathrm{d}} \cdot \frac{\mathrm{sh}\,\alpha(l-z)}{\alpha} \qquad (5.1.35)$$

如图 5.1.8 所示，在 $T = t_3^\mathrm{d}$ 时刻，锚固段和自由段长度之和依然为锚孔的设计长度 l，因此有如下关系。

几何关系：

$$\left|\overrightarrow{BO_1}\right| = \left|\overrightarrow{BA}\right| + \left|\overrightarrow{AA_3}\right| + \left|\overrightarrow{A_3O_1}\right| \Rightarrow l + \Delta U = l_\mathrm{a}^\mathrm{d} + u_\mathrm{s}^{\mathrm{d}3}\big|_{A_3} + l_\mathrm{f}^{\mathrm{d}3} \qquad (5.1.36\mathrm{a})$$

应变关系：

$$\varepsilon_\mathrm{f}^{\mathrm{d}3} = \frac{\left|\overrightarrow{A_3O_1}\right| - \left|\overrightarrow{A_\mathrm{d}O_\mathrm{d}}\right|}{\left|\overrightarrow{A_\mathrm{d}O_\mathrm{d}}\right|} = \frac{l_\mathrm{f}^{\mathrm{d}3} - l_\mathrm{f}^\mathrm{d}}{l_\mathrm{f}^\mathrm{d}} \quad 或 \quad l_\mathrm{f}^{\mathrm{d}3} = (\varepsilon_\mathrm{f}^{\mathrm{d}3} + 1)l_\mathrm{f}^\mathrm{d} \qquad (5.1.36\mathrm{b})$$

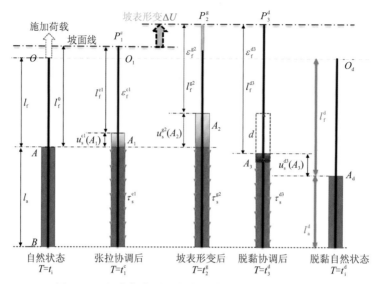

图 5.1.7　拉力集中型预应力锚剪力-位移分析示意图

P 为锚杆轴力荷载；l 为锚杆自由段长度；ε 为应变；u 为位移；t 为时间；d 为脱黏段长度。上标 c 表示 couple，耦合状态；g 表示 ground，地表变形状态；d 表示 decouple，非耦合状态；0 表示 $t=0$ 时刻、1、2、3 分别表示不同阶段。下标 f 表示 free，自由段；a 表示 anchorage，锚固段；s 表示 steel，钢筋

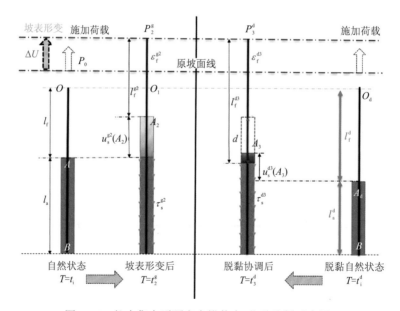

图 5.1.8　拉力集中型预应力锚剪力-位移分析示意图

轴力-应变关系：

$$\varepsilon_{\mathrm{f}}^{\mathrm{d}3} = \frac{P_3^{\mathrm{d}}}{A_{\mathrm{s}} E_{\mathrm{s}}} \tag{5.1.36c}$$

于是根据式（5.1.36b）和式（5.1.36c）有

$$\varepsilon_{\mathrm{f}}^{\mathrm{d3}} = \begin{cases} \dfrac{l_{\mathrm{f}}^{\mathrm{d3}} - l_{\mathrm{f}}^{\mathrm{d}}}{l_{\mathrm{f}}^{\mathrm{d}}} \\ \dfrac{P_3^{\mathrm{d}}}{A_{\mathrm{s}} E_{\mathrm{s}}} \end{cases} \Rightarrow P_3^{\mathrm{d}} = \dfrac{l_{\mathrm{f}}^{\mathrm{d3}} - l_{\mathrm{f}}^{\mathrm{d}}}{l_{\mathrm{f}}^{\mathrm{d}}} \cdot A_{\mathrm{s}} E_{\mathrm{s}} \tag{5.1.37}$$

将式（5.1.37）代入位移表达式，则式（5.1.36a）变为

$$l + \Delta U = l_{\mathrm{a}}^{\mathrm{d}} + \frac{l_{\mathrm{f}}^{\mathrm{d3}} - l_{\mathrm{f}}^{\mathrm{d}}}{\operatorname{ch}\alpha(l - l_{\mathrm{f}}^{\mathrm{d3}}) \times l_{\mathrm{f}}^{\mathrm{d}}} \cdot \frac{\operatorname{sh}\alpha(l - l_{\mathrm{f}}^{\mathrm{d3}})}{\alpha} + l_{\mathrm{f}}^{\mathrm{d3}} \tag{5.1.38}$$

于是，在 $T = t_3^{\mathrm{d}}$ 时刻，A_3 点的剪切力满足：

$$\begin{aligned} \tau_{\mathrm{i}}^{\mathrm{d3}}\Big|_{A_3} = \tau_{\mathrm{u}} &= \frac{\alpha P_3^{\mathrm{d}}}{C_{\mathrm{s}}} \cdot \operatorname{th}\alpha(l - l_{\mathrm{f}}^{\mathrm{d3}}) \\ &= \frac{\alpha A_{\mathrm{s}} E_{\mathrm{s}}}{C_{\mathrm{s}}} \cdot \frac{l_{\mathrm{f}}^{\mathrm{d3}} - l_{\mathrm{f}}^{\mathrm{d}}}{l_{\mathrm{f}}^{\mathrm{d}}} \cdot \operatorname{th}\alpha(l - l_{\mathrm{f}}^{\mathrm{d3}}) \end{aligned} \tag{5.1.39}$$

式中：τ_{u} 为极限剪切强度。

又由于锚杆自然状态下的总长度并不会受到锚固界面脱黏的影响而缩短，因此有

$$l_{\mathrm{f}} + l_{\mathrm{a}} = l_{\mathrm{f}}^{\mathrm{d}} + l_{\mathrm{a}}^{\mathrm{d}} \Rightarrow l_{\mathrm{a}}^{\mathrm{d}} = l_{\mathrm{f}} + l_{\mathrm{a}} - l_{\mathrm{f}}^{\mathrm{d}} \tag{5.1.40}$$

这里 $l_{\mathrm{f}} = l_{\mathrm{f}}^{0} / (P_0 / AE + 1)$，$l_{\mathrm{a}} = 1 - l_{\mathrm{f}}$，于是有

$$\begin{cases} l + \Delta U = (l_{\mathrm{f}} + l_{\mathrm{a}} - l_{\mathrm{f}}^{\mathrm{d}}) + \dfrac{l_{\mathrm{f}}^{\mathrm{d3}} - l_{\mathrm{f}}^{\mathrm{d}}}{l_{\mathrm{f}}^{\mathrm{d}}} \cdot \dfrac{\operatorname{th}\alpha(l - l_{\mathrm{f}}^{\mathrm{d3}})}{\alpha} + l_{\mathrm{f}}^{\mathrm{d3}} \\ \tau_{\mathrm{u}} = \dfrac{\alpha A_{\mathrm{s}} E_{\mathrm{s}}}{C_{\mathrm{s}}} \cdot \dfrac{l_{\mathrm{f}}^{\mathrm{d3}} - l_{\mathrm{f}}^{\mathrm{d}}}{l_{\mathrm{f}}^{\mathrm{d}}} \cdot \operatorname{th}\alpha(l - l_{\mathrm{f}}^{\mathrm{d3}}) \end{cases} \tag{5.1.41}$$

联立式（5.1.41）中两式可得

$$\begin{aligned} l + \Delta U &= l_{\mathrm{f}} + l_{\mathrm{a}} - l_{\mathrm{f}}^{\mathrm{d}} + \frac{\tau_{\mathrm{u}} \cdot C_{\mathrm{s}}}{\alpha^2 A_{\mathrm{s}} E_{\mathrm{s}}} + l_{\mathrm{f}}^{\mathrm{d3}} \\ &\Rightarrow l_{\mathrm{f}}^{\mathrm{d}} = l_{\mathrm{f}} + l_{\mathrm{a}} - l - \Delta U + \frac{\tau_{\mathrm{u}} \cdot C_{\mathrm{s}}}{\alpha^2 A_{\mathrm{s}} E_{\mathrm{s}}} + l_{\mathrm{f}}^{\mathrm{d3}} \end{aligned} \tag{5.1.42}$$

将式（5.1.42）回代到式（5.1.41）的第二式得

$$\tau_{\mathrm{u}} = \frac{\alpha A_{\mathrm{s}} E_{\mathrm{s}}}{C_{\mathrm{s}}} \cdot \left(\frac{l_{\mathrm{f}}^{\mathrm{d3}}}{l_{\mathrm{f}} + l_{\mathrm{a}} - l - \Delta U + \dfrac{\tau_{\mathrm{u}} \cdot C_{\mathrm{s}}}{\alpha^2 A_{\mathrm{s}} E_{\mathrm{s}}} + l_{\mathrm{f}}^{\mathrm{d3}}} - 1 \right) \cdot \operatorname{th}\alpha(l - l_{\mathrm{f}}^{\mathrm{d3}}) \tag{5.1.43}$$

式（5.1.43）可以求解出未知数 $l_{\mathrm{f}}^{\mathrm{d3}}$ 和 $l_{\mathrm{f}}^{\mathrm{d}}$，并且可以进一步求出内力 P_3^{d} 和位移量 $u_{\mathrm{s}}^{\mathrm{d3}}\big|_{A_3}$，同时可以求得脱黏长度 d。

5.1.3 无黏结拉力集中型预应力锚试验值与理论值的对比分析

为了验证上述理论方法的有效性，开展了相关室内拉拔试验，如图 5.1.9 和图 5.1.10 所示。拉拔试验中所用拉拔锚杆为直径为 20 mm、标号为 HRB400 的螺纹钢筋，弹性

模量为 180 GPa,钢筋长 1 550 mm,锚固段长 700 mm。

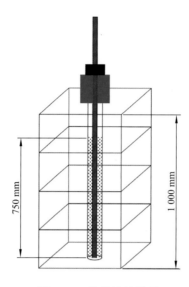

图 5.1.9   拉拔试验模型

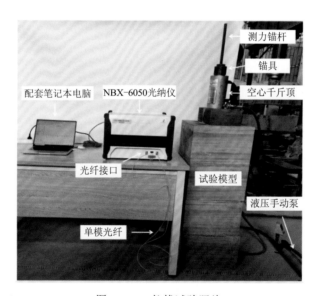

图 5.1.10   拉拔试验照片

采用激光刻槽埋入单模光纤,见图 5.1.11,拉拔试验过程中监测光纤中的布里渊(Brillouin)散射光频率的变化,获得光纤轴向各点的应变信息。利用日本 Neubrex 公司生产的 NBX-6050A 光纳仪,搭配相应的 PPP-BOTDA 脉冲预泵浦光频率信号接收仪完成数据采集,见图 5.1.12。

图 5.1.11　埋入单模光纤的锚筋照片

图 5.1.12　光纤应变监测系统

　　根据界面剪切滑移模型，可以计算得到对应的拉拔荷载-位移曲线，如图 5.1.13 所示。可以看出，理论计算的拉拔荷载-位移曲线与室内拉拔试验监测数据吻合很好，表明本节所提出的界面剪切滑移模型可以有效地计算拉拔锚固结构的应力分布。从图 5.1.13 中可以看出，拉拔过程中前期拉拔荷载-位移曲线近似为一条斜上升的直线，这也表明在拉拔荷载较小，即位移较小时，锚固界面处于弹性变形阶段；而后随着拉拔荷载的继续增大，锚筋变形快速增大，但拉拔荷载增加缓慢，直至趋于某稳定值。

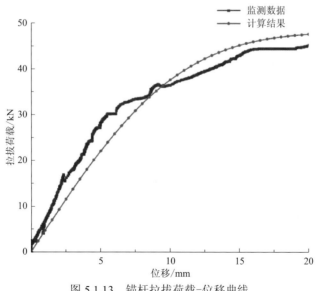

图 5.1.13　锚杆拉拔荷载-位移曲线

如图 5.1.14 所示，本节计算模型所得锚杆轴力分布结果与室内拉拔试验监测所得结果整体趋势相近。但相较于室内拉拔试验所得到的锚固段锚杆轴力分布，理论计算结果在锚固段前段下降趋势接近，但在锚固段中后段下降速率更快。

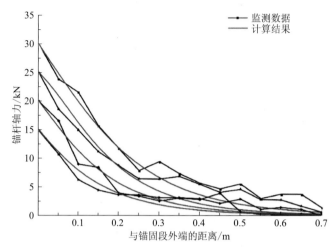

图 5.1.14　锚杆轴力空间分布曲线

试验中通过改变拉拔荷载级别，得到了不同拉拔荷载条件下锚固段的位移、轴力和锚杆-砂浆界面的剪应力，如图 5.1.15 所示。监测数据表明：锚杆外端位移和轴力最大，然后快速下降，锚固段位移和轴力与拉拔荷载呈正相关关系；而锚杆-砂浆界面剪应力在拉拔荷载较小时近似呈负指数形式分布，拉拔荷载较大时则呈单峰曲线，且随着拉拔荷载的增大，剪应力分布曲线的峰值点逐渐向锚杆底端偏移，与实际工程中监测到的趋势吻合。

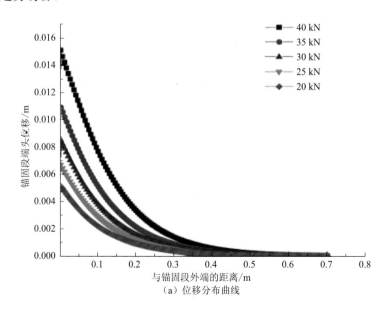

（a）位移分布曲线

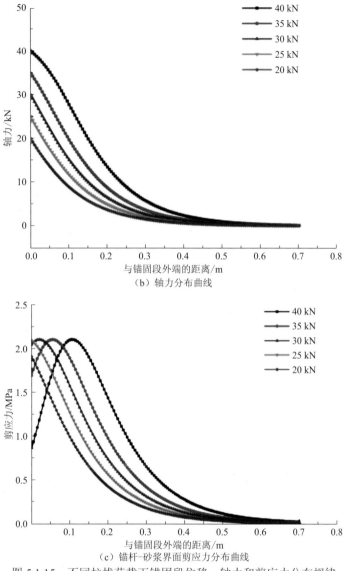

（b）轴力分布曲线

（c）锚杆-砂浆界面剪应力分布曲线

图 5.1.15　不同拉拔荷载下锚固段位移、轴力和剪应力分布规律

　　值得注意的是，当外端拉拔荷载达到某值时，拉拔荷载无法继续增大，而是维持在某一极大值，且外端一定范围界面剪应力降值趋近于 0，如图 5.1.16 所示，锚固段出现脱黏现象。随着端头位移的继续增大，脱黏段也继续增长，脱黏段锚筋轴力恒定，剪应力几乎为零，而剪应力峰值点不断内移。工程设计中一般假设锚固段剪应力均匀分布，而实际上靠近锚固段外侧的剪应力最大，远超平均剪应力，工程中应避免剪应力超过接触面黏聚力的情况发生，以免锚固结构被拔出。

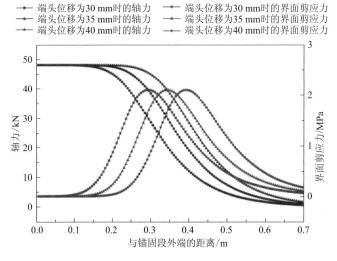

图 5.1.16　不同端头位移时的锚固结构应力分布

5.2　无黏结压力集中型预应力锚应力空间分布

无黏结压力集中型预应力锚是一种利用无黏结钢绞线来实现锚固功能的预应力锚固技术。无黏结预应力锚的内锚固段钢绞线需要除去外包层，以便与灌浆体黏结。穿索完成后，整个锚索孔会进行一次灌浆。待浆体达到预定强度后，对锚索进行张拉。总地来说，无黏结压力集中型预应力锚的设计使得锚固力更加集中，从而更有效地利用天然地层的强度，提高锚索的承载力，适用于土层及软弱破碎岩层的锚固工程。

边坡工程与地下洞室工程中的无黏结压力集中型预应力锚的荷载传递机制和应力分布类似，因此，相关理论方法适用于边坡工程和地下洞室工程。

5.2.1　无黏结压力集中型预应力锚荷载传递机制

压力集中型预应力锚的索体采用无黏结预应力钢筋，其与注浆体之间无黏结作用，索体直接与安放在孔底的承载板相连。张拉时荷载直接传至底部的承载板，再由承载板从孔底向上挤压注浆体。工作时，在承载板附近压应力严重集中，并沿孔口方向迅速衰减。压力集中型预应力锚的注浆体主要受轴向压应力作用，并且将不稳定体锚固于底层深部，大大改善了锚固段的应力状态。

压力集中型预应力锚与拉力集中型预应力锚具有明显不同的受力形式，其一般将钢绞线作为传荷的媒介。同时，与拉力集中型预应力锚区别最明显的地方在于，钢绞线与砂浆体之间没有黏结力，而是直接将荷载传递到锚固体尾端的承载板，然后尾端的承载板直接将荷载以面力的形式作用在锚固段的远端,进而将荷载通过砂浆-围岩界面的剪应力传递到稳定的岩层之中。

因此,压力集中型预应力锚仅有砂浆-围岩界面这一个锚固界面,并且其砂浆体主要发生锚固段远端的压缩变形,这种形式可以充分发挥材料的性能,因此压力集中型预应力锚的荷载作用方式对砂浆体更加友好。

如图 5.2.1 所示,类似拉力集中型预应力锚,以锚杆(索)为研究对象,设锚固系统中自由段长度为 l_f,总长度为 l;基于连续介质力学的小变形和物质连续假设,对于任一时刻下的锚固系统,取微元体进行分析时,为了分析进行还需要进行如下假设。

(1)在施工中,过长的锚孔可能会由于重力作用不是绝对平直,会出现孔道些微弯曲的现象,此时锚杆(索)拉力不在轴线方向,甚至出现弯曲现象,所以需要假设锚杆(索)所受荷载与轴线一致,不产生偏心弯矩;

(2)由于采用了无黏结钢绞线,锚筋沿着整个长度的受力是均匀的,而仅在锚固段远端受到均布的压应力,同时锚固体的力学行为以压缩变形为主,仅在砂浆-围岩界面出现剪应力的作用。

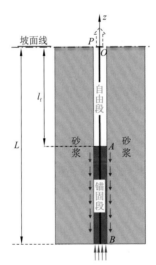

图 5.2.1　压力集中型预应力锚受力概化模型

(3)假设锚杆(索)、黏结介质、围岩基体材料性质均匀,变形参数各向同性,且锚杆(索)可视为线弹性体,不考虑其在材料极限荷载下发生的塑性变形。

由于压力集中型预应力锚远端受力变形,所以坐标轴应该按照图 5.2.2 建立,则应变-位移关系如图 5.2.3 所示。

若运动方向和 z 轴相同,则有

微段 AB(长度为 dz)受力变形并发生位移后,其应变为

$$\varepsilon = \frac{|A'B'| - |AB|}{|AB|} \tag{5.2.1}$$

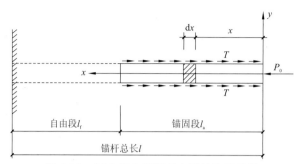

图 5.2.2　压力集中型预应力锚结构示意图

T 为沿着锚固界面的剪切力

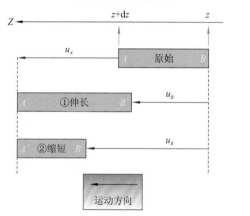

图 5.2.3　压应集中型预应力锚应变-位移关系示意图

上述过程满足如下几何关系：

$$\left|A'B'\right| + u_B = \left|AB\right| + u_A \Rightarrow \left|A'B'\right| - \left|AB\right| = u_A - u_B = u(z + \mathrm{d}z) - u(z) \quad (5.2.2)$$

一元位移函数 $u(z)$ 在 A 处的位移可由微分形式表示：

$$u_A = u(z + \mathrm{d}z) = u(z) + u'(z)\mathrm{d}z \Rightarrow u_A - u_B = u'(z)\mathrm{d}z \quad (5.2.3)$$

因此，应变表达式最终为

$$\varepsilon = \frac{\left|A'B'\right| - \left|AB\right|}{\left|AB\right|} = \frac{u'(z)\mathrm{d}z}{\mathrm{d}z} = u'(z) \quad (5.2.4)$$

简写为

$$\varepsilon = \frac{\mathrm{d}u}{\mathrm{d}z} = u' \quad (5.2.5)$$

压力集中型预应力锚的应力应变关系为

$$\sigma = E_s \frac{\mathrm{d}u}{\mathrm{d}z} = E_s u' \quad (5.2.6)$$

在此坐标轴方向下，锚筋微元体的轴向应力与剪应力存在如图 5.2.4 所示的关系。因此，一阶荷载传递方程为

$$\frac{\mathrm{d}P}{\mathrm{d}z} + 2\pi r_s \cdot \tau = 0 \quad (5.2.7)$$

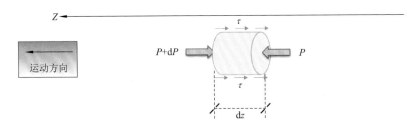

图 5.2.4　压应力锚索应力分析示意图

将式（5.2.2）代入式（5.2.3）中可得微元体的二阶微分荷载传递方程：

$$\frac{\mathrm{d}^2 u}{\mathrm{d}z^2} + \frac{C_s}{E_s A_s}\tau = 0 \qquad\qquad (5.2.8)$$

式中：A_s 和 C_s 分别为锚杆截面的面积与周长。因此，可以发现，压力集中型预应力锚的二阶微分荷载传递方程的两项是相加关系。

根据假设（2）可知，压力集中型预应力锚仅"荷载作用范围内"的围岩发生剪切变形，剪切滞后模型的材料适用范围不包含砂浆体，于是根据图 5.2.5 的坐标轴进行分析。

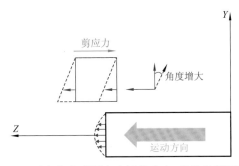

图 5.2.5　压力集中型预应力锚剪应力-位移分析示意图

"岩体影响范围内"有 $\tau = -\dfrac{\mathrm{d}u}{\mathrm{d}r}G_r$（$G_r$ 为岩体剪切模量）成立，见图 5.2.6。

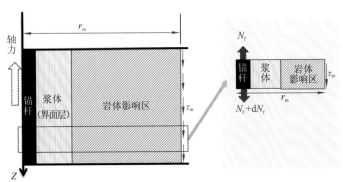

图 5.2.6　压力集中型预应力锚剪切滞后模型分析示意图

类似地，有

$$\tau_i r_i = \tau_m r_m = \tau r \tag{5.2.9}$$

式（5.2.9）代入 $\tau = \dfrac{du}{dr} G_r$ 则有

$$\begin{cases} \dfrac{du}{dr} = -\dfrac{r_i \tau_i}{G_{rock} r} \\ \dfrac{du}{dr} = -\dfrac{r_m \tau_m}{G_{rock} r} \end{cases}, \quad r \in [r_i, r_m] \tag{5.2.10}$$

对式（5.2.6）求解有

$$u_{i \to m} = -\frac{r_i \tau_i}{G_r} \ln r + C_2 = -\frac{r_m \tau_m}{G_r} \ln r + C_2, \quad r \in [r_i, r_m] \tag{5.2.11}$$

式中：C_2 为常数。

此时，由于锚固体的砂浆环不发生剪切，所以其边界条件与拉应力锚杆有很大区别。

$$u\big|_{r=r_i} = u_2, \quad u\big|_{r=r_m} = 0 \tag{5.2.12}$$

式中：u_2 为砂浆体位移。

根据对应变-位移公式积分得到的位移不定积分表达，将边界条件代入位移公式（5.2.11）中可以消去常数 C_2，于是有

$$\tau_i = -\frac{u_2 \cdot G_r}{r_i \ln \dfrac{r_i}{r_m}} \quad \text{或} \quad \tau_m = -\frac{u_2 \cdot G_r}{r_m \ln \dfrac{r_i}{r_m}} \tag{5.2.13}$$

由于已经假定杆体仅受拉，岩体仅受剪，所以二阶微分荷载传递方程也同样适用于锚固体。因此可以将锚固体轴力公式 $N = EA \dfrac{du_2}{dz}$ 代入式（5.1.12）中，有

$$\frac{d^2 u_2}{dz^2} + \frac{2 r_i \tau_i}{E_i r_i^2} = 0 \tag{5.2.14}$$

式中：E_i 为砂浆体的弹性模量。

代入剪应力分布公式，则有

$$\frac{d^2 u_2}{dz^2} - \frac{2 G_r}{E_i r_i^2 \ln \dfrac{r_i}{r_m}} \cdot u_2 = 0 \tag{5.2.15}$$

于是可以得到压力集中型预应力锚的二阶微分荷载传递方程：

$$\frac{d^2 u_2}{dz^2} - \alpha^2 \cdot u_2 = 0, \quad \alpha^2 = \frac{2 G_r}{E_i r_i^2 \ln \dfrac{r_i}{r_m}} \tag{5.2.16}$$

同理，根据边界条件可以求得

$$\begin{cases} u = -\dfrac{P_0}{\alpha E A_i} \cdot \dfrac{\mathrm{ch}\,[\alpha(l-z)]}{\mathrm{sh}\,(\alpha l)} \\[3mm] \sigma = \dfrac{P_0}{A_i} \cdot \dfrac{\mathrm{sh}\,[\alpha(l-z)]}{\mathrm{sh}\,(\alpha l)} \\[3mm] \tau_i = -\dfrac{\alpha P_0}{C_i} \cdot \dfrac{\mathrm{ch}\,[\alpha(l-z)]}{\mathrm{sh}\,(\alpha l)} \end{cases} \tag{5.2.17}$$

式中：A_i 为砂浆体的面积；C_i 为砂浆体的周长。

5.2.2　考虑坡表形变的锚固结构应力分布理论解

如图 5.2.7 所示，锚杆（索）在 $T=t_1^c$ 时刻完成"张拉协调"，此时可以解出 l_f^0、l_f^{c1} 和 P_f^c。设初始时刻为 t_i，此时锚杆（索）为已完成浇筑并且达到强度之后的自然状态，自由段和锚固段都未受力。

假设在锚索拉拔锁定之后的时刻，在 A 点设置一刚片限制其变形，以允许自由段先发生变形。

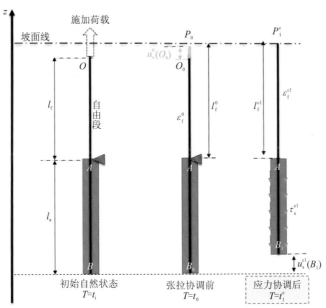

图 5.2.7　压力集中型预应力锚"应力协调"分析原理图

$u_s^0(O_0)$ 为 O_0 点在 $t=0$ 时刻的位移；ε_f^0 为自由段在 $t=0$ 时刻的应变；τ_s^{c1} 为 $t=t_1^c$ 时刻锚固界面上的剪应力

同理，发生应变协调时，可得

$$l_a^1 + \frac{l_f + l_a - l_f^0 - l_a^1}{l_f + l_a} \cdot \frac{\coth \alpha l_a^0}{\alpha} = l_a \tag{5.2.18}$$

式中：l_a^1 为 1 时刻锚固段长度；l_a^0 为 0 时刻锚固段长度。

一般而言，外锚头属于固定边界条件，但当发生外锚头坡面位移时，会导致锚索整体发生变形，相当于二次加载过程，见图 5.2.8。

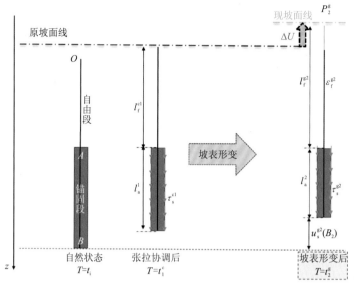

图 5.2.8　压力集中型预应力锚"坡表形变"分析示意图

l_a^2 为 2 时刻锚固段长度

同理，可得

$$l_a^2 + \frac{l_f + l_a - l_f^0 - \Delta U - l_a^1}{l_f + l_a} \cdot \frac{\coth \alpha l_a^2}{\alpha} = l_a \qquad (5.2.19)$$

方程（5.1.15）中的 l_f 可由自由段设计长度和张拉锁定荷载这两个已知参数计算，因此方程（5.1.15）中仅含有一个未知数 l_f^{g2}，但由于方程（5.1.15）含有双曲函数，因此该超越方程（5.1.15）无法得到 l_f^{g2} 的解析解，于是只能通过数值方法求解。

5.3　全长黏结非预应力锚应力空间分布

全长黏结非预应力锚通常采用后张法施工，即先在岩土体中钻孔，然后将锚杆放入孔中，最后进行注浆，使锚杆与周围岩土体黏结在一起。全长黏结非预应力锚杆适用于岩体稳定性良好，不需要施加预应力的岩体工程。边坡工程中采用非预应力锚时，一般边坡变形小，锚固结构后期应力增加幅度小，不需要担心锚固结构应力变化导致的边坡岩体破坏；而地下洞室中采用全长黏结非预应力锚时，锚固结构应力变化的幅度受围岩变形程度的影响。地下洞室锚固结构应力的空间变化规律受多种因素的影响，主要包括洞室的几何形状、地质条件、荷载作用、支护系统设计等。因此，本节主要讨论地下洞室全长黏结非预应力锚的应力空间分布计算方法。

5.3.1　地下洞室荷载传递机制

地下洞室工程的力学计算往往较为复杂，难以求解，为简化整个计算结果，本节计算模型为二维情况下位于围岩应力场的侧压系数为 λ 的圆形隧洞，如图 5.3.1 所示，圆形隧洞四周作用着非均匀压力，水平应力、围岩垂直应力分别为 λp_0、p_0，圆形隧洞半径为 R_0，发生塑性变形后，塑性区半径为 R_p。

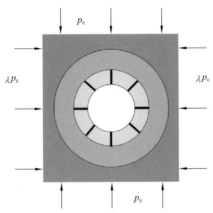

图 5.3.1　锚固支护围岩应力场

上述力学模型满足以下假设条件：①近似认为洞室围岩深埋、无限长，围岩体为各向均质、同性的连续介质，该问题为轴对称平面问题，忽略开挖面上的三维效应；②按照实际支护工程的施工情况，不考虑喷射混凝土或钢桁架支护力的作用；③围岩与锚固结构组成的锚固体均满足弹脆塑性材料模型的要求和莫尔-库仑强度准则，锚杆全部位于塑性区内，锚杆本身假定为弹性材料，仅考虑轴向变形。下面将从锚杆、砂浆体与围岩三个部分来对锚固结构荷载传递过程进行分析，得到锚固结构应力分布理论解。

取锚固段中的任意一段锚筋微元体进行受力分析，如图 5.3.2 所示。

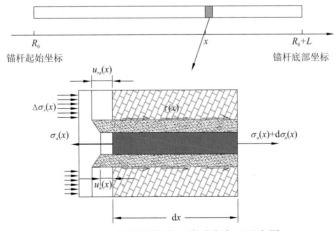

图 5.3.2　锚固结构微元体受力变形示意图

$$P(x) = 2\pi r_a \cdot \tau(x)\mathrm{d}x + \mathrm{d}P(x) + P(x) \tag{5.3.1}$$

$$\pi r_a^2 \sigma_a(x) = 2\pi r_a \tau(x)\mathrm{d}z + \pi r_a^2[\sigma_a(x) + \mathrm{d}\sigma_a(x)] \tag{5.3.2}$$

$$\frac{\mathrm{d}P(x)}{\mathrm{d}x} + 2\pi r_a \cdot \tau(x) = 0 \tag{5.3.3}$$

即

$$\frac{\mathrm{d}\sigma_a}{\mathrm{d}z} + \frac{2}{r_a}\tau(x) = 0 \tag{5.3.4}$$

式中：r_a 为锚筋体半径；σ_a 为锚筋轴向应力，Pa；$\tau(x)$ 为锚筋-砂浆体界面剪应力，Pa。锚筋微元体受荷后，其轴向应力与轴向位移的关系为

$$\frac{\mathrm{d}^2 u_a(x)}{\mathrm{d}x^2} - \frac{2\tau(x)}{r_a E_a} = 0 \tag{5.3.5}$$

式中：u_a 为锚筋轴向位移，m；E_a 为锚筋的弹性模量。

实际上，围岩与锚杆的变形并不保持一致，相反，锚杆本身受到的外力都是通过围岩变形传递到砂浆并进一步传递给锚杆的。

$$\tau(r) = \frac{1}{2\pi r_a} \cdot \frac{G_g}{d_g}(u_{ra} - u_a) \tag{5.3.6}$$

式中：G_g 为注浆体构成的锚固界面的剪切模量；d_g 为注浆体厚度；u_{ra} 为轴向位移。

将式（5.3.6）代入式（5.2.5），得

$$\frac{\mathrm{d}^2 u_a}{\mathrm{d}r^2} - \alpha^2 u_a + \alpha^2 u_{ra} = 0 \tag{5.3.7}$$

其中，$\alpha^2 = \dfrac{2G_g}{E_a r_a d_g}$。

式（5.3.7）的解析解为

$$u_a = C_1 \mathrm{e}^{\alpha r} + C_2 \mathrm{e}^{-\alpha r} - \frac{\alpha \mathrm{e}^{\alpha r}}{2}\int \mathrm{e}^{-\alpha r} u_{ra} \mathrm{d}r + \frac{\alpha \mathrm{e}^{-\alpha r}}{2}\int \mathrm{e}^{\alpha r} u_{ra} \mathrm{d}r \tag{5.3.8}$$

式中：C_1 和 C_2 为常数。

由式（5.3.8）可知，要想求解得到沿锚杆长度的锚固结构应力分布，需要先求解锚杆加固后的围岩变形。

对于指数积分函数，参考冯振兴等（1997），利用分部积分法将其转化为级数展开式，即

$$\begin{cases} \displaystyle\int \frac{\mathrm{e}^{\alpha r}}{r}\mathrm{d}r \approx \frac{\mathrm{e}^{\alpha r}}{\alpha r}\sum_{n=0}^{\infty}\frac{n!}{(\alpha r)^n} \\ \displaystyle\int \frac{\mathrm{e}^{-\alpha r}}{r}\mathrm{d}r \approx \frac{\mathrm{e}^{-\alpha r}}{-\alpha r}\sum_{n=0}^{\infty}\frac{(-1)^n n!}{(\alpha r)^n} \end{cases} \tag{5.3.9}$$

应力求解时只需取有限项计算近似值即可，可以大幅降低计算难度。

如图 5.3.3 所示，在围岩区内选取一处微元体，当微元体处于极限平衡状态时，作

用在微元体上的全部力在径向 r 上的投影之和为零。

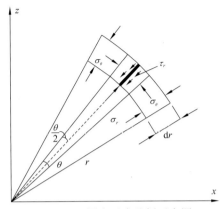

图 5.3.3　围岩受力分析示意图

θ 为锚杆环向夹角；σ_r 为隧道锚固区径向应力；σ_θ 为锚固区环向应力；τ_r 为锚杆界面剪应力

在非锚固部分的围岩中，微元体内有平衡方程：

$$\sigma_r r \mathrm{d}\theta - (\sigma_r + \mathrm{d}\sigma_r)(r + \mathrm{d}r)\mathrm{d}\theta + 2\sigma_\theta \mathrm{d}r \sin\left(\frac{\mathrm{d}\theta}{2}\right) = 0 \qquad （5.3.10）$$

当 $\mathrm{d}\theta$ 很小时，$\sin\dfrac{\mathrm{d}\theta}{2} \approx \dfrac{\theta}{2}$，故式（5.3.10）可化简为

$$\frac{\mathrm{d}\sigma_r}{\mathrm{d}r} + \frac{\sigma_r - \sigma_\theta}{r} = 0 \qquad （5.3.11）$$

锚固部分的围岩相对于非锚固部分的围岩额外增加了锚固结构的作用，为进一步分析，现将全长黏结式锚杆对围岩的支护力以附加体积力的形式作用于圆形隧洞围岩，假设锚杆沿隧洞断面对称分布，即可分析仅含有单根锚杆的围岩楔形单元体，如图 5.3.4 所示。同时，可将围岩受到的锚杆支护力简化为轴对称的径向体积力 $F(r)$，有

$$\mathrm{d}F = -2\pi r_\mathrm{a} \tau(r) \qquad （5.3.12）$$

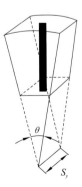

图 5.3.4　围岩楔形单元体示意图

S_y 为锚杆纵向间距

已知锚杆沿隧道断面对称分布，微段体积为

$$\mathrm{d}V = S_y \cdot r\theta \mathrm{d}r \tag{5.3.13}$$

故锚杆对围岩体施加的体积力 $F(r)$ 为

$$F(r) = -\frac{2\pi r_a}{S_y \cdot r\theta} \cdot \frac{\tau(r)}{r} = \frac{\mathrm{d}F}{S_y \cdot r\theta \cdot \mathrm{d}r} \tag{5.3.14}$$

即

$$\frac{\mathrm{d}\sigma_r}{\mathrm{d}r} + \frac{\sigma_r - \sigma_\theta}{r} + F(r) = 0 \tag{5.3.15}$$

对于围岩弹塑性分区，鉴于实际水电工程中一般在 III 类及 IV 类围岩中布置锚固结构进行支护，而当出现残余区或局部破坏区时一般通过布设钢桁架等硬质结构进行支护，故本节不考虑塑性残余区，锚杆全部位于塑性区内，锚固支护后对圆形巷道弹塑性分析过程进行简化，假设支护后各区内摩擦角不变，在不同水平作用下，锚杆支护围岩分为弹性区、塑性非锚固区、塑性锚固区，划分区域如图 5.3.5 所示。设塑性非锚固区的半径为 R^p，塑性锚固区的半径为 $R^{pa}=R_0+L$（L 为锚杆长度），围岩塑性区服从莫尔-库仑强度准则。

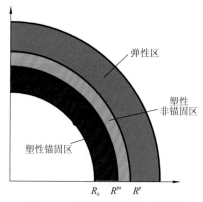

图 5.3.5　隧洞区域划分示意图

弹性区内围岩不考虑锚杆影响，利用弹性理论可求得

$$\sigma_r^e = p_0\left[\frac{1+\lambda}{2}\left(1-\frac{R_p^2}{r^2}\right) - \frac{1-\lambda}{2}\left(1+\frac{3R_p^4}{r^4} - \frac{4R_p^2}{r^2}\right)\right] + \sigma_r^{p-e}\frac{R_p^2}{r^2} \tag{5.3.16}$$

$$\sigma_\theta^e = p_0\left[\frac{1+\lambda}{2}\left(1+\frac{R_p^2}{r^2}\right) + \frac{1-\lambda}{2}\left(1+\frac{3R_p^4}{r^4}\right)\cos(2\theta)\right] - \sigma_r^{p-e}\frac{R_p^2}{r^2} \tag{5.3.17}$$

式中：λ 为侧压力系数；σ_r^e 为弹性区径向应力；σ_θ^e 为弹性区环向应力。

其中弹性区与塑性区界面处，即当 $r=R_p$ 时，应力 σ_r^{p-e}、σ_θ^{p-e} 可以表示为

$$\sigma_r^{p-e} = \sigma_{R_p} \tag{5.3.18}$$

$$\sigma_\theta^{p-e} = p_0[(1+\lambda) + 2(1-\lambda)\cos(2\theta)] - \sigma_{R_p} \tag{5.3.19}$$

式中：σ_{R_p} 为 $r = R_p$ 处的应力。

且该界面上满足莫尔-库仑强度准则：

$$\sigma_\theta = \sigma_c + \frac{1 + \sin\varphi}{1 - \sin\varphi}\sigma_r \quad \text{或} \quad \frac{\sigma_r + c\cot\varphi}{\sigma_\theta + c\cot\varphi} = \frac{1 - \sin\varphi}{1 + \sin\varphi} \quad (5.3.20)$$

则

$$\sigma_{R_p} = \sigma_\theta^{p-e} = \frac{p_0[(1+\lambda) + 2(1-\lambda)\cos(2\theta)] - \sigma_c}{k+1} \quad (5.3.21)$$

式中：σ_c 为岩体的峰值强度；c 为弹性区凝聚力；φ 为岩体的内摩擦角；k 为软化系数。

5.3.2　考虑围岩变形的锚固结构应力分布理论解

弹性区内径向位移为

$$u_r^e = \frac{1+\mu_r}{E_r}\left\{\frac{p_0(1+\lambda)}{2}\left[(1-2\mu_r)r + \frac{R_p^2}{r}\right] + \frac{p_0(1-\lambda)}{2}\right.$$
$$\left. \cdot \left[(4-4\mu_r)\frac{R_p^2}{r} + 1 - \frac{R_p^4}{r^3}\right]\cos(2\theta) - \sigma_{R_p}\frac{R_p^2}{r}\right\} \quad (5.3.22)$$

式中：u_r 为围岩泊松比；E_r 为围岩弹性模量。

弹性区内应变可表示为

$$\varepsilon_r^e = \frac{1+\mu_r}{E_r}\left\{\frac{p_0(1+\lambda)}{2}\left[(1-2\mu_r) + \frac{R_p^2}{r^2}\right] + \frac{p_0(1-\lambda)}{2}\right.$$
$$\left. \cdot \left[(4-4\mu_r)\frac{R_p^2}{r^2} + 1 - \frac{R_p^4}{r^4}\right]\cos(2\theta) - \sigma_{R_p}\frac{R_p^2}{r^2}\right\} \quad (5.3.23)$$

$$\varepsilon_\theta^e = \frac{1+\mu_r}{E_r}\left\{\frac{p_0(1+\lambda)}{2}\left[(1-2\mu_r) - \frac{R_p^2}{r^2}\right] + \frac{p_0(1-\lambda)}{2}\right.$$
$$\left. \cdot \left[1 + 3\frac{R_p^4}{r^4} - (4-4\mu_r)\frac{R_p^2}{r^2}\right]\cos(2\theta) + \sigma_{R_p}\frac{R_p^2}{r^2}\right\} \quad (5.3.24)$$

弹塑性界面上：

$$u_r^e = \frac{1+\mu_r}{E_r}\left\{\frac{p_0(1+\lambda)}{2}\left[(1-2\mu_r)r + \frac{R_p^2}{r}\right]\right.$$
$$\left. + \frac{p_0(1-\lambda)}{2}[(4-4\mu_r)R_p + 1 - R_p]\cos(2\theta) - \sigma_{R_p}R_p\right\} \quad (5.3.25)$$

$$\varepsilon_r^e = \frac{1+\mu_r}{E_r}\left[\frac{p_0(1+\lambda)}{2}(2-2\mu_r) + \frac{p_0(1-\lambda)}{2}(5-4\mu_r)\cos(2\theta) - \sigma_{R_p}\right] \quad (5.3.26)$$

$$\varepsilon_\theta^e = \frac{1+\mu_r}{E_r}\left[\frac{p_0(1+\lambda)}{2}(-2\mu_r) + \frac{p_0(1-\lambda)}{2}4\mu_r\cos(2\theta) + \sigma_{R_p}\right] \quad (5.3.27)$$

圆形巷道围岩分区示意如图 5.3.6 所示。讨论塑性非锚固区时，由于弹性区和塑性硬化区岩体的本构关系相差不大，因此将两个区的应力应变关系视为线弹性，同时假定塑性流动区岩体中应力随应变的增加不发生变化。本处重点考虑塑性软化区围岩的软化模型（图 5.3.7）。

$$\begin{cases} \sigma_\theta^e = K_p + \sigma_c^e, & \text{弹性区} \\ \sigma_\theta^p = \bar{K}_p \sigma_r^p + \bar{\sigma}_c^p, & \text{塑性软化区} \end{cases} \tag{5.3.28}$$

式中：σ_c^e 为弹性区单轴抗压强度；$K_p = (1-\sin\varphi)/(1-\sin\varphi)$；$\bar{K}_p = (1+\sin\bar{\varphi})/(1-\sin\bar{\varphi})$；$\bar{\sigma}_c^p$ 为塑性非锚固区主应变增量 $\Delta\varepsilon_\theta^p$ 对应岩体的单轴抗压强度，其取决于塑性非锚固区的黏聚力 c^p，$c^p = c_0 - Q_1\varepsilon_\theta^p$，$c_0$ 为弹性区黏聚力，Q_1 为塑性非锚固区黏聚力软化模量，$Q_1 = (c_0-c_1)/(\varepsilon_\theta^{pa}-\varepsilon_\theta^p)$，$c_1$ 为塑性非锚固区黏聚力的最小值，ε_θ^p 为塑性非锚固区与弹性区界面的切向应变，ε_θ^{pa} 为塑性锚固区与塑性非锚固区界面的切向应变。

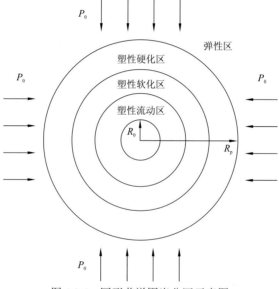

图 5.3.6　圆形巷道围岩分区示意图

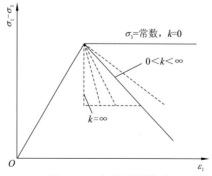

图 5.3.7　岩体特性模型

σ_1、σ_3 分别为大、小主应力，ε_1 为大主应变。根据受力特点，本节按平面应变问题求解，σ_r、σ_θ 分别与 σ_1、σ_3 相对应，应变符号及对应关系类同

岩体在达到屈服强度之后，其强度发生非线性变化，则在塑性非锚固区内的总应变为弹性极限应变与非锚固软化过程中产生的应变之和，基于岩体扩容的非关联流动法则可知，塑性非锚固所满足条件：

$$\Delta \varepsilon_r^p + n_1 \Delta \varepsilon_\theta^p = 0 \tag{5.3.29}$$

式中：$\Delta \varepsilon_r^p$、$\Delta \varepsilon_\theta^p$ 分别为塑性区围岩的径向、切向应变增量；n_1 为塑性区岩体扩容参数，考虑岩石体积扩容时，$n_1 > 1$，否则，$n_1 = 1$，并有 $n_1 = K_p = (1 + \sin\varphi)(1 - \sin\varphi)$。

该区内总应变可以写成：

$$\begin{cases} \varepsilon_r^p = \varepsilon_{r(R_p)}^e + \Delta \varepsilon_r^p \\ \varepsilon_\theta^p = \varepsilon_{\theta(R_p)}^e + \Delta \varepsilon_\theta^p \end{cases} \tag{5.3.30}$$

式中：$\varepsilon_{r(R_p)}^e$、$\varepsilon_{\theta(R_p)}^e$ 分别为弹性区界面的径向应变和切向应变。

在隧道对称的几何条件下，应变与位移的几何关系可以表示为

$$\begin{cases} \varepsilon_r = \dfrac{du_r}{dr} \\ \varepsilon_\theta = \dfrac{u}{r} \end{cases} \tag{5.3.31}$$

式中：ε_r 为围岩的切向应变；ε_θ 为围岩的径向应变；u_r 为围岩的切向位移；u 为围岩的径向位移。

由边界条件 $u^e|_{r=R_p} = u_r^p|_{r=R_p}$，得塑性非锚固区位移场为

$$u_r^p = \left(u_r^{p-e} - \frac{\varepsilon_r^{p-e} + n_1 \varepsilon_\theta^{p-e}}{n_1 + 1} R_p \right) R_p^{n_1} r^{-n_1} + \frac{\varepsilon_r^{p-e} + n_1 \varepsilon_\theta^{p-e}}{n_1 + 1} r \tag{5.3.32}$$

式中：u_r^{p-e}、ε_r^{p-e}、ε_θ^{p-e} 分别为塑性区和弹性区界面的位移、径向应变、切向应变。

令 $J_1 = \dfrac{\left(u_r^{p-e} - \frac{\varepsilon_r^{p-e} + n_1 \varepsilon_\theta^{p-e}}{n_1 + 1} R_p \right) R_p^{n_1}}{\left(\dfrac{R_p}{r} \right)^{n_1 + 1}}$，进而得到塑性非锚固区岩体的抗压强度，为

$$\sigma_c^p = \sigma_c^e - Q_1 J_1 \left[\left(\frac{R_p}{r} \right)^{n_1 + 1} - 1 \right] \tag{5.3.33}$$

又考虑莫尔-库仑强度准则 $\sigma_\theta^p = K_p \sigma_r^p + \sigma_c^p$，代入 $\dfrac{d\sigma_r}{dr} + \dfrac{\sigma_r - \sigma_\theta}{r} = 0$，得到塑性非锚固区围岩径向应力表达式：

$$\sigma_r^p = \frac{\sigma_c^e + J_1 Q_1}{1 - K_p} + \frac{\sigma_c^e + J_1 Q_1}{n_1 + K_p} \left(\frac{R_p}{r} \right)^{n_1 + 1} + \left(\sigma_{R_p} - \frac{\sigma_c^e + J_1 Q_1}{1 - K_p} - \frac{\sigma_c^e + J_1 Q_1}{n_1 + K_p} \right) \left(\frac{R_p}{r} \right)^{1 - K_p} \tag{5.3.34}$$

而在塑性锚固区，围岩总应变可以写成：

$$\varepsilon_r^{\mathrm{pa}} = \varepsilon_{r(R_0+L)}^{\mathrm{p}} + \Delta\varepsilon_r^{\mathrm{pa}}, \qquad \varepsilon_\theta^{\mathrm{pa}} = \varepsilon_{\theta(R_0+L)}^{\mathrm{p}} + \Delta\varepsilon_\theta^{\mathrm{pa}} \tag{5.3.35}$$

式中：$\varepsilon_{r(R_0+L)}^{\mathrm{p}}$、$\varepsilon_{\theta(R_0+L)}^{\mathrm{p}}$ 分别为塑性锚固区与塑性非锚固区界面径向、切向应变；$\varepsilon_r^{\mathrm{pa}}$、$\varepsilon_\theta^{\mathrm{pa}}$ 分别为塑性区径向、切向应变；$\Delta\varepsilon_r^{\mathrm{pa}}$、$\Delta\varepsilon_\theta^{\mathrm{pa}}$ 分别为塑性区围岩的径向、切向应变增量。

同时考虑几何方程式（5.3.31），结合边界条件，利用弹塑性分界面上的位移连续条件，进一步得

$$u_r^{\mathrm{pa}} = J_2 \cdot r^{-n_2} + \frac{\varepsilon_{r(R_0+L)}^{\mathrm{p}} + n_2 \varepsilon_{\theta(R_0+L)}^{\mathrm{p}}}{n_2 + 1} r \tag{5.3.36}$$

式中：u_r^{pa} 为塑性区径向位移；n_2 为考虑破裂区岩体扩容梯度引进的参数，考虑岩体扩容性时，$n_2 > 1$，否则 $n_2 = 1$，一般可取 $n_2 = 1.30 \sim 1.50$，

$$J_2 = \left[u_r^{\mathrm{p}}\big|_{r=R_0+L} - \frac{\varepsilon_{r(R_0+L)}^{\mathrm{p}} + n_2 \varepsilon_{\theta(R_0+L)}^{\mathrm{p}}}{n_2 + 1}(R_0+L) \right](R_0+L)^{n_2} \tag{5.3.37}$$

代入锚固段的方程，求解得

$$u_{\mathrm{a}} = C_1 \mathrm{e}^{\alpha r} + C_2 \mathrm{e}^{-\alpha r} - \frac{\alpha \mathrm{e}^{\alpha r}}{2}\int \mathrm{e}^{-\alpha r} u_{\mathrm{ra}}\mathrm{d}r + \frac{\alpha \mathrm{e}^{-\alpha r}}{2}\int \mathrm{e}^{\alpha r} u_{\mathrm{ra}}\mathrm{d}r \tag{5.3.38}$$

$$\tau(r) = G_r\left(C_1 \mathrm{e}^{\alpha r} + C_2 \mathrm{e}^{-\alpha r} - \frac{\alpha \mathrm{e}^{\alpha r}}{2}\int \mathrm{e}^{-\alpha r} u_{\mathrm{ra}}\mathrm{d}r + \frac{\alpha \mathrm{e}^{-\alpha r}}{2}\int \mathrm{e}^{\alpha r} u_{\mathrm{ra}}\mathrm{d}r - u_r^{\mathrm{pa}} \right) \tag{5.3.39}$$

$$P(r) = -E_{\mathrm{a}}\pi r_{\mathrm{a}}^2\left(C_1 \mathrm{e}^{\alpha r} + C_2 \mathrm{e}^{-\alpha r} - \frac{\alpha \mathrm{e}^{\alpha r}}{2}\int \mathrm{e}^{-\alpha r} u_{\mathrm{ra}}\mathrm{d}r + \frac{\alpha \mathrm{e}^{-\alpha r}}{2}\int \mathrm{e}^{\alpha r} u_{\mathrm{ra}}\mathrm{d}r \right) \tag{5.3.40}$$

塑性锚固区内围岩遵循莫尔-库仑强度准则：

$$\frac{\sigma_r + c\cot\varphi}{\sigma_\theta + c\cot\varphi} = \frac{1 - \sin\varphi}{1 + \sin\varphi} \tag{5.3.41}$$

设 $\eta = \dfrac{1 - \sin\varphi}{1 + \sin\varphi}$，可得塑性锚固区的径向平衡方程：

$$\frac{\mathrm{d}\sigma_r}{\mathrm{d}r} - \frac{\eta - 1}{r}\sigma_r + F(r) = 0 \tag{5.3.42}$$

利用常数变异法解得

$$\sigma_r = r^{\eta-1}\left[A_r - \int F(r) r^{1-\eta}\mathrm{d}r \right] - c\cot\varphi \tag{5.3.43}$$

式中：A_r 为积分常数，通过边界条件确定。当 $r = R_0$ 时，有 $\sigma_r = p_{\mathrm{i}}$，$p_{\mathrm{i}}$ 为喷层支护力，本节中施加锚杆前未进行喷射混凝土支护，则 $p_{\mathrm{i}} = 0$。

解得的积分常数：

$$A_r = \frac{c\cot\varphi}{r_0^{\eta-1}} + \int_0^{r_0} F(r) r^{1-\eta}\mathrm{d}r \tag{5.3.44}$$

综上，塑性区径向应力为

$$\sigma_r^{\mathrm{pa}} = r^{\eta-1} \left[\frac{c \cot \varphi}{r_0^{\eta-1}} + \int_0^{r_0} F(r) r^{1-\eta} \mathrm{d}r - \int F(r) r^{1-\eta} \mathrm{d}r \right] - c \cot \varphi \qquad (5.3.45)$$

根据实际锚固结构的受力条件，有如下边界条件：$P(R_0)=0$；$P(R_0+L)=0$。并且，根据围岩各区界面应力、位移连续条件有，当 $r=R_0+L$ 时，$\sigma_r^{\mathrm{pa}} = \sigma_r^{\mathrm{p}}$。利用这三个条件，构建三个方程即可求解 C_1、C_2、R_{p} 三个未知数。

锚固界面剪切滑移模型是研究锚固体系荷载传递规律的重要手段。20 世纪 80 年代以来，国内外研究学者对其进行了大量的理论推导和模型试验研究，取得了丰硕的成果，提出了多种剪切滑移模型，以下将列举几个经典模型。

Eligehausen 等（1983）提出了反映钢筋与混凝土初期剪切滑移关系的 BPE（Bertero-Eligehause-Popor）模型，该模型可以考虑弹性阶段、稳定阶段、脱黏阶段与残余阶段的特征；此后，Cosenza 等（1997）开展了大量以玻璃纤维增强塑料为筋体的混凝土拉拔室内试验，对 BPE 模型进行了改进，发现实际条件下并不存在稳定阶段，并调整了脱黏阶段的斜率。Benmokrane 等（1995）采用经典的三折线剪切滑移模型描述了锚固界面剪应力–剪切位移关系，将锚固结构整个拉拔过程分为弹性阶段、局部脱黏阶段及残余摩擦阶段三个阶段，如图 5.3.8 所示。

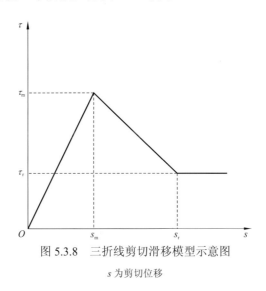

图 5.3.8　三折线剪切滑移模型示意图

s 为剪切位移

经典的三折线剪切滑移模型的具体函数关系如下：

$$\tau = \begin{cases} \dfrac{\tau_{\mathrm{m}}}{s_{\mathrm{m}} \cdot s}, & s \leqslant s_{\mathrm{m}} \\[2mm] \dfrac{\tau_{\mathrm{m}} - \tau_{\mathrm{r}}}{s_{\mathrm{m}} - s_{\mathrm{r}}} s + \dfrac{\tau_{\mathrm{r}} s_{\mathrm{m}} - \tau_{\mathrm{m}} s_{\mathrm{r}}}{s_{\mathrm{m}} - s_{\mathrm{r}}}, & s_{\mathrm{m}} < s \leqslant s_{\mathrm{r}} \\[2mm] \tau_{\mathrm{r}}, & s_{\mathrm{r}} < s \end{cases} \qquad (5.3.46)$$

式中：τ_{m} 和 s_{m} 分别为峰值处的界面剪应力与剪切滑移值；τ_{r} 和 s_{r} 分别为模型残余摩擦阶段起始处的界面剪应力与剪切滑移值。Malvar（1994）通过改变玻璃纤维增强塑料锚筋的形态并进行混凝土拉拔试验研究了两者间的黏结性能，建立了一个用单一函数表达的剪切滑移模型：

$$\frac{\tau}{\tau_{\mathrm{m}}} = \frac{F(s/s_{\mathrm{m}}) + (G-1)(s/s_{\mathrm{m}})}{1 + (F-2)(s/s_{\mathrm{m}}) + G(s/s_{\mathrm{m}})^2} \tag{5.3.47}$$

其中，$\dfrac{\tau_{\mathrm{m}}}{f_{\mathrm{t}}} = A + B\left[1 - \exp\left(-\dfrac{C\sigma}{f_{\mathrm{t}}}\right)\right]$，$s_{\mathrm{m}} = D + E\sigma$，$\sigma$ 为轴对称径向压力，f_{t} 为混凝土抗拉强度，F 和 G 为根据各类筋体黏结性能试验曲线得到的经验参数，A、B、C、D 和 E 分别为各类筋体试验的经验常数。

经典的三折线剪切滑移模型因为采用简单的线性函数来描述锚固结构-岩土体界面剪切滑移关系的三个阶段，相比于其他几种模型更容易获得其模型参数，形式简单，易于求解。因此，其在学术界锚固界面荷载传递分析中被广泛应用。基于三折线剪切滑移模型，Ren 等（2010）、周浩等（2016）、刘国庆等（2017）提出了一种计算锚杆受拉全过程力学行为的方法，在一定程度上揭示了各阶段的荷载-位移关系、界面剪应力分布和锚杆轴向应力沿黏结长度的分布，得到了极限荷载和有效锚固长度。

通过对实际工程和试验的研究，相关学者发现锚固结构界面上的剪切滑移模型并不完全是线性的，并提出了一系列非线性剪切滑移模型。Ma 等（2013）提出了一种描述锚固段轴力和界面剪应力的非线性剪切滑移模型。黄明华等（2014）基于锚固拉拔试验的荷载位移曲线与 Chin（1970）提出的双指数模型，建立了锚杆-砂浆界面的非线性剪切滑移模型，揭示了锚固段锚杆-砂浆-围岩体三者间的荷载传递规律。周世昌等（2018）、周炳生等（2017）建立了多种双指数剪切滑移模型，这些模型能较好地反映外荷载增大时剪应力峰值内移的现象。高丹盈和张钢琴（2005）提出了一种新型连续曲线函数形态的剪切滑移模型，揭示了以玻璃纤维为锚筋的锚固结构与围岩体间的荷载传递关系。张培胜和阴可（2009）通过拟合监测数据得到了复合指数-双曲线剪切滑移模型，得到了锚固段界面剪应力分布的解析解。但综合来看，上述简单的剪切滑移模型的求解结果与实际情况存在一定的差异，而复杂的非线性剪切滑移模型则因形式复杂而求解困难。

基于已有多种模型和拉拔试验监测曲线特点，本节基于小波函数的伸缩特性构造了一种新型非线性剪切滑移模型[式（5.3.48）]，该模型如图 5.3.9 所示，形式简单，易于求导和积分，便于理论计算。

$$\tau = \xi_1 u \cdot \mathrm{e}^{-\xi_2 u^2} \tag{5.3.48}$$

由图 5.3.9 可知，该剪切滑移模型中段存在一处峰值，在此处有 $\dfrac{\mathrm{d}\tau}{\mathrm{d}u} = 0$，可由此确定伸缩系数 ξ_2 与 ξ_1 的大小，即

$$\xi_2 = \frac{1}{2u_{\mathrm{f}}^2}, \qquad \xi_1 = \frac{\tau_{\mathrm{f}} \cdot \sqrt{\mathrm{e}}}{u_{\mathrm{f}}} \tag{5.3.49}$$

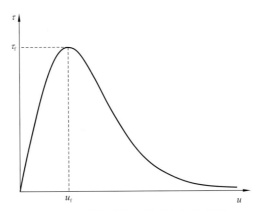

图 5.3.9　伸缩小波函数剪切滑移模型

τ_f 为界面峰值剪切强度，u_f 为界面峰值剪切位移，可以通过拉拔试验确定

将剪切滑移模型代回荷载传递方程式（5.3.5）中，可得预应力锚固结构中的荷载传递微分方程：

$$\frac{\mathrm{d}^2 u_a(x)}{\mathrm{d}x^2} - \frac{2u_a(x) \cdot \xi_1 \cdot \mathrm{e}^{-\xi_2 u_a^2(x)}}{r_a E_a} = 0 \qquad (5.3.50)$$

该模型中将锚筋与黏结剂视作一个共同变形的整体，即锚固体，当将锚杆杆体和注浆体视为整体时，其横截面积 A_m 为锚杆杆体和注浆体横截面积之和，弹性模量 E_m 为锚杆杆体和注浆体整体的等效弹性模量，即

$$E_m = \frac{E_a A_a + E_g A_g}{A_a + A_g} \qquad (5.3.51)$$

式中：E_a 为锚杆的弹性模量；A_a 为锚杆的面积；E_g 为黏结剂的弹性模量；A_g 为黏结剂的面积。

对式（5.3.50）进行分离变量处理，令 $U(u_a) = u_a'(x)$，则有

$$\frac{\mathrm{d}^2 u_a(x)}{\mathrm{d}x^2} = \frac{\mathrm{d}}{\mathrm{d}x}[U(u_a)] = U \frac{\mathrm{d}U}{\mathrm{d}u_a} \qquad (5.3.52)$$

将式（5.3.52）代回式（5.3.50），然后两侧同时积分得

$$\varepsilon_a(x) = U(x) = \frac{\mathrm{d}u_a(x)}{\mathrm{d}x} = \sqrt{-\frac{2}{E_m r_a} \frac{\xi_1 \mathrm{e}^{-\alpha u_a^2(x)}}{\xi_2} + C_1} \qquad (5.3.53)$$

式中：ε_a 为杆端轴向应变。

为降低二阶微分方程的求解难度，此处假设预应力锚索足够长，从而满足预应力荷载未传播至锚固体底部的要求，即有如下边界条件：

$$\begin{cases} P(L) = P_0 \\ P(0) = 0 \\ \varepsilon_a(0) = 0 \\ u_a(0) = u_0 \end{cases} \qquad (5.3.54)$$

式中：u_0 为锚固体底部位移。

由 $\varepsilon_a(L)=0$，可得积分常数 C_1：

$$C_1 = \frac{2\xi_1}{\xi_2 E_m r_a} \cdot e^{-\xi_2 u_0^2} \tag{5.3.55}$$

即式（5.3.53）可改写为

$$\varepsilon_a(x) = \frac{du_a(x)}{dx} = \sqrt{\frac{2\xi_1}{\xi_2 E_m r_a}[e^{-\xi_2 u_0^2} - e^{-\xi_2 u_a^2(x)}]} \tag{5.3.56}$$

给定一个杆端位移 u_L，就可以根据式（5.3.56）求得杆端的轴向应变分布 ε_L，通过改变 u_L 的值，式（5.3.56）可以变成 u_L 关于坐标 x 的一阶微分方程的初值问题。通过改进的欧拉（Euler）法可以求得位移数值解；将位移数值解代入式（5.3.48）就可以得到剪应力数值解，将式（5.3.57）乘以 $E_a \pi r_a^2$ 可以得到轴力数值解。

5.3.3　某水电工程引水隧洞锚固工程应用

某水电工程引水隧洞锚固工程为深埋隧洞，主体支护采用锚喷支护，断面形式近似为圆形，计算参数如下：深埋隧洞开挖半径为 5 m，原岩垂直应力为 2.4 MPa，岩体弹性模量为 4 GPa，泊松比为 0.3，弹性区黏聚力为 2 MPa，塑性区黏聚力为 2.7 MPa，内摩擦角为 32°；锚杆弹性模量为 210 GPa，直径为 32 mm，锚杆环向布设夹角为 18°，锚杆间距为 2.5 m。为对 5.3.2 小节中的理论计算方法的适用性进行验证，本节采用数值模拟方法来进行对比。为深埋隧洞开挖后的剖面建立了如图 5.3.9 所示的 FLAC3D 模型，本次数值模拟由地下洞室开挖过程与支护构成，地下洞室的中心垂直剖面为其对称面，洞室横截面为圆形，洞室半径为 5 m。z 轴向上，y 轴沿洞室方向向内。网格划分与锚杆布置如图 5.3.10 所示。

由计算结果可以看出，数值模拟计算结果与理论计算结果虽有一定的差异，但锚固结构整体的受力特征基本相当，这也从侧面证明了本节提出的非预应力全黏结锚固结构的应力计算方法是可行的，并验证了大多数现场监测与模型试验中锚固结构应力分布非线性的特征，且受力特点符合"中性点理论"中提到的如图 5.3.11 所示的规律：自中性点起轴力向两端逐渐减小直至为零，中性点处轴力最大；锚杆在中性点两侧的剪应力方向是相反的，锚杆周围存在剪应力，使锚杆的一部分受到与围岩位移同方向的轴力而形成拉伸段。

可以观察到，锚固界面上剪应力的分布极不均匀，且主要集中分布在锚杆的两端，这实际上对工程安全是不利的。此外，从结果中可以看出，中性点均分布在锚杆中点的近洞壁侧，且离端头较近，相对而言，理论计算所得结果的中性点位置更靠近洞壁，且应力更加集中于全黏结锚杆的两端。

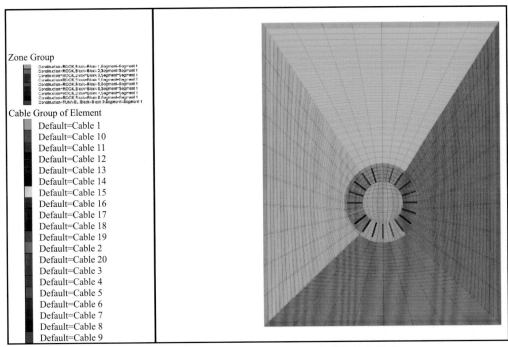

图 5.3.10　某水电工程引水隧洞锚固工程数值计算模型

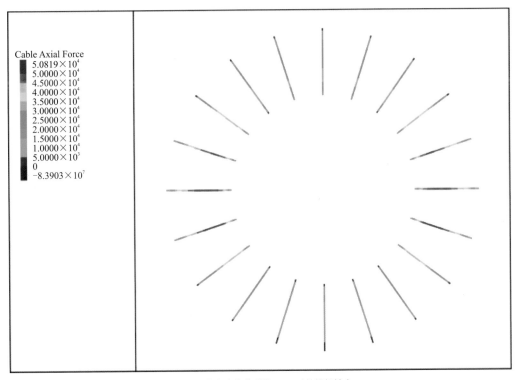

（a）天然应力比值系数 λ=0.5时的锚杆轴力

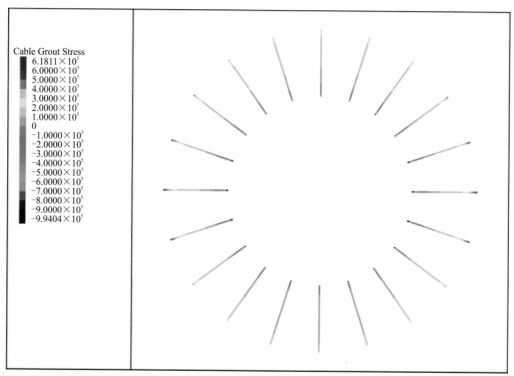

（b）天然应力比值系数λ=0.5时的锚杆剪力

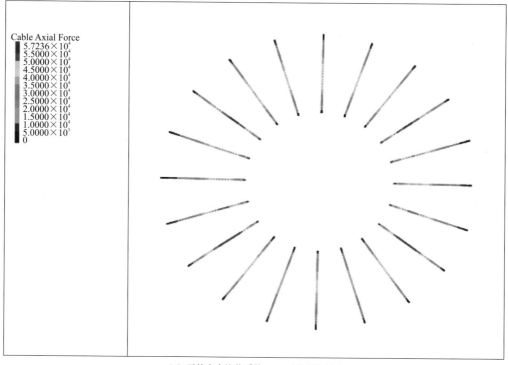

（c）天然应力比值系数λ=1.0时的锚杆轴力

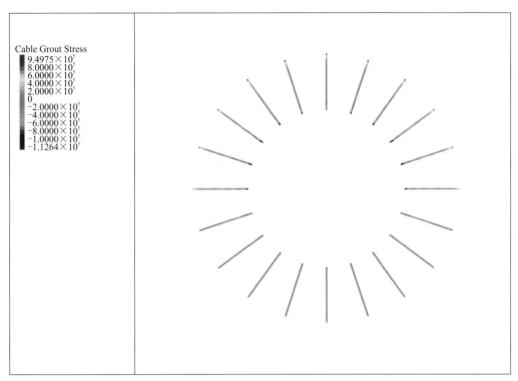

（d）天然应力比值系数λ=1.0时的锚杆剪力

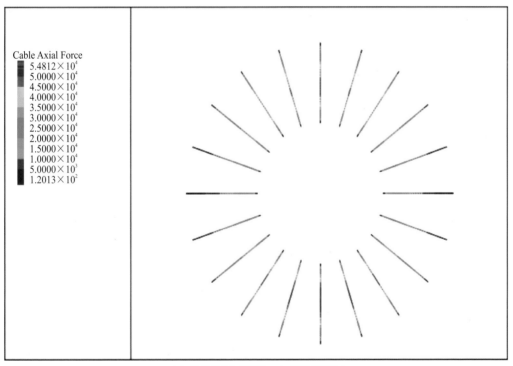

（e）天然应力比值系数λ=1.5时的锚杆轴力

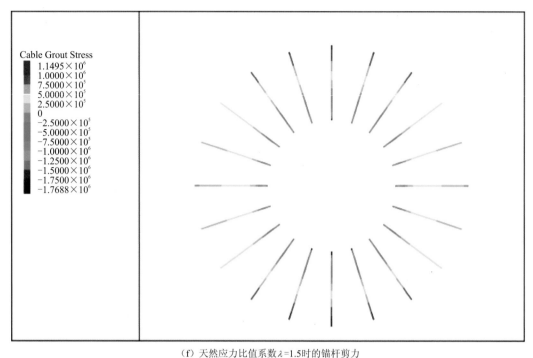

（f）天然应力比值系数λ=1.5时的锚杆剪力

图 5.3.11　锚杆不同天然应力比值系数下的轴力分布图（单位：MPa）

当围岩处于不同天然应力比值系数环境中时，不同锚固位置的锚杆产生的支护作用是不同的。通过对隧洞底部、肩部及顶部的锚杆轴力结果进行分析可以发现：当 0<λ<1 时，隧洞底部的锚杆轴力峰值大于肩部及顶部，应加强底部支护；当λ>1 时，肩部及顶部锚杆轴力逐渐大于底部锚杆轴力，应加强对肩部和顶部的支护（图 5.3.12）。

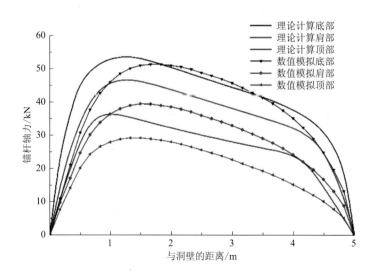

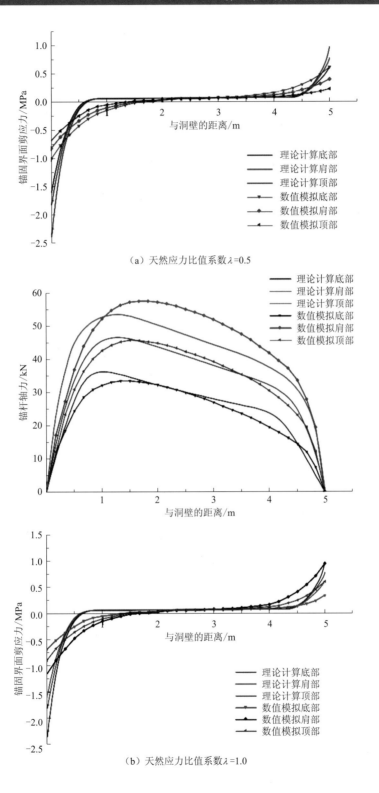

（a）天然应力比值系数λ=0.5

（b）天然应力比值系数λ=1.0

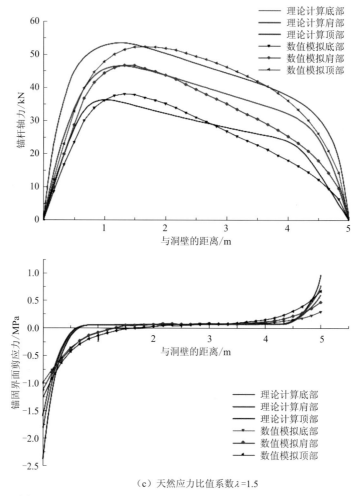

（c）天然应力比值系数λ=1.5

图 5.3.12　不同部位及天然应力比值系数下的锚杆受力分布特征

　　基于莫尔-库仑强度准则，考虑岩体软化扩容系数与洞室天然应力比值系数，建立围岩-非预应力全黏结锚杆支护模型。研究表明，天然应力比值系数对隧洞各个分区的形态有着重要影响，当天然应力比值系数小于 1 时，底部锚杆轴力增长明显，应加强对底部的支护；当天然应力比值系数大于 1 时，顶部锚杆轴力达到最大，应强化隧洞肩部及顶部的支护。

5.4　边坡锚固工程荷载随时间的演变规律初探

　　水利水电工程高边坡和地下洞室的锚固荷载监测数据表明，锚固工程预应力受地质条件、初始预应力水平、地下水位和温度等影响。与温度的相关性监测表明，锚固结构荷载受温度影响，与地表温度变动周期一致，且边坡锚固荷载与温度同步正相关波动，地下洞室锚固荷载具有一定的滞后性；但总体而言，温度对锚固荷载的影响很小，以几十千牛级变化，相对于锚固荷载而言可以忽略。因此，本节仅考虑锚固荷载损失的宏观变化趋势，不考虑小幅波动。

预应力锚索在张拉锁定后，若锚筋-砂浆体界面的剪应力 τ 未超过其黏结强度 τ_u，则该界面完好无损，锚固系统耦合，锚索、砂浆体与岩体应变协调，锚索预应力损失与岩体蠕变耦合。为描述锚索预应力损失与岩体蠕变耦合过程，在这里，采用广义开尔文模型来模拟岩体的蠕变性质。其本构方程为

$$\sigma_r + \frac{\eta_k}{E_r + E_k}\sigma_r' = \frac{E_r E_k}{E_r + E_k}\varepsilon_r + \frac{E_r}{E_r + E_k}\eta_k\varepsilon_r' \qquad (5.4.1)$$

式中：σ_r 为岩体的应力，Pa；σ_r' 为岩体的应力变化率；ε_r 为岩体的应变；ε_r' 为岩体的应变变化率；E_r 为岩体的弹性模量，Pa；E_k 为模拟岩体蠕变时开尔文模型的弹性模量，Pa；η_k 为模拟岩体蠕变时 k 体的黏度系数。

考虑岩体蠕变与预应力锚索松弛的耦合作用时，采用弹簧模拟锚索，将两者并联，得到如图 5.4.1 所示的预应力损失耦合模型，E_s' 为锚索的等效弹性模量（Pa），可由 $E_s' = E_s A_s / A_r$ 求解，其中 E_s 为锚索体弹性模量；A_s 为锚索体横截面面积（m^2），A_r 为锚索有效锚固范围内岩体的面积（m^2）。

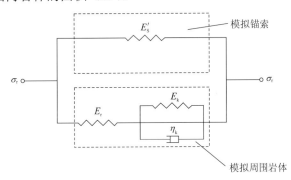

图 5.4.1　预应力损失耦合模型示意图

根据该模型各元件的本构方程及相互关系可以获得锚固系统周围岩体应力随时间变化的公式：

$$\sigma_r = C_1 e^{C_2 t} + C_3(1 - e^{C_2 t}) \qquad (5.4.2)$$

其中，

$$\begin{cases} C_1 = \dfrac{E_r E_s' \varepsilon_0}{E_s' + E_r} \\[2mm] C_2 = \dfrac{E_s' E_k + E_r E_s' + E_r E_k}{\eta_k(E_s' - E_r)} \\[2mm] C_3 = \dfrac{E_k E_r E_s' \varepsilon_0}{E_s' E_k + E_r E_s' + E_r E_k} \end{cases} \qquad (5.4.3)$$

式中：ε_0 为锚索张拉锁定后岩体的初始应变。

锚索预应力等于作用在岩体上的预应力之和，即可得锚索预应力 $P = \sigma_r A_r$ 随时间的变化公式：

$$P(t) = C_1 A_r e^{C_2 t} + C_3 A_r (1 - e^{C_2 t}) \tag{5.4.4}$$

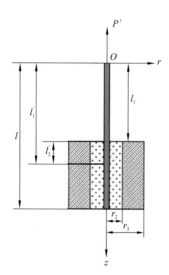

图 5.4.2　锚索预应力损失解耦模型示意图

因此，可以基于监测数据回归计算出 C_1、C_2 及 C_3。当 $t \to \infty$ 时，可以计算出预应力损失趋于稳定时的值。朱晗迓等（2005）与王清标等（2014）发现，该模型锚索预应力计算值与实测值相当接近，且变化规律基本相同，可用于锚固系统耦合时的预应力计算。

从工程实际及室内外试验中可知，沿锚杆（索）与砂浆体黏结界面处脱黏解耦为锚固结构失效的主要形式，据此假设锚固系统解耦只发生在锚杆（索）-砂浆体界面，砂浆体-围岩界面黏结良好。若施加预应力 P_0 后，锚筋-砂浆体界面的剪应力超过其黏结强度 τ_u（Pa），该界面逐渐脱黏，锚固系统解耦，解耦段锚固作用失效，成为"自由段"，进而导致锚索松弛，应变重新调整，锚索轴向应力与界面剪应力将重新分布。图 5.4.2 为锚索预应力损失解耦模型示意图，其中 l_1 为变形前自由段长度（m），l_2 为解耦段长度（m），l_1' 为锚固系统解耦之后的自由段长度（m），r_2 为砂浆体半径（m），r_3 为岩体影响区范围（m）。

当锚固系统耦合时，锚筋的总位移 S_1 为

$$S_1 = \frac{P_0}{E_s \pi r_1^2} l_1 + \int_{l_1}^{l} u_s'(z) \mathrm{d}z \tag{5.4.5}$$

式中：l_1 为变形前自由段的长度；r_1 为锚杆半径。

求解式（5.4.5），可得

$$S_1 = \frac{P_0}{E_s \pi r_1^2} l_1 - \frac{P_0(e^{2\alpha l} - e^{2\alpha l_1})}{\pi r_1^2 E_s \alpha (e^{2\alpha l} + e^{2\alpha l_1})} \tag{5.4.6}$$

锚固系统解耦之后，锚索预应力衰减为 P'，解耦段（长度 l_2）锚固作用，"自由段"长度变为 l_1'，实际"锚固段"长度为 $l - l_1'$，将 5.1.1 小节对锚索受力分析所得到的理论公式（5.1.31）中的 P_0 替代为 P'，将 l_1 替代为 l_1'，即可得到解耦后锚固段锚筋轴向位移 u_s、锚筋-砂浆体界面剪应力 τ_1 与锚筋轴向应力 σ_s 的分布：

$$u_s = \frac{P' e^{\alpha l_1'}}{\pi r_1^2 E_s \alpha (e^{2\alpha l} + e^{2\alpha l_1'})} (e^{2\alpha l} e^{-\alpha z} - e^{\alpha z}) \tag{5.4.7}$$

$$\tau_1 = \frac{P'\alpha e^{\alpha l_1'}}{2\pi r_1 (e^{2\alpha l} + e^{2\alpha l_1'})}(-e^{\alpha z} + e^{2\alpha l} e^{-\alpha z}) \tag{5.4.8}$$

$$\sigma_s = \frac{P' e^{\alpha l_1'}}{\pi r_1^2 (e^{2\alpha l} + e^{2\alpha l_1'})}(e^{\alpha z} + e^{2\alpha l} e^{-\alpha z}) \tag{5.4.9}$$

因此，当锚固系统解耦时，锚筋的总位移 S_2 为

$$S_2 = \frac{P'}{E_s \pi r_1^2} l_1' + \int_{l_1'}^{l} u_s'(z) \mathrm{d}z \tag{5.4.10}$$

求解式（5.4.10），可得

$$S_2 = \frac{P'}{E_s \pi r_1^2} l_1' - \frac{P'(e^{2\alpha l} - e^{2\alpha l_1'})}{\pi r_1^2 E_s \alpha (e^{2\alpha l} + e^{2\alpha l_1'})} \tag{5.4.11}$$

解耦前后锚固段底部相对于孔口 O 的位移是不变的，所以由 $S_1 = S_2$ 可得解耦后作用在锚固段的预应力 P'：

$$P' = \frac{P_0 D_1}{D_2} \tag{5.4.12}$$

其中，$D_1 = l_1 - \dfrac{e^{2\alpha l} - e^{2\alpha l_1}}{\alpha(e^{2\alpha l} + e^{2\alpha l_1})}$，$D_2 = l_1' - \dfrac{e^{2\alpha l} - e^{2\alpha l_1'}}{\alpha(e^{2\alpha l} + e^{2\alpha l_1'})}$。

根据预应力损失时程曲线，定义系数 k，拟合实际预应力损失曲线，定量分析预应力损失规律。预测公式为

$$P(t) = (P_0 - P_1)e^{-kt} + P_1 \tag{5.4.13}$$

式中：P_1 为监测数据最终平稳值，kN；$P(t)$ 为任意时刻锚索的预应力，kN；t 为时间，天。

假设 β 为任意时刻锚索预应力的损失率，即 $\beta = [P_0 - P(t)] / P_0 \times 100\%$，则式（5.4.13）由 P_0 和 β 可以表示为

$$P(t) = P_0 \beta e^{-kt} + P_0(1-\beta) \tag{5.4.14}$$

无监测值时，可将式（5.4.13）中的 P_1 替换成 P' 以计算锚固轴力，即

$$P(t) = \left(\frac{D_2 - D_1}{D_2} e^{-kt} + \frac{D_1}{D_2}\right) P_0 \tag{5.4.15}$$

当 $z = l_1'$ 时，$\tau_1 = \tau_u$，则

$$\tau_u = \frac{P'\alpha(e^{2\alpha l} - e^{2\alpha l_1'})}{2\pi r_1(e^{2\alpha l} + e^{2\alpha l_1'})} \tag{5.4.16}$$

联立式（5.4.12）和式（5.4.13）可得

$$f(l_1') = \frac{P_0 D_1}{D_2} - \frac{2\pi r_1 \tau_u(e^{2\alpha l} + e^{2\alpha l_1'})}{\alpha(e^{2\alpha l} - e^{2\alpha l'})} \tag{5.4.17}$$

通过二分法求解式（5.4.17）可以得到解耦之后的自由段长度 l_1'，即可通过式（5.4.13）得到由锚固系统解耦导致的预应力平稳值 P'。

为了验证上述计算的锚固荷载损失率的可靠性，以某水电站高边坡锚固工程为例，对相应锚固结构的荷载进行了监测，对理论计算值与监测值进行了对比分析。

该高边坡位于该水电站工程大坝下游峡谷右岸，为 F_{II} 和 F_{III} 断层之间的天然高陡边坡，最大坡高约为 360 m，边坡陡峻，平均坡角为 65°～71°。该边坡由多层岩石组成，宏观不利地质结构为顶硬底软，中间软弱。边坡中、上层主要为栖霞组和茅口组灰岩，其中栖霞组灰岩厚约 250 m，占边坡总高度的 70%。边坡岩体遭受裂隙切割严重，层间剪切带发育，卸荷作用明显。边坡正面进行开挖处理后，整体稳定性达到了规范规定的安全系数要求，目前已发现的小断层有 F2、F3、F158、F160、F230、F231、F232 等 20 余条，尤其是 F158 断层规模较大，影响高边坡的整体稳定性。

表 5.4.1 为锚索测力计实测锚固力，在边坡各高程马道 2 000 kN 级无黏结锚索上布置了 9 台锚索测力计，其中锚索测力计 MP12-14～MP12-24 安装在 F158 断层部位。完好的 9 台锚索测力计的实测锚固力在 1 797.0～2 334.8 kN，锁定后锚固力损失率在 -14.1%～12.5%。根据上述理论方法，对高边坡锚固工程中锚索测力计 MP12-8、MP12-15、MP12-17 及 MP12-18 等监测的预应力进行了计算，并划分了各锚索的预应力损失阶段，分析了损失率 β 随时间的变化规律，如图 5.4.3 所示。

表 5.4.1 锚索测力计实测锚固力情况

锚索测力计编号	高程/m	安装时间（年-月-日）	锁定值/kN	2008-02-23		2015-12-08	
				锚固力/kN	损失率/%	锚固力/kN	损失率/%
MP12-1	470	2002-01-12	1 295.48	—	—	—	—
MP12-2	450	2002-10-02	1 945.51	1 897.3	2.5	—	—
MP12-3	430	2002-01-30	2 234.04	2 129.3	4.7	2 079.2	6.9
MP12-4	420	2002-05-19	2 046.27	2 109.4	3.0	2 334.8	-14.1
MP12-6	380	2003-04-05～2003-04-17	2 036.4	1 984.2	2.6	2 044.1	-0.4
MP12-7	360	2003-12-20	2 118.06	2 072	2.2		
MP12-8	350	2004-05-03～2004-05-11	2 065.57	1 970.5	4.6	2 006.8	2.8
MP12-9	340	2003-12-01	2 087.93	2 006	3.9	2 034.1	2.6
MP12-14	330	2004-05-07～2004-05-22	2 032.5	1 812.2	10.8	—	—
MP12-15	330	2005-01-24	2 099.0	1 969.7	6.2	1 992.5	5.1
MP12-17	330	2005-06-13	2 015.5	1 938.0	3.8	1 930.2	4.2
MP12-18	330	2005-06-13	2 038.3	1 946.7	4.5	—	—
MP12-20	320	2005-01-24	2 054.8	1 777	13.5	1 797.0	12.5
MP12-24	320	2005-06-04	2 055	1 946.7	5.3	—	—
最小值			1 295.48	1 777	2.7	1 797.0	-14.1
最大值			2 234.04	2 129.3	4.7	2 334.8	12.5

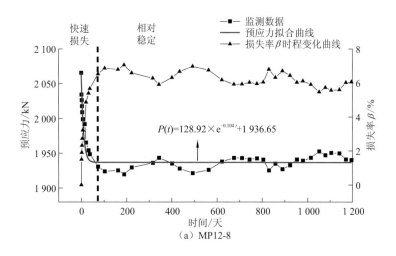

（a）MP12-8

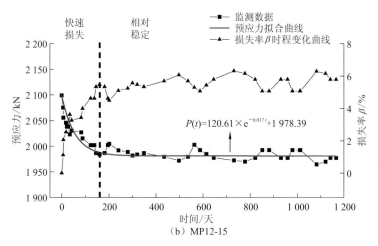

（b）MP12-15

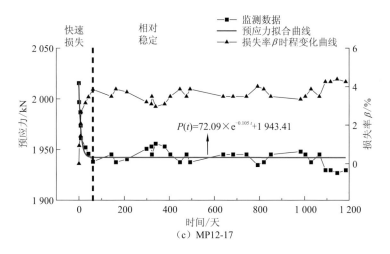

（c）MP12-17

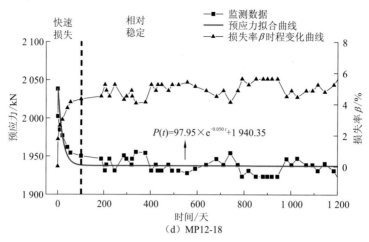

图 5.4.3　各锚索测力计监测数据及拟合曲线

对每根锚索张拉锁定后 1 200 天内的监测数据进行了拟合，结果如表 5.4.2 所示。

表 5.4.2　计算值与监测值对比分析表

锚索测力计编号	锁定值 P_0/kN	实测平稳值 P_1/kN	计算平稳值 P'/kN	误差 /%	损失率 β	解耦段长度 l_2/m
MP12-6	2 036.40	1 934.14	1 977.09	2.22	5.29	0.98
MP12-8	2 065.57	1 936.65	1 978.54	2.16	6.66	1.44
MP12-9	2 087.93	1 956.09	1 980.51	1.25	6.74	1.77
MP12-15	2 099.00	1 980.00	1 981.87	0.09	6.01	1.93
MP12-17	2 015.50	1 943.41	1 976.53	1.71	3.71	0.65
MP12-18	2 038.30	1 940.35	1 978.50	1.97	5.05	1.43
MP12-24	2 053.50	1 949.83	1 977.82	1.44	5.32	1.25

通过表 5.4.2 可以看出，计算值与实测值之间的差异，说明式（5.4.14）可以较好地拟合锚索预应力的监测数据，反映出预应力的变化规律。其中，预应力损失率在 3.58%～6.31%，各锚索在运行期的预应力损失率处于较低水平，表明锚固作用良好，边坡处于较稳定的状态。其中，系数 k 表示预应力衰减的快慢程度，k 越大表明该锚索的预应力衰减得越快，反之越慢。表 5.4.3 中锚索测力计 MP12-8 与 MP12-17 的 k 偏大，表明预应力能在短时间内衰减为平稳值，而其他锚索测力计的 k 均较小，表明预应力衰减的时间较长。

同时，进一步采用软件 FLAC3D 对锚固后的该高边坡的典型剖面进行了数值模拟分析。这里，Cable 结构单元用来模拟锚索的轴向伸缩情况，可以反映出一定弹性和理想弹塑性，一般根据几何参数、材质参数和砂浆指标而确定。一个锚头结构假设在其两个节点间存在着相同的横截面积和材料系数。砂浆体也同样反映出弹性和理想弹塑性，可以根据围岩内部的压应力确定其峰值抗拉强度，并且在达到峰值强度后也不会发生破坏。众所周知，黏附性和摩擦性都是指锚索和锚固岩体之间的接触特性，因此通常使用簧片-曲柄滑块模式来描绘节点的轴向特性，如图 5.4.4 所示。

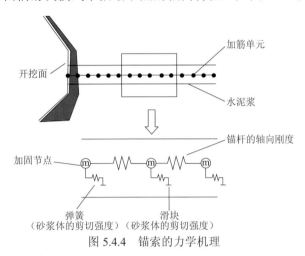

图 5.4.4　锚索的力学机理

当锚头与砂浆体界面、砂浆体与锚固岩体界面之间形成相对滑移现象时，可以使用砂浆体剪切强度、黏附强度、砂浆体之间的摩擦角、砂浆体外径，以及砂浆体内部应力等参数，对混凝土的剪切特性加以描述。根据该高边坡锚索支护方案，锚固区域和其典型剖面地层界线及预应力锚索布置如图 5.4.5 和图 5.4.6 所示。

图 5.4.5　高边坡锚固区域

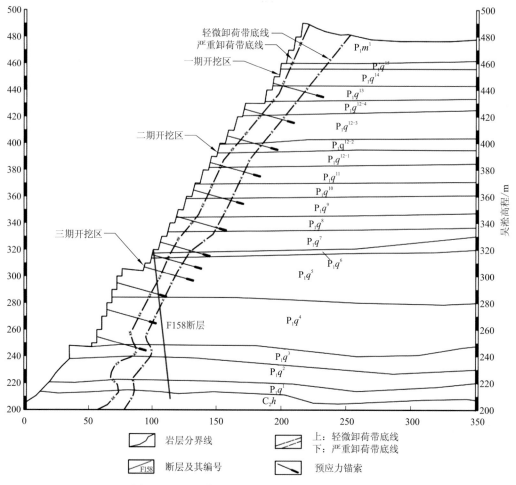

图 5.4.6　1—1 剖面地层界线及预应力锚索布置图

其中，边坡地层主要有下二叠统茅口组（P_1m）、栖霞组（P_1q）及中石炭统黄龙组（C_2h）。

根据室内外的测量数据，在充分考虑测试段地质代表性、研究取值单位及地质概化模型中的大尺度影响因素等因子，以及数值单位的非均匀度、应力类型、结构类型、各向异性等影响因子的基础上，进行了岩体力学参数取值，具体参数取值见表 5.4.3。

表 5.4.3　锚固围岩体物理力学参数表

地层岩性	重度/ (kN/m^3)	弹性模量 E/GPa	泊松比 μ	岩体抗剪强度		抗拉强度 σ_t/MPa
				c/MPa	$\varphi/(°)$	
岩组 1：P_1^1q，P_1^3q，P_1^8q	26.5	10	0.25	0.8	38	0.5
岩组 2：P_1^2q，$P_1^4q \sim P_1^7q$，$P_1^9q \sim P_1^{15}q$，P_1m，C_2h	26.5	20	0.25	1.0	45	1

续表

地层岩性	重度/ (kN/m³)	弹性模量 E/GPa	泊松比 μ	岩体抗剪强度		抗拉强度 σ_t/MPa
				c/MPa	φ/(°)	
强卸荷带	25.5	2	0.35	0.2	30	0
弱卸荷带	25.5	3	0.35	0.3	35	0.3
F158 断层	—	2	0.35	0.1	30	—

高边坡锚固区域围岩体风化卸荷严重,并且受到降雨、温度及岩体蠕变等因素的长期影响,其力学参数随时间呈现递减的趋势,参考范宇洁等(2005)提供的各力学参数随时间的衰减规律进行取值,见式(5.4.18)~式(5.4.21)。

弹性模量 E(单位为 GPa):

$$E(d) = E_0 \{1 - 0.036[\ln(d^{0.094} + 1)]\} \tag{5.4.18}$$

岩体内摩擦角 φ[单位为(°)]:

$$\varphi(d) = \varphi_0 \{1 - 0.006[\ln(d^{4.30} + 1)]\} \tag{5.4.19}$$

岩体黏聚力 c(单位为 MPa):

$$c(d) = c_0 \{1 - 0.006[\ln(d^{3.79} + 1)]\} \tag{5.4.20}$$

抗拉强度 σ_t(单位为 MPa):

$$\sigma_t(d) = \sigma_{t0} \{1 - 0.167[\ln(d^{0.47} + 1)]\} \tag{5.4.21}$$

式中:d 为边坡锚固工程运行天数;E_0、φ_0、c_0、σ_{t0} 分别为 0 时刻的弹性模量、岩体内摩擦角、岩体黏聚力、抗拉强度。

依据该高边坡开挖后的 1—1 剖面图,建立了如图 5.4.7 所示的 FLAC3D 数值模型。该数值模型共划分节点 2 683 个,单元 2 639 个。

如图 5.4.7 所示,该模型划分为强卸荷带、弱卸荷带、锚固区域岩组 1 及岩组 2。计算域两侧法向约束,底部三向约束,地表自由。锚索自由段和锚固段上的所有参数首先赋值,并在莫尔-库仑强度准则下计算,直到收敛,使用接触面单元模拟 F158 断层;而锚定岩石的初始应力场则采用自重应力场计算。初始参数根据表 5.4.3 选取,然后根据式(5.4.18)~式(5.4.21)对参数进行折减,分别计算运行 0.5 年及 4 年时间模型位移场、应力场的变化情况。另外,为反映边坡在施作锚固前后的移动状况,在坡顶、坡中和坡脚设有三处监测点;对三根锚索的应力状态进行了观察,进而分析了锚固岩体力学参数衰减下锚索应力的变化情况。边坡的数值计算结果如图 5.4.8~图 5.4.10 所示,其中 z 方向位移代表竖直方向位移,由于 y 方向固定,总位移代表 z 方向和 x 方向的和位移。

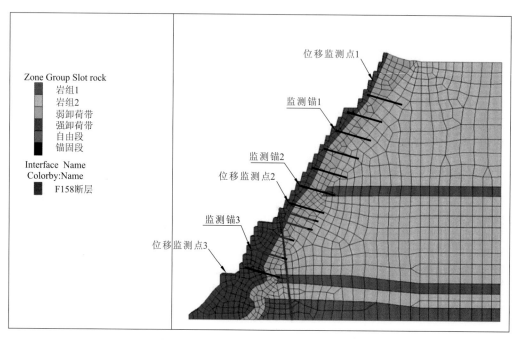

图 5.4.7　高边坡 1—1 剖面数值模型图

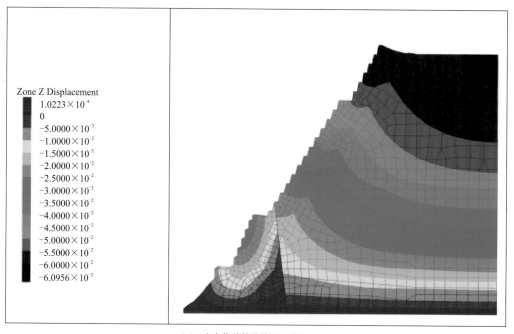

（a）z方向位移等值线图（单位：m）

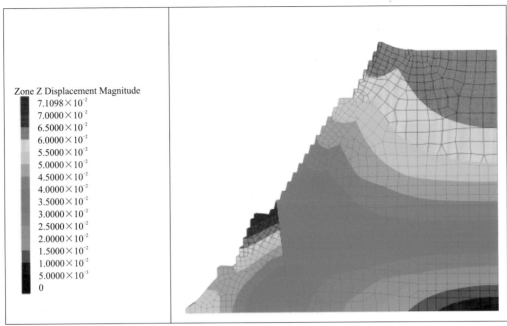

（b）总位移等值线图（单位：m）

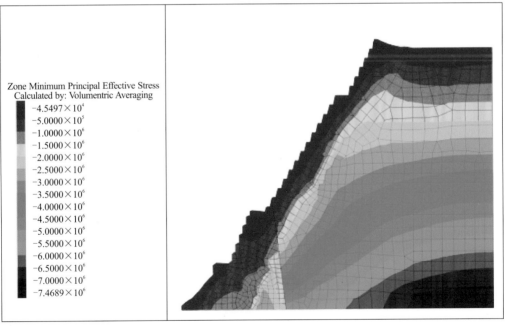

（c）最小主应力等值线图（单位：MPa）

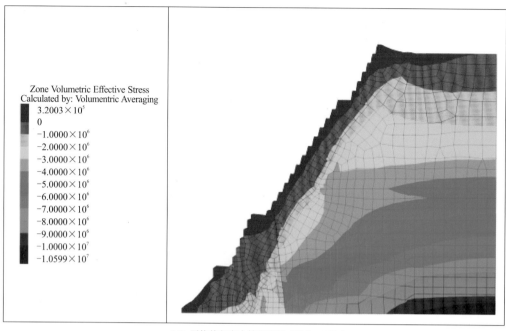

（d）平均体积应力等值线图（单位：MPa）

图 5.4.8　初始时间计算结果

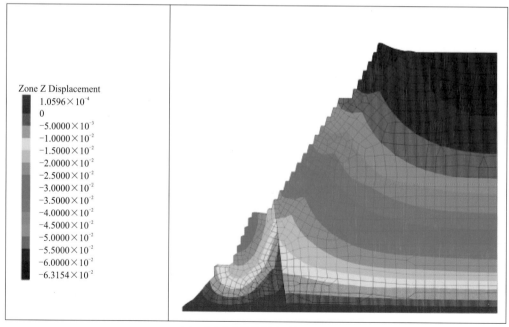

（a）z 方向位移等值线图（单位：m）

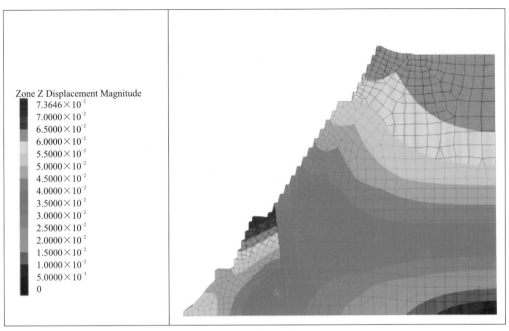

（b）总位移等值线图（单位：m）

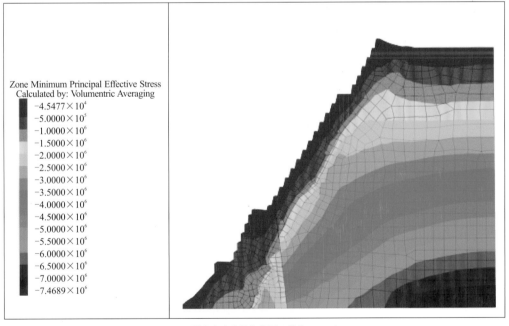

（c）最小主应力等值线图（单位：MPa）

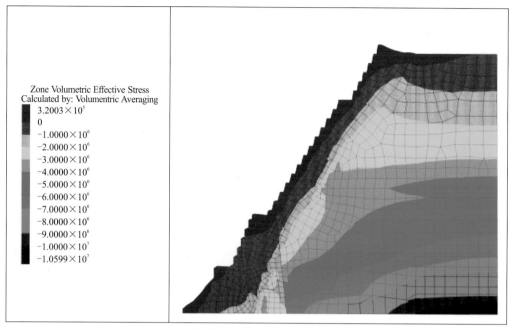

（d）平均体积应力等值线图（单位：MPa）

图 5.4.9　运行 0.5 年后计算结果

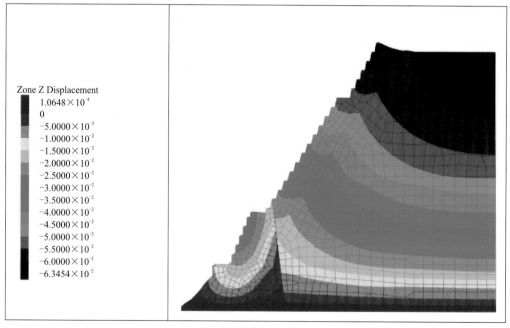

（a）z 方向位移等值线图（单位：m）

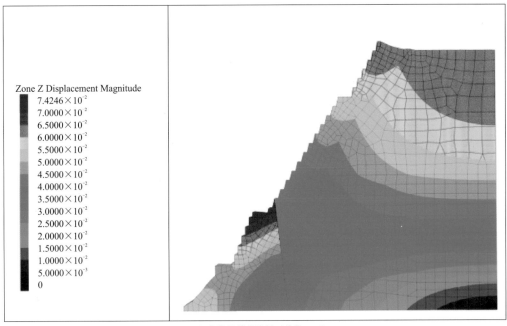

（b）总位移等值线图（单位：m）

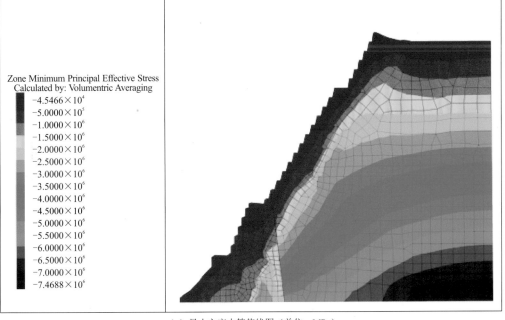

（c）最小主应力等值线图（单位：MPa）

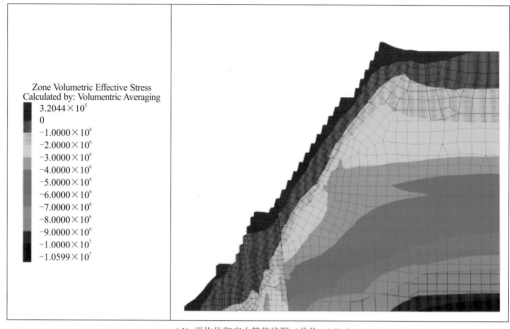

（d）平均体积应力等值线图（单位：MPa）

图 5.4.10 运行 4 年后计算结果

分析可知，边坡 z 方向位移及总位移随着坡高的增大而增大，由坡表到坡体内部逐渐减小；由于受到 F158 断层的影响，断层下盘的总位移较大，初始时间位移为 70 mm 左右，运行 0.5 年后总位移达到 73.6 mm，运行 4 年后总位移为 74.2 mm，可见边坡运行 0.5～4 年内的位移增加量小于边坡运行 0.5 年内的位移增加量。边坡最小主应力和平均体积应力都集中在坡顶及坡表，在 F158 断层附近也出现了应力集中区，随着参数衰减时间的增加，最小主应力降低，平均体积应力增加，增幅不大，表明岩体力学参数衰减对边坡应力分布的影响并不显著。同时，选取坡顶、坡中及坡脚部位三个代表性监测点，对相应部位的位移进行了跟踪监测，结果见图 5.4.11。

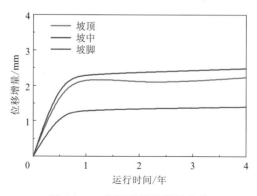

图 5.4.11 监测点位移增量曲线

　　由图 5.4.11 可以看出, 从坡顶到坡脚三个监测点在运行 0.5 年左右时坡体位移增加最快, 然后随着运行时间的增加, 各监测点位移缓慢增加; 坡中监测点由于 F158 断层的存在, 位移相对于坡顶和坡底增加最多, 在 4 年内约增加 2.5 mm。监测锚预应力随参数衰减时间的变化曲线如图 5.4.12 所示, 可以发现, 在参数衰减 0.5 年内, 锚索预应力快速降低, 三根监测锚在岩石参数衰减 0.5 年内的预应力损失量为 14 kN 左右, 到后期锚索预应力缓慢降低, 天然工况下三根监测锚在参数衰减 4 年内的预应力损失量在 19 kN 左右, 损失率约为 1%, 进一步说明由岩体力学参数衰减导致的预应力损失量占总损失量的 1%左右。

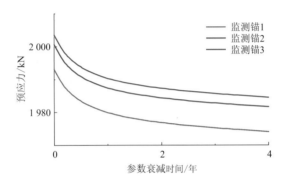

图 5.4.12　监测锚预应力随参数衰减时间的变化曲线

参 考 文 献

范宇洁, 郑七振, 魏林, 2005. 预应力锚索锚固体的破坏机理和极限承载能力研究[J]. 岩石力学与工程学报, 24(15): 2765-2769.

冯振兴, 李正秀, 唐少武, 1997. 扩散方程基本解的积分处理[J]. 武汉大学学报(自然科学版)(3): 289-295.

高丹盈, 张钢琴, 2005. 纤维增强塑料锚杆锚固性能的数值分析[J]. 岩石力学与工程学报, 24(20): 126-131.

黄明华, 周智, 欧进萍, 2014. 全长黏结式锚杆锚固段荷载传递机制非线性分析[J]. 岩石力学与工程学报, 33(S2): 3992-3997.

刘国庆, 肖明, 陈俊涛, 等, 2017. 地下洞室全长粘结式锚杆受力分析方法[J]. 华中科技大学学报(自然科学版), 45(6): 113-119.

王清标, 张聪, 王辉, 等, 2014. 预应力锚索锚固力损失与岩土体蠕变耦合效应研究[J]. 岩土力学, 35(8): 2150-2162.

张培胜, 阴可, 2009. 拉力型锚杆锚固段传力机理的全过程分析方法[J]. 地下空间与工程学报, 5(4): 716-723.

周炳生, 王保田, 梁传扬, 等, 2017. 全长黏结式锚杆锚固段荷载传递特性研究[J]. 岩石力学与工程学报, 36(AO2): 3774-3780.

周浩, 肖明, 陈俊涛, 2016. 大型地下洞室全长黏结式岩石锚杆锚固机制研究及锚固效应分析[J]. 岩土力学, 37(5): 1503-1511.

周世昌, 朱万成, 于水生, 2018. 基于双指数剪切滑移模型的全长锚固锚杆荷载传递机制分析[J]. 岩石力学与工程学报, 37(AO2): 3817-3825.

朱晗迳, 尚岳全, 陆锡铭, 等, 2005. 锚索预应力长期损失与坡体蠕变耦合分析[J]. 岩土工程学报, 27(4): 464-468.

BENMOKRANE B, CHENNOUF A, MITRI H S, 1995. Laboratory evaluation of cement-based grouts and grouted rock anchors [J]. International journal of rock mechanics and mining sciences & geomechanics abstracts, 32(7): 633-642.

CHIN F K, 1970. Estimation of the ultimate load of piles from tests not carried to failure[C]//Proceedings of the 2nd Southeast Asian Conference on Soil Engineering. Klong Luang: SEAGS: 81-90.

COSENZA E, MANFREDI G, REALFONZO R, 1997. Behavior and modeling of bond of FRP Rebars to concrete[J]. Journal of composites for construction, 1(2): 40-51.

ELIGEHAUSEN R, POPOV E P, BERTERO V V, 1983. Local bond stress-slip relationships of deformed bars under generalized excitations: Experimental results and analytical model[R]. Berkeley: University of California.

TSAI H C, AROCHO A M, GAUSE L W, 1990. Prediction of fiber-matrix interphase properties and their influence on interface stress, displacement and fracture toughness of composite material[J]. Materials science and engineering: A, 126(1/2): 295-304.

MA S, NEMCIK J, AZIZ N, 2013. An analytical model of fully grouted rock bolts subjected to tensile load[J]. Construction and building materials, 49: 519-526.

MALVAR L J, 1994. Bond stress-slip characteristics of FRP Rebars [R]. Port Hueneme：Technical report Naval Facilities Engineering Service Center.

REN F F, YANG Z J, CHEN J F, et al., 2010. An analytical analysis of the full-range behaviour of grouted rockbolts based on a tri-linear bond-slip model[J]. Construction and building materials, 24(3): 361-370.

第6章

新型锚固结构和防护技术

　　锚索的发展历程主要包括第一代的有黏结无保护预应力锚索、第二代的无黏结双层保护预应力锚索及第三代的分散压缩型预应力锚索。其实在锚索的发展和改进过程中一直想解决锚索长期耐久性和内部监测等问题。但从水利水电锚固工程运行状态分析结果来看，这些问题仍没有得到很好的解决。针对预应力锚索长期运行过程中的腐蚀破坏模式，考虑锚索结构薄弱部位与施工特点，对新型锚固结构和防护技术进行了探索。本章主要介绍新型锚固结构和防护技术，其在锚索防腐、监测等方面有所改进。

6.1　楔形压胀式内锚头结构

孙凯和孙玥（2008）、翟金明等（2002）、万军利（2017）、饶枭宇（2007）和汪小刚等（2013）曾对新型内锚头或内锚固段的受力特性进行了研究。本节在前人研究的基础上，为改善锚索内锚固段应力状态、提高抗拔力，研制了楔形压胀式内锚头，如图 6.1.1 所示，该内锚头由楔形压胀结构、防腐油脂保护和保护套组成。这一新型内锚头不仅可以使内锚头钢绞线处于完全封闭的防腐状态，而且能将内锚固段受力由拉剪、压剪转化为压胀，极大地改善了内锚固段的受力特性，在提高抗拔力的同时，有效防止了内锚固段砂浆保护层的破坏，起到了内锚头防腐和延长服役寿命的双重作用。

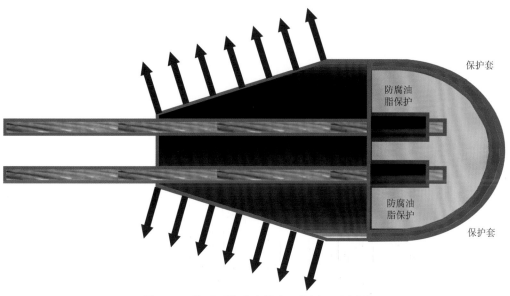

图 6.1.1　楔形压胀式内锚头工作原理示意图

6.1.1　楔形压胀式内锚头室内模拟张拉试验研究

1. 试验方案

1）试验方案设计

不同结构形式的内锚头对内锚固段的影响，主要通过室内模拟张拉试验来研究。室内模拟张拉试验方案如表 6.1.1 所示，利用压缩式、压缩摩擦式和压胀式三种内锚头的对比试验，研究压胀式内锚头对内锚固段应力的改善效果；同时，研究不同楔角的压胀式内锚头在改善内锚固段应力状态方面的作用，为楔角优化设计提供科学依据。

表 6.1.1　张拉试验方案表

试验组数	张拉试验方案
第一组	压缩式内锚头张拉试验
第二组	压缩摩擦式内锚头张拉试验
第三组	10°楔角压胀式内锚头张拉试验
第四组	15°楔角压胀式内锚头张拉试验
第五组	20°楔角压胀式内锚头张拉试验
第六组	30°楔角压胀式内锚头张拉试验

2）试验设备

张拉试验设备的主体结构如图 6.1.2 所示。该结构由两个半圆形钢桶和两块圆形侧板组成，装置前端侧板开一个直径为 20 mm 的圆孔供锚索穿过；装置后端侧板开有一个直径为 50 mm 的圆孔以便于安装锚具和锚索测力计。钢桶的长度为 1 000 mm，直径为 300 mm，板厚 10 mm；两块侧板的直径为 310 mm，板厚 18 mm。钢桶放置在长 900 mm、宽 300 mm、高 300 mm 的钢架上，以便于加载和保持钢桶的稳定性。

图 6.1.2　张拉试验设备的主体结构图

锚索张拉通过 YCW-200 型穿心式油压千斤顶实现，其公称张拉力为 260 kN，公称油压为 200 MPa，张拉行程为 200 mm；荷载控制设备采用 YL-PLT 1S 静载荷测试仪，如图 6.1.3 所示。

（a）油泵

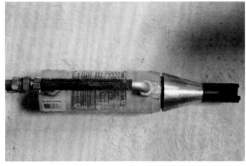

（b）穿心式油压千斤顶

（c）荷载控制设备

图 6.1.3　荷载控制设备

应力采集设备采用 DH3823 分布式信号测试采集仪，试验设备如图 6.1.4 所示；锚索测力计采用专用锚索穿心传感器，其测量范围为 0～260 kN，满足本次试验的需要；应变监测采用 YBCSZ 型应变砖，其阻抗为 120 Ω，测量范围为 0～9 999 με。

（a）应变砖

（b）穿心传感器

（c）信号测试采集仪

图 6.1.4　应力采集设备

3）试验材料

本次试验采用的普通硅酸盐水泥的化学成分见表 6.1.2。减水剂采用 UNF-2A 型萘系高效减水剂，其性能指标见表 6.1.3。

表 6.1.2　普通硅酸盐水泥的化学成分

化学成分	质量分数/%	化学成分	质量分数/%
SiO_2	21.51	Na_2O	0.20
Fe_2O_3	5.26	K_2O	0.84
Al_2O_3	5.14	TiO_2	0.14
MgO	1.45	Mn_2O_3	0.10
CaO	61.87	LOI（烧失量）	0.05
SO_3	2.29	其他	1.15

表 6.1.3　UNF-2A 型萘系高效减水剂性能指标

pH	净浆流动度	强度增幅/%	减水率/%	溶解性	减少水泥用量/%	对钢筋的影响
7～9	≥230 mm	20～60	15～25	易溶于水	10～25	无

试验用水为北京自来水。根据预应力锚索施工规范要求，水泥净浆的水灰比为 0.4，减水剂的掺量为 1%。

根据《预应力混凝土用钢绞线》（GB/T 5224—2023），钢绞线选择 1x7-15.2-1860-GB/T 5224-2023，基本参数见表 6.1.4。内锚头材料为高强钢，本节将压缩式内锚头和压缩摩擦式内锚头作为对比试验，为了控制试验变量，对压缩式内锚头进行了加厚设计，三种内锚头的高为 110 mm，最大外径为 100 mm，如图 6.1.5 所示。

表 6.1.4　钢绞线基本参数

抗拉强度/MPa	屈服荷载/kN	破坏荷载/kN	弹性模量/GPa	公称面积/mm²	伸长率/%
1 860	234.6	260.7	210	140	3.5

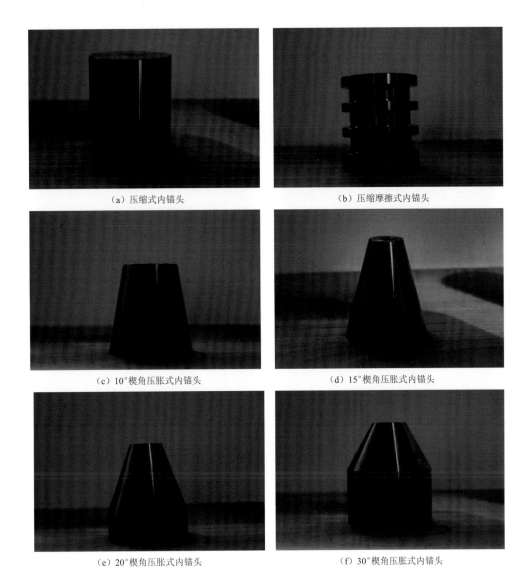

（a）压缩式内锚头　　　　　　　　　　　　（b）压缩摩擦式内锚头

（c）10°楔角压胀式内锚头　　　　　　　　　（d）15°楔角压胀式内锚头

（e）20°楔角压胀式内锚头　　　　　　　　　（f）30°楔角压胀式内锚头

图 6.1.5　试验用内锚头照片

4）监测方案

试验主要是为了对比不同形式内锚头对应的锚索抗拔力及内锚固段应力的分布情况，根据几种形式内锚头的受力特征，设计的监测点布置情况如图 6.1.6 所示。

5）试验制样过程

本次试验内锚固段分两次进行浇筑，先浇筑外围混凝土以模拟围岩部分，再进行注浆体部分的浇筑。本次试验锚孔直径设定为 140 mm，锚孔孔径的控制是通过在进行围岩部分浇筑时提前布置一根直径为 140 mm 的 PVC 管实现的，待水泥浆体有一定强度后将其拔出。为了使 PVC 管脱模方便，提前在管壁上包裹了保鲜膜，浇筑过程如图 6.1.7 所示。反映内锚固段围岩应力分布的应变砖布置图如图 6.1.8 所示。

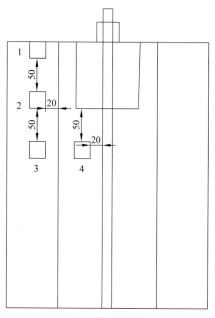

（a）压缩式内锚头

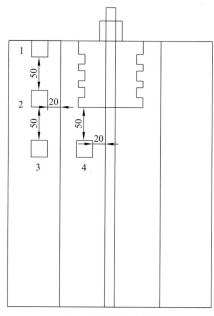

（b）压缩摩擦式内锚头

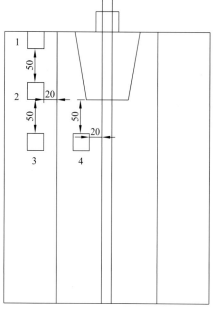

（c）10°楔角压胀式内锚头

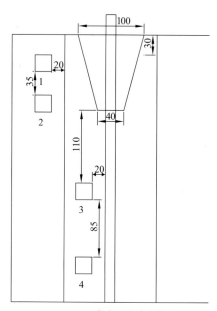

（d）15°楔角压胀式内锚头

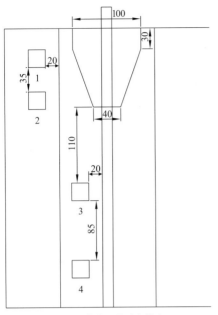

（e）20°楔角压胀式内锚头　　　　　　　　（f）30°楔角压胀式内锚头

图 6.1.6　不同形式内锚头的应变砖布置图（尺寸单位：mm）

1～4 为监测点编号

（a）浇筑前　　　　　　　　　　　　　（b）浇筑后

图 6.1.7　内锚固段浇筑试验图

图 6.1.8　应变砖布置图

张拉荷载分 11 级施加，每加载一级持荷 5 min，直至加载到 220 kN（接近锚索屈服荷载），表 6.1.5 为张拉荷载表。

表 6.1.5　试验张拉荷载表

加载顺序	加载值/kN	加载顺序	加载值/kN	加载顺序	加载值/kN
1	20	5	100	9	180
2	40	6	120	10	200
3	60	7	140	11	220
4	80	8	160		

2. 试验结果分析

图 6.1.9～图 6.1.11 显示的是不同内锚头的拉拔试验结果，从试验结果可以看出：压缩式内锚头的抗拔力为 174 kN，压缩摩擦式内锚头的抗拔力为 153 kN，压胀式内锚头的抗拔力为 256 kN，压胀式内锚头比压缩式内锚头和压缩摩擦式内锚头的抗拔力分别提高了 47% 和 67%，具有非常明显的提高抗拔力的效果，见图 6.1.9。压缩式内锚头内锚固段注浆体被拔出后的位移为 66 mm，压缩摩擦式内锚头内锚固段注浆体被拔出后的位移为 43 mm，而压胀式内锚头加载至锚索极限断裂荷载时，注浆段无任何滑移迹象；不同内锚头对应的锚索破坏形式也不一样，压缩式内锚头和压缩摩擦式内锚头对应的锚索破坏形式为整体拔出，压胀式内锚头对应的破坏形态为钢绞线断裂，说明

压胀式内锚头在提高抗拔力上效果十分明显，如图 6.1.10 所示。重点分析了 4 号应变砖（位于内锚头前端，对内锚头应力变化最为敏感）轴向、环向和径向的荷载-应变曲线，压胀式内锚头前端混凝土的轴向压应力显著降低，环向压应力也相应减小，内锚固段的应力状态得到了明显改善，如图 6.1.11 所示。

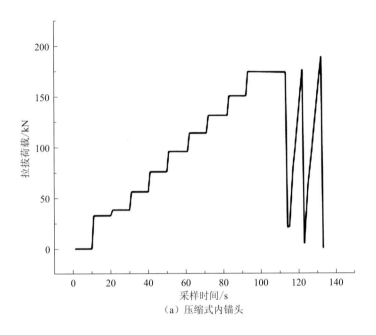

（a）压缩式内锚头

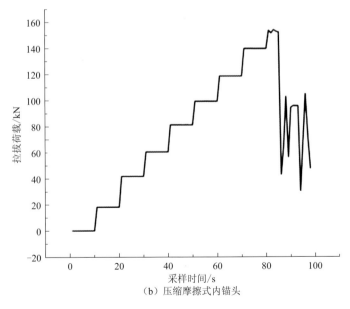

（b）压缩摩擦式内锚头

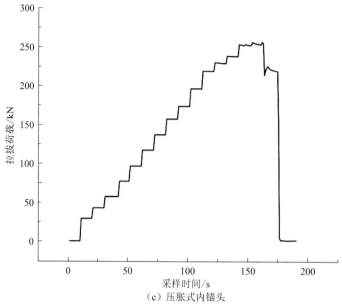

（c）压胀式内锚头

图 6.1.9 不同形式内锚头的抗拔力曲线

（a）压缩式内锚头

（b）压缩摩擦式内锚头

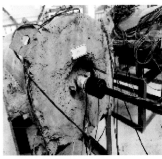

（c）压胀式内锚头

图 6.1.10　不同形式内锚头的破坏模式

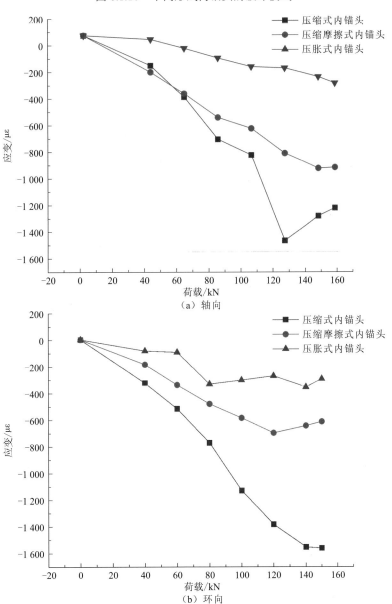

（a）轴向

（b）环向

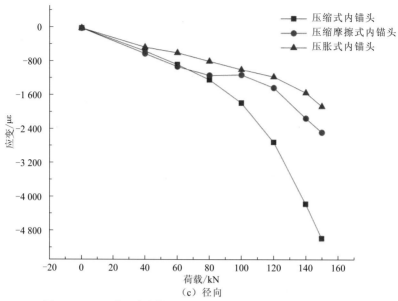

图 6.1.11 三种形式内锚头 4 号应变砖监测的应变的对比曲线

三种楔角（15°、20°和 30°）的压胀式内锚头实测的环向荷载-应变曲线如图 6.1.12 所示。1 号应变砖整体受拉，其中 20°楔角压胀式内锚头的应力最小，30°楔角压胀式内锚头的拉应力最大，从楔形压胀式内锚头的结构特性分析，拉应力越小，应力状态越好；3 号、4 号应变砖整体受压，其中 20°楔角压胀式内锚头压应力最小，30°楔角压胀式内锚头压应力最大，同样从楔形压胀式内锚头的结构特性分析，该部位压应力越小，应力状态越佳。因此，从应力监测结果来看，20°楔角压胀式内锚头内锚固段的应力分布结果优于 30°和 15°楔角压胀式锚头。

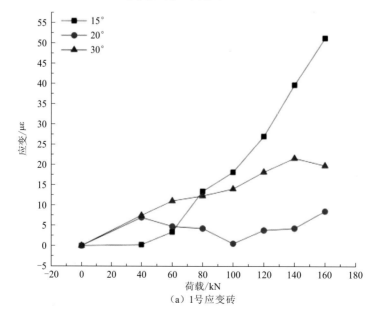

（a）1 号应变砖

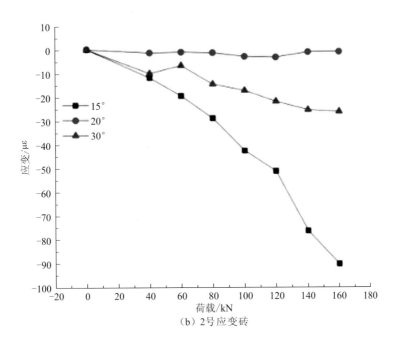

（b）2号应变砖

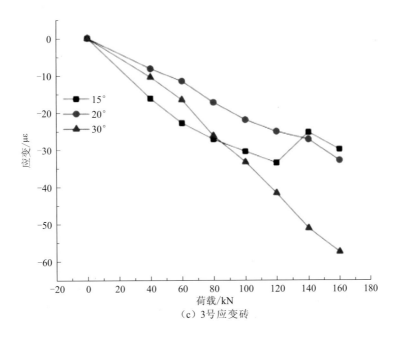

（c）3号应变砖

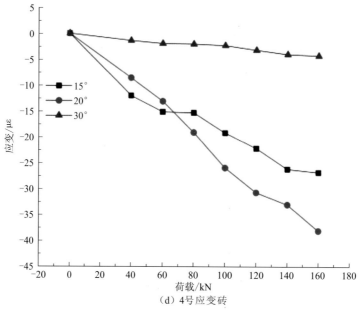

（d）4号应变砖

图 6.1.12　不同楔角的压胀式内锚头环向荷载-应变曲线

6.1.2　楔形压胀式内锚头数值仿真试验

为了进一步研究新型压胀式内锚头的受力变形和作用机理，采用 FLAC3D 和 ABAQUS 分别对不同结构形式的内锚头和不同楔角的压胀式内锚头进行了数值仿真试验。计算过程中两套软件所采用的计算模型、计算网格和边界条件均相同。

数值模型的建立尽量还原室内物理模型试验的条件，数值模型和计算网格如图 6.1.13 所示，计算网格信息统计表如表 6.1.6 所示。模型的组成部分主要包括钢桶、围岩、注浆体、锚索、内锚头、工具锚。以上数值模型组成部分的尺寸均与物理模型试验相同。试验的锚索为无黏结型，预应力直接施加在锚索端部。为了简化计算，本次试验中钢桶、围岩、砂浆和锚索等的自重都忽略不计，同时也不考虑自重引起的围压。所采用的计算参数如表 6.1.7 所示。

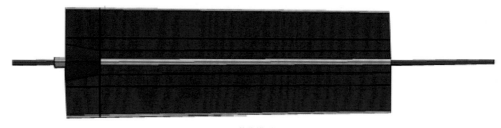

（a）数值模型

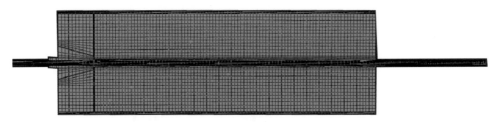

（b）计算网格

图 6.1.13　数值模型和计算网格

表 6.1.6　计算网格信息统计表

模型名称	单元类型	单元总数	节点总数
15°楔角压胀式内锚头	C3D8R	95 776	99 445
20°楔角压胀式内锚头	C3D8R	109 120	112 524
30°楔角压胀式内锚头	C3D8R	84 096	87 072

表 6.1.7　材料物理力学参数

材料名称	弹性模量/MPa	泊松比	钢绞线直径/mm	极限强度/MPa	屈服强度/MPa
钢绞线	195 000	0.02	15.24	1 860	1 500
岩体	16 000	0.2	3.8	54	43
注浆体	3 330	0.25	1.9	49.5	9

数值仿真试验采用与物理模型试验相同的加载方式，对张拉过程进行模拟分析，加载过程曲线对比如图 6.1.14 所示，由图 6.1.14 中信息可知：压缩式内锚头、压缩摩

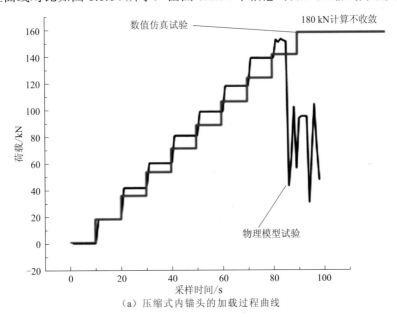

（a）压缩式内锚头的加载过程曲线

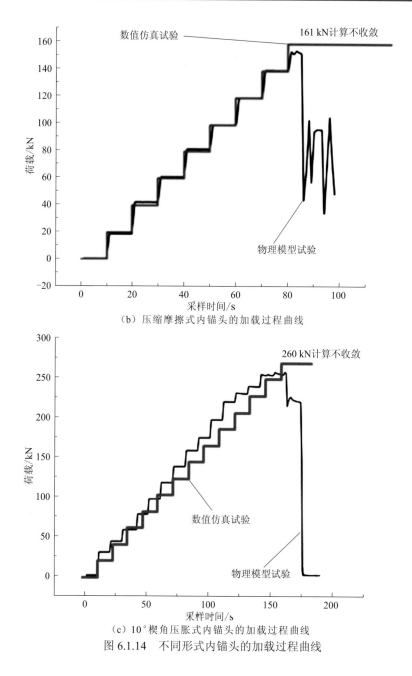

（b）压缩摩擦式内锚头的加载过程曲线

（c）10°楔角压胀式内锚头的加载过程曲线

图 6.1.14　不同形式内锚头的加载过程曲线

擦式内锚头和 10°楔角压胀式内锚头数值仿真试验得到的抗拔力分别为 180 kN、161 kN 和 260 kN，与物理模型试验得到的结果基本一致，误差不超过 10%，从一定程度上验证了数值模型的合理性。

对于三种楔角（15°、20°和30°）的压胀式内锚头，数值仿真试验与物理模型试验结果的对比如图 6.1.15 所示，对比结果表明：数值仿真试验结果与物理模型试验结果量值相当、趋势一致，进一步说明了数值仿真试验结果的合理性。

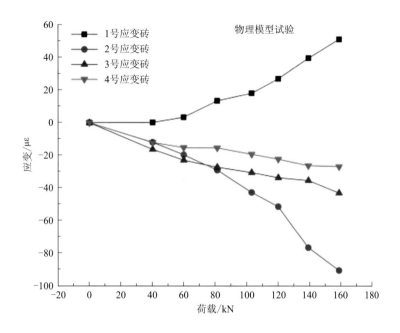

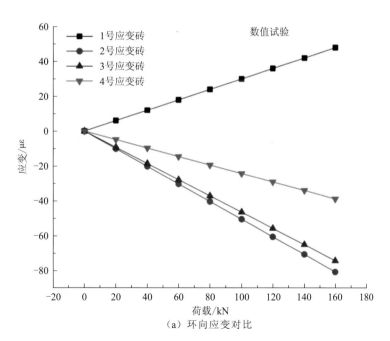

（a）环向应变对比

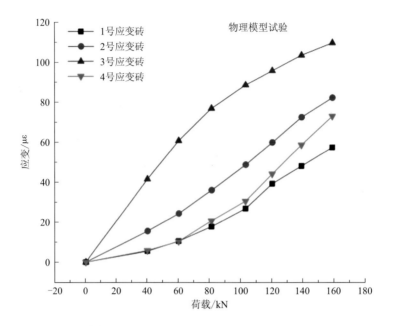

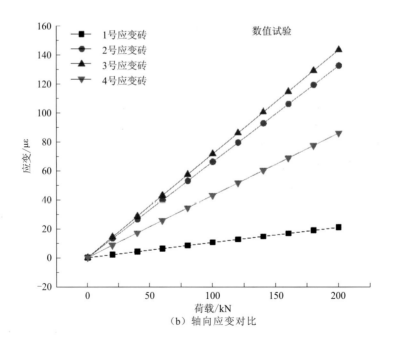

（b）轴向应变对比

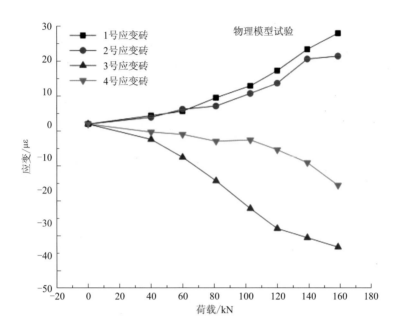

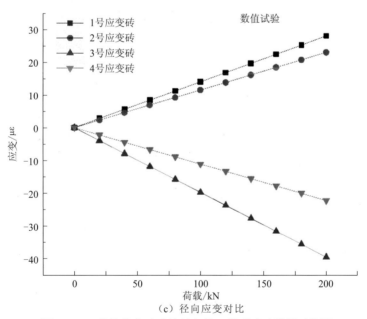

（c）径向应变对比

图 6.1.15　数值仿真试验结果与物理模型试验结果对比图

从不同形式内锚头环向应力的分布情况（图6.1.16）可知，压胀式内锚头在其周围包裹体中形成了明显的压胀区，内锚固段的应力状态得到了明显的改善，这种改善不仅提高了锚索的抗拔力，而且有效防止了内锚固段砂浆包裹体由破坏导致的腐蚀问题。

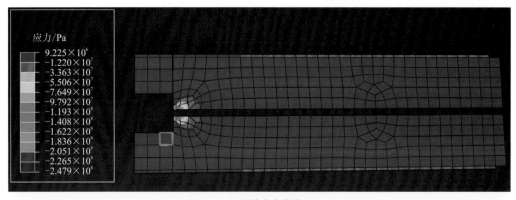

（a）压缩式内锚头

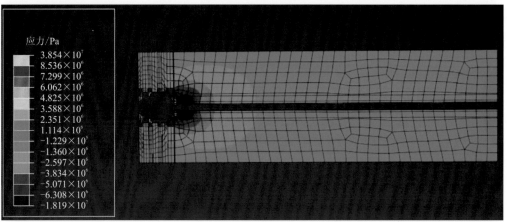

（b）压缩摩擦式内锚头

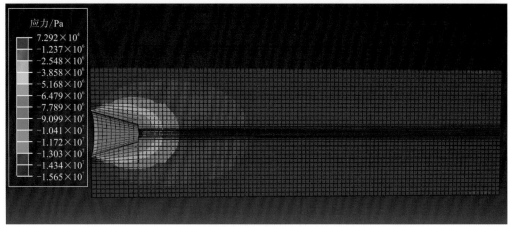

（c）压胀式内锚头

图 6.1.16　不同形式内锚头环向应力云图

对比三种楔角（15°、20°和30°）的压胀式内锚头周围的轴向应力云图可以清晰地看出，20°和30°楔角压胀式内锚头的轴向压应力分布区要明显大于15°楔角压胀式内锚头。30°楔角压胀式内锚头端部有较大范围的受拉区域。根据上述比较可以确定20°楔角压胀式内锚头的轴向应力分布情况较优，如图 6.1.17 所示。

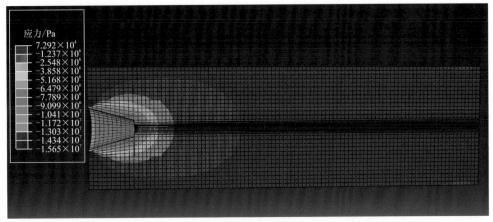

（a）15°楔角压胀式内锚头

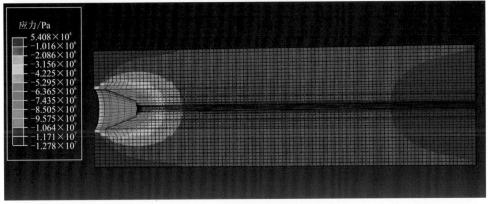

（b）20°楔角压胀式内锚头

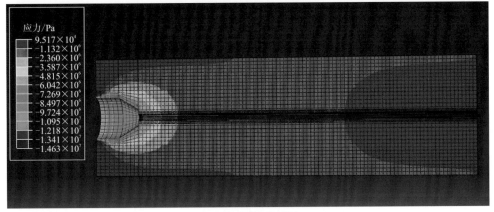

（c）30°楔角压胀式内锚头

图 6.1.17　不同楔角的压胀式内锚头轴向应力云图

通过物理模型试验和数值仿真试验研究，确定了 20° 楔角压胀式内锚头最优。

6.2 多层嵌套、同轴分序组装式锚索结构及新型外对中支架

为了提高锚索的施工效率和锚索的防护性能，研发了多层嵌套、同轴分序组装式锚索结构及新型外对中支架。

6.2.1 多层嵌套、同轴分序组装式锚索结构

如图 6.2.1 所示，新型多层嵌套、同轴分序组装式锚索结构由外包层、中架层及轴心层共三层嵌套安装后形成。

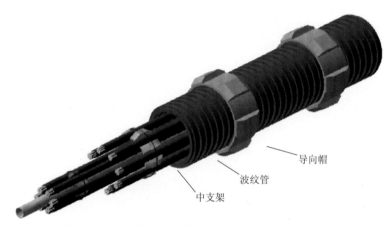

图 6.2.1 多层嵌套、同轴分序组装式锚索结构示意图

外包层位于锚索最外圈，主要由外对中支架、波纹管和导向帽组成，采用直接推送进入钻孔的方式进行安装，安装时依靠外对中支架确保外包层居中定位，见图 6.2.2。

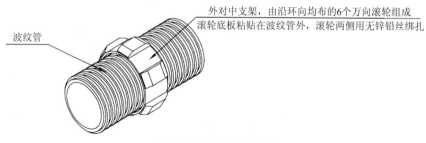

图 6.2.2 外包层示意图

中架层位于外包层内侧，主要由 8 根外圈钢索束（第一圈）和外隔离支架 A 组成，制安分为内隔离支架 A 加工、钢绞线固定和推送三步进行，见图 6.2.3。

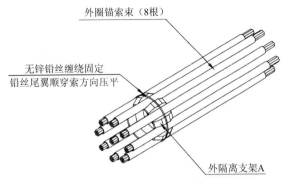

图 6.2.3　中架层示意图

轴心层位于中架层内，处于锚索总体结构的中心部位，主要由 6 根内圈钢索束（第二圈）、1 根灌浆管和内隔离支架 B 组成，制安分为内隔离支架 B 加工、钢绞线及灌浆管固定和推送三步进行，见图 6.2.4。

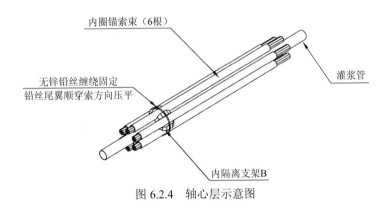

图 6.2.4　轴心层示意图

对锚索体进行"化整为零"的拆解，将其分为三层，并采用多层嵌套、同轴分序方式组装，降低锚索搬运、安装所耗用的人力，保证锚索顺利推送，避免卡索现象发生，提高锚索结构的可靠度。该方式安装功效高，便于快速施工，适用于水利水电、公路、铁路等边坡工程及地下洞室工程等，特别适用于高边坡加固、狭窄地下洞室等原传统工法不适用的工程或部位等。

6.2.2　新型外对中支架

新型锚索外对中支架主要由外对中支架底座、外对中支架凸起部位、万向轮安装槽、万向轮、预留孔五部分组成,见图6.2.5。

传统锚索体外对中支架与钻孔孔壁的摩擦为凸起部位与孔壁的滑动摩擦,利用万向轮可将外对中支架与钻孔孔壁的滑动摩擦转化为万向轮球体与钻孔孔壁的滚动摩擦。通常情况下,物体的滚动摩擦力只有滑动摩擦力的1/60~1/40。

经过革新后的外对中支架极大程度地降低了锚索(凸起部位)推送过程中受到的来自孔壁的轴向和径向摩擦力,同时使锚索体在扭转后能在反向扭矩下自行调整为平顺状态,从结构上降低了锚索的安装难度。

图6.2.5 外对中支架示意图

6.3 新型预应力锚索全程防腐结构

锚索内外锚头和接近断层、滑面等水汽交换频繁的薄弱部位是锈蚀最严重的地方,必须强化保护。对于外锚头部位,通过多层嵌套、防腐油自动充填等措施形成了新型的外锚头防腐结构;对于内锚固段,通过楔形压胀式内锚头及其对内锚固段的应力改善实现内锚固段的防腐;另外,对于沿程钢绞线研制了外层自愈砂浆,进一步提高了锚索的全程防腐能力,如图6.3.1所示。楔形压胀式内锚头相关研究成果已在6.1节中详细介绍,本节主要介绍新型外锚头防腐结构和基于自愈砂浆的薄弱部位防护技术等相关内容。

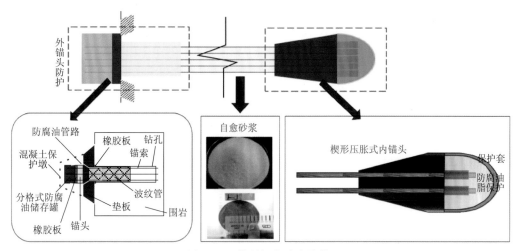

图 6.3.1　薄弱部位防腐结构

6.3.1　新型外锚头防腐结构

设计形成了一种多层防护、防腐油自动充填的新型外锚头防腐结构，如图 6.3.2 所示，具体技术特点如下。

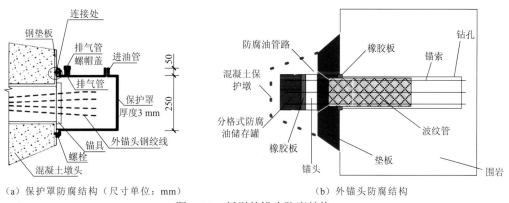

（a）保护罩防腐结构（尺寸单位：mm）　　　　　（b）外锚头防腐结构

图 6.3.2　新型外锚头防腐结构

（1）在外锚头混凝土保护墩内增加了分格式防腐油储存罐，确保外锚头钢绞线始终浸于油内。

（2）对于近地表段锚索体，除常规防护措施外增加了防护波纹管和波纹管内裂缝自动充填防护油路，实现多层嵌套防护，提高了近地表段的防腐能力。

（3）充分利用补给油箱、连接指示管和保护罩三者的联动作用，当保护罩内发生漏油、油位下降时，在重力作用下补给油箱内油体，油体通过连接指示管将自动对保护罩进行油体补给，从而保证保护罩内油体始终充满油箱，确保钢绞线始终浸入于油体内，完全满足工程对外锚头钢绞线防水防腐保护的要求。

6.3.2 锚索自愈砂浆保护层

针对目前预应力锚索自由段防护砂浆在运行过程中易受到岩体变形、开裂影响而加速腐蚀的问题,研制了能实现裂缝自愈的预应力锚索自修复砂浆包裹体产品和技术。

自愈砂浆主要由自愈颗粒、普通水泥等材料按照预应力锚索浇筑砂浆强度配比要求拌和而成。本节研发的自愈颗粒的主要成分为膨润土,采用特殊的工艺进行膨润土封闭,形成自愈颗粒胶囊,保证在砂浆拌和及注浆过程中膨润土的有效隔离,当砂浆体在锚索运行阶段因为岩体变形而开裂时,自愈颗粒外胶囊破坏,膨润土与水汽接触而变形膨胀,从而使产生的裂缝实现自愈。

对表 6.3.1 中两种配比的自愈砂浆的力学特性与自愈性能进行了室内试验研究。

表 6.3.1 自愈砂浆配比

序号	水	水泥	自愈颗粒	备注
1	1	0.5	0.2	质量比
2	1	0.5	0.4	质量比

1. 单轴抗压强度

自愈砂浆的单轴抗压强度试验是在岩石万能试验机上进行的,试验结果如图 6.3.3 所示,试验结果表明:两种配比的自愈砂浆试样的最大抗压强度皆大于 5 MPa;两种自愈砂浆试样的应力-变形曲线均表现出明显的软岩特征,峰后曲线完整且逐渐下降,具有较好的塑性变形特性;自愈颗粒含量越大,对应的强度越低,塑性变形特性越明显;但自愈砂浆强度越低,砂浆灌注密实度越难实现。

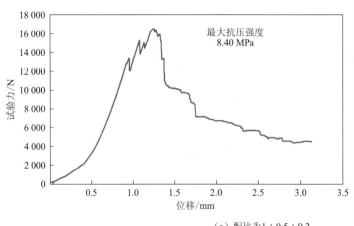

(a) 配比为 1∶0.5∶0.2

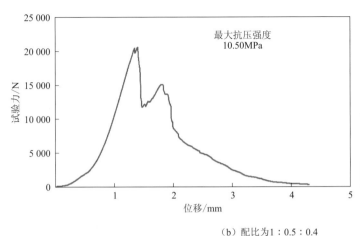

（b）配比为 1 : 0.5 : 0.4

图 6.3.3　自愈砂浆试样典型的试验曲线与破坏后试样照片

2. 自愈性能

利用单轴抗压强度试验破坏后的试样（产生了明显的竖向裂缝），进行了不同试验条件下的自愈性能试验，自愈性能试验装置如图 6.3.4 所示。

图 6.3.4　自愈砂浆试样的自愈性能试验照片

自愈性能试验分三个阶段进行，三个阶段分别设置不同的渗透压力。根据不同渗透时间获得的渗透系数来评价其自愈性能。

对于配比为 1 : 0.5 : 0.2 的试样，在渗透压力分别为 0.02 MPa、0.04 MPa 和 0.08 MPa 的三个阶段下，实测渗透系数分别为 1.92×10^{-3} cm/s、7.67×10^{-4} cm/s 和 5.37×10^{-4} cm/s，试验曲线如图 6.3.5 所示。

配比为 1 : 0.5 : 0.4 的试样的试验曲线如图 6.3.6 所示，试验过程中三个阶段控制的渗透压力分别为 0.1 MPa、0.18 MPa 和 0.20 MPa，实测的平均渗透系数分别为 6.01×10^{-4} cm/s、7.46×10^{-5} cm/s 和 5.16×10^{-5} cm/s。

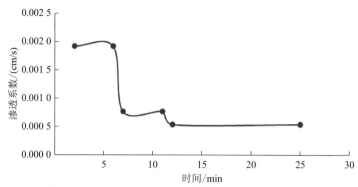

图 6.3.5　配比为 1∶0.5∶0.2 试样的渗透系数变化曲线

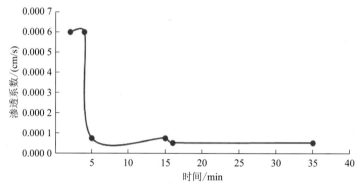

图 6.3.6　配比为 1∶0.5∶0.4 试样的渗透系数变化曲线

从试验结果来看，两种配比的自愈砂浆均具有较好的强度和自愈性能，可以满足预应力锚索保护层的相关性能要求。

参 考 文 献

饶枭宇, 2007. 预应力岩锚内锚固段锚固性能及荷载传递机理研究[D]. 重庆: 重庆大学.

孙凯, 孙玥, 2008. 土体中扩大头压力型预应力锚索研究及工程应用[J]. 预应力技术(4): 27-31.

万军利, 2017. 预制内锚头新型锚索锚固效果试验研究[J]. 铁道建筑, 57(12): 92-96.

汪小刚, 杨晓东, 贾志欣, 等, 2013. 新型压缩摩擦组合分散型锚索锚固机制及效应研究[J]. 岩石力学与工程学报, 32(6): 1094-1100.

翟金明, 周丰峻, 刘玉堂, 2002. 扩大头锚杆在软土地区锚固工程中的应用与发展[C]//锚固与注浆新技术——第二届全国岩石锚固与注浆学术会议论文集. 北京: 中国电力出版社.

第7章

水电工程锚固系统长期安全性评价方法

　　锚固系统的长期安全性是岩土体和锚固结构在赋存环境作用下的综合响应。本章通过分析影响锚固系统长期安全性的六类因素，遴选出锚固系统长期安全性评价指标，进而构建评价指标体系。在对锚固结构形式和防腐设计分析的基础上，提出锚固结构抽象模型和耐久性评价模型，并结合锚固结构的腐蚀函数，提出边坡锚固系统长期安全风险定性分析方法和长期安全性定量评价方法。同时，也对地下洞室锚固系统的长期安全性评价方法进行了探索。本章提出的锚固系统长期安全性评价方法，不仅适用于已建工程的安全性评价，而且适用于新建工程的安全性设计。本章给出的典型工程应用案例，可为长期安全性评价方法的推广应用提供参考。

7.1　锚固系统长期安全性评价指标体系

7.1.1　长期安全性影响因素

影响锚固系统长期安全性的因素可以划分为六类：①环境因素，描述锚固工程所处的运行环境；②材料因素，描述锚固结构材料自身的耐久性；③岩土体性质，描述锚固对象的基本物理力学特征；④设计因素，描述锚固结构的设计参数；⑤施工因素，描述锚固结构的施工参数；⑥其他因素，描述以上五类因素以外的其他因素。

结合锚固系统长期安全性评价方法，从以上六类影响因素中遴选关键指标，构建评价指标体系。评价指标又可从能否直接量测的角度分为两类：①无法直接量测的定性指标。定性指标主要指感官直觉、公众数据（天气等）、现场间接测量后概化或转化得到的指标（岩体质量评分、电阻、电压、电流等）等影响耐久性的因素。概化或转化得到的指标，一是非直接量测，二是按目前的研究理论及深度，仅知其对耐久性的大致影响趋势，但目前尚不宜纳入定量耐久性分析，故仍将其划入定性指标范畴。②方便直接量测的定量指标。定量指标分两类，第一类为在耐久性定量评价时必须考虑进来的定性指标，在定量考虑上，以影响因子等形式计入耐久性计算，第二类为直接将量测值计入耐久性计算的指标。

1. 环境类指标

1）环境类别与环境作用等级

确定锚固工程所处环境类别和环境作用等级是进行锚固工程长期安全性评价的基础，其应由各类定性和定量的环境指标综合确定。

参考《岩土工程勘察规范（2009 年版）》（GB 50021—2001）、《混凝土结构耐久性设计标准》（GB/T 50476—2019）、《水利水电工程合理使用年限及耐久性设计规范》（SL 654—2014）及《水电工程合理使用年限及耐久性设计规范》（NB/T 10857—2021）等国家标准和行业标准，根据锚固结构混凝土和钢材的劣化机理，对锚固工程所处环境进行分类。

将锚固工程所处环境分为六类，分别用 I～VI 表示，见表 7.1.1。

表 7.1.1　锚固结构所处环境类别

环境类别		劣化机理
I	一般环境	正常大气作用引起钢筋锈蚀
II	冻融环境	反复冻融导致锚固结构尤其是锚头段损伤

续表

	环境类别	劣化机理
III	海洋氯化物环境	氯盐侵入引起钢筋锈蚀
IV	除冰盐等其他氯化物环境	氯盐侵入引起钢筋锈蚀
V	化学腐蚀环境	硫酸盐等化学物质对钢筋及砂浆产生腐蚀
VI	杂散电流环境	引起钢筋杂散电流锈蚀

一般环境（I 类）：指仅有正常的大气（二氧化碳、氧气等）和温度、湿度（水分、饱水程度）作用，不存在冻融、氯化物、其他化学腐蚀物质及杂散电流影响的环境。

冻融环境（II 类）：会引起锚头或近锚头段混凝土、砂浆冻融损伤的环境。当混凝土内部含水量较高时，冻融循环作用会引起内部或表层的损伤。如果水中含有盐分，损伤程度会加重。

海洋氯化物环境、除冰盐等其他氯化物环境（III 类和 IV 类）：对于海岸或道路桥梁附近的岩土锚固体，氯离子可从锚索墩头混凝土或砂浆表面迁移到内部，在钢筋表面积累到一定浓度（临界浓度）后会引发钢筋锈蚀的环境。

化学腐蚀环境（V 类）：主要是土、水中的硫酸盐、酸等化学物质和大气中的硫化物、氮氧化物等对混凝土、砂浆和钢筋产生化学作用的环境。

杂散电流环境（VI 类）：主要是土中存在的杂散电流促使钢筋失去电子而氧化，形成杂散电流锈蚀的环境。

将环境作用按其对锚固工程的影响程度定性地划分成六个等级，见表7.1.2，用A～F 表示。一般环境的作用等级从轻微到中度，冻融环境、除冰盐等其他氯化物环境和化学腐蚀环境的作用等级从中度到非常严重，海洋氯化物环境和杂散电流环境的作用等级从中度到极端严重。由于腐蚀机理不同，不同环境类别、相同作用等级（如 I-C、II-C、III-C）的腐蚀程度相近，但不完全相同。

表 7.1.2　环境作用等级

环境类别		环境作用等级					
		A	B	C	D	E	F
		轻微	轻度	中度	严重	非常严重	极端严重
I	一般环境	I-A	I-B	I-C	—	—	—
II	冻融环境	—	—	II-C	II-D	II-E	—
III	海洋氯化物环境	—	—	III-C	III-D	III-E	III-F
IV	除冰盐等其他氯化物环境	—	—	IV-C	IV-D	IV-E	—
V	化学腐蚀环境	—	—	V-C	V-D	V-E	—
VI	杂散电流环境	—	—	VI-C	VI-D	VI-E	VI-F

（1）一般环境作用等级。

一般环境对锚固结构的作用等级，见表 7.1.3。

表 **7.1.3**　一般环境的作用等级

环境作用等级	环境条件	示例
I-A	干燥环境	常年位于干燥、低湿度环境中的锚固结构
	长期浸没水中环境	全部位于水下的锚固结构
I-B	非干湿交替的潮湿环境	中、高湿度环境中的锚固结构
I-C	干湿交替环境	频繁被水浸湿的锚固结构
		位于水位变动区的锚固结构

注：干燥、低湿度环境指年平均湿度低于 60%，中、高湿度环境指年平均湿度大于 60%；

干湿交替环境指锚固结构经常交替接触到大气和水的环境。

（2）冻融环境作用等级。

冻融环境对锚固结构的作用等级，见表 7.1.4。

表 **7.1.4**　冻融环境的作用等级

环境作用等级	环境条件	示例
II-C	微冻地区的无盐环境，混凝土高度饱水	微冻地区水位变动区的锚固结构
	严寒和寒冷地区的无盐环境，混凝土中度饱水	严寒和寒冷地区的近地表锚固结构
II-D	严寒和寒冷地区的无盐环境，混凝土高度饱水	严寒和寒冷地区水位变动区的锚固结构
	微冻地区的有盐环境，混凝土高度饱水	有氯盐微冻地区水位变动区的锚固结构
	严寒和寒冷地区的有盐环境，混凝土中度饱水	有氯盐严寒和寒冷地区的近地表锚固结构
II-E	严寒和寒冷地区的有盐环境，混凝土高度饱水	有氯盐严寒和寒冷地区水位变动区的锚固结构

注：冻融环境按最冷月平均气温划分为微冻地区、寒冷地区和严寒地区，其平均气温分别为 $>-3\sim2.5\,^\circ\mathrm{C}$、$>-8\sim-3\,^\circ\mathrm{C}$ 和 $-8\,^\circ\mathrm{C}$ 以下；

中度饱水指冰冻前处于潮湿状态或偶尔与雨、水等接触，锚固结构内饱水程度不高，高度饱水指冰冻前长期或频繁接触水或湿润岩土体，锚固结构内高程度饱水；

有盐或无盐指冻结的水中是否含有盐类，包括海水中的氯盐、除冰盐和有机类融雪剂或其他盐类。

（3）海洋氯化物环境作用等级。

海洋氯化物环境对锚固结构的作用等级，见表 7.1.5。

表 7.1.5　海洋氯化物环境的作用等级

环境作用等级	环境条件	示例
III-C	水下区和土中区： 周边永久浸没于海水或埋于土中	埋入地下的锚固结构和永久位于海水中的锚固结构
III-D	大气区（轻度盐雾区）：平均水位 15 m 高度以上的海上大气区； 涨潮岸线以外 100～300 m 内的陆上露天环境	近海边坡等的锚固工程
III-E	大气区（重度盐雾区）：平均水位上方 15 m 高度以内的海上大气区； 距涨潮岸线 100 m 以内、海平面以上 15 m 内的陆上露天环境。 潮汐区和浪溅区：非炎热地区	近海边坡等的锚固工程
III-F	潮汐区和浪溅区：炎热地区	近海边坡等的锚固工程

注：近海或海洋环境中水下区、潮汐区、浪溅区和大气区的划分，按现行行业标准《水运工程结构防腐蚀施工规范》（JTS/T 209—2020）的规定完成，近海或海洋环境中的土中区指海底以下或近海的陆区地下，其地下水中的盐类成分与海水相近；

轻度盐雾区与重度盐雾区的划分，宜根据当地的具体环境和既有工程调查确定；

炎热地区指年平均温度高于 20℃的地区。

（4）除冰盐等其他氯化物环境作用等级。

除冰盐等其他氯化物环境对锚固结构的作用等级，见表 7.1.6。

表 7.1.6　除冰盐等其他氯化物环境的作用等级

环境作用等级	环境条件	示例
IV-C	受除冰盐轻度盐雾作用	行车道 10 m 以外接触盐雾的边坡的锚固结构
	四周浸于含氯化物的水中	位于地下水以下的锚固结构
	接触较低浓度氯离子水体，且有干湿交替	处于水位变动区的锚固结构
IV-D	受除冰盐水溶液轻度溅射作用	道路边坡上部的锚固结构
	接触较高浓度氯离子水体，且有干湿交替	处于水位变动区的锚固结构
IV-E	直接接触除冰盐水溶液	道路边坡下部的锚固结构
	受除冰盐水溶液重度溅射或重度盐雾作用	
	接触高浓度氯离子水体，有干湿交替	处于水位变动区的锚固结构

注：除冰盐环境的作用等级与冬季喷洒冰盐的具体用量和频率有关，可根据具体情况做出调整。

（5）化学腐蚀环境作用等级。

非干旱高寒地区水、土中的硫酸盐和酸类物质对锚固结构的环境作用等级，见

表 7.1.7。干旱高寒地区硫酸盐环境作用等级，见表 7.1.8。

表 7.1.7　化学腐蚀环境的作用等级（非干旱高寒地区）

环境作用等级	作用因素				
	水中硫酸根离子质量浓度/（mg/L）	土中硫酸根离子质量分数（水溶值）/（mg/kg）	水中镁离子质量浓度/（mg/L）	水中酸碱度（pH）	水中侵蚀性二氧化碳质量浓度/（mg/L）
V-C	200～<1 000	300～<1 500	300～<1 000	6.5～>5.5	15～<30
V-D	1 000～<4 000	1 500～<6 000	1 000～<3 000	5.5～>4.5	30～<60
V-E	4 000～<10 000	<6 000~15 000	≥3 000	≤4.5	60～<100

注：表中与环境作用等级相应的硫酸根离子浓度所对应的环境条件为非干旱高寒地区的干湿交替环境，当无干湿交替（长期浸没于地表水或地下水中）时，可按表中的等级降低一级，但不得低于 V-C 级，我国干旱区指干燥度系数大于 2.0 的地区，高寒地区指海拔 3 000 m 以上的地区；

当锚固结构处于弱透水土体中时，土中硫酸根离子、水中镁离子、水中侵蚀性二氧化碳及水的 pH 的作用等级可按相应等级降低一级，但不得低于 V-C 级；

在高水压动水条件下，应提高相应的环境作用等级。

表 7.1.8　化学腐蚀环境的作用等级（干旱高寒地区）

环境作用等级	作用因素	
	水中硫酸根离子质量浓度/（mg/L）	土中硫酸根离子质量分数（水溶值）/（mg/kg）
V-C	200～<500	300～<750
V-D	500～<2 000	750～<3 000
V-E	2 000～<5 000	3 000～<7 500

注：我国干旱区指干燥度系数大于 2.0 的地区，高寒地区指海拔 3 000 m 以上的地区。

（6）杂散电流环境作用等级。

杂散电流环境对锚固结构的作用等级，见表 7.1.9。

表 7.1.9　杂散电流环境作用等级

环境作用等级	指标		
	氧化还原电位/mV	电阻率/（Ω·m）	极化电流密度/（mA/cm²）
VI-C	>400	>100	<0.02
VI-D	>200～400	>50～100	<0.05～0.02
VI-E	>100～200	>20～50	<0.2～0.05
VI-F	≤100	≤20	≥0.2

注：杂散电流环境的作用等级，取各指标环境作用等级的最高者。

2）湿度

湿度为确定一般环境类型的定性指标。当年平均湿度低于60%时，为干燥、低湿度环境，当年平均湿度大于60%时，为中、高湿度环境。

3）干湿交替

干湿交替在确定一般环境类型时为定性指标，是指锚固结构经常交替接触到大气和水的环境条件；在进行长期耐久性定量计算时为定量指标，干湿循环次数取值建议详见第7章7.2节和7.3节。

4）最冷月平均气温

最冷月平均气温为确定冻融环境类型的定性指标。当最冷月平均气温在−8℃以下时，为严寒地区，当最冷月平均气温为>−8～−3℃时，为寒冷地区，当最冷月平均气温为>−3～2.5℃时，为微冻地区。

5）饱水程度

饱水程度为冻融环境的定性指标。中度饱水指冰冻前处于潮湿状态或偶尔与雨、水等接触，锚固结构内饱水程度不高；高度饱水指冰冻前长期或频繁接触水或湿润岩土体，锚固结构内高程度饱水。

6）冻结水盐度

冻结水盐度为冻融环境的定性指标。有盐或无盐指冻结的水中是否含有盐类，包括海水中的氯盐、除冰盐和有机类融雪剂或其他盐类。

7）近海或海洋环境分区

近海或海洋环境分区为海洋氯化物环境的定性指标，分为土中区、大气区、浪溅区、潮汐区（水位变动区）和水下区。土中区，指海底以下或近海的陆区地下，其地下水中的盐类成分和海水相近。大气区、浪溅区、水位变动区和水下区的划分，按现行行业标准《水运工程结构防腐蚀施工规范》（JTS/T 209-2020）的规定完成，见表7.1.10。

表 7.1.10　近海或海洋环境分区划分

掩护条件	划分类别	大气区	浪溅区	水位变动区	水下区
有掩护条件	按海港工程设计水位	设计高水位加1.5m以上	大气区下界与设计高水位减1.0m之间	浪溅区下界与设计低水位减1.0m之间	水位变动区下界至泥面
无掩护条件	按海港工程设计水位	设计高水位加 η_0+1.0m以上	大气区下界与设计高水位减 η_0 之间	浪溅区下界与设计低水位减1.0m之间	水位变动区下界至泥面

续表

掩护条件	划分类别	大气区	浪溅区	水位变动区	水下区
无掩护条件	按天文潮潮位	最高天文潮位加70%100年一遇有效波高 $H_{1/3}$ 以上	大气区下界与最高天文潮潮位减 100 年一遇有效波高 $H_{1/3}$ 之间	浪溅区下界与最低天文潮潮位减20%100年一遇有效波高 $H_{1/3}$ 之间	水位变动区下界至泥面

注: η_0 为设计高水位时重现期 50 年 $H_{1\%}$(波列累计频率为 1%的波高)波峰面高度(m);

当浪溅区上界计算值低于码头面高程时,应取码头面高程为浪溅区上界;

当无掩护条件的海港工程混凝土结构无法按海港工程有关规范计算设计水位时,可按天文潮潮位确定混凝土结构的部位划分。

8)盐雾作用程度

盐雾作用程度为海洋氯化物环境的定性指标。轻度盐雾区与重度盐雾区的划分,宜根据当地的具体环境和既有工程调查确定。

通常情况下,大气区(轻度盐雾区)指平均水位 15 m 高度以上的海上大气区,以及涨潮岸线以外 100~300 m 内的陆上露天环境。大气区(重度盐雾区)指平均水位上方 15 m 高度以内的海上大气区,以及距涨潮岸线 100 m 以内、海平面以上 15 m 内的陆上露天环境。

9)年平均温度

年平均温度为海洋氯化物环境的定性指标,分为炎热地区和非炎热地区。在炎热地区,盐类对混凝土和钢筋的腐蚀作用较强。炎热地区为年平均温度高于 20℃的地区。

10)除冰盐作用程度

除冰盐常用于道路以避免其结冰。除冰盐作用程度可分为三类,即轻度作用、中度作用和重度作用,为定性指标。

除冰盐轻度作用区域指行车道 10 m 以外接触盐雾的区域;除冰盐中度作用区域指受除冰盐水溶液轻度溅射的区域,如道路边坡上部;除冰盐重度作用区域指直接接触除冰盐水溶液,或者受除冰盐水溶液重度溅射或重度盐雾作用的区域,如道路边坡下部。

除冰盐作用程度与冬季喷洒冰盐的具体用量和频率有关,可根据具体情况做出调整。

11)氯离子浓度

氯离子浓度为定量指标,根据其对锚固结构的腐蚀程度,可划分为四级,分别为低、较低、较高和高,见表 7.1.11。

表 7.1.11　环境水、土中氯离子浓度对锚固结构的腐蚀等级

腐蚀等级	作用因素	
	水中的氯离子质量浓度/（mg/L）	土中的氯离子质量分数/（mg/kg）
低	<100	<150
较低	100～<500	150～<750
较高	500～<5 000	750～<7 500
高	≥5 000	≥7 500

12）环境水、土中硫酸盐和酸类物质浓度

环境水、土中硫酸盐和酸类物质浓度对锚固结构的腐蚀等级划分见表 7.1.12。

表 7.1.12　环境水、土中硫酸盐和酸类物质浓度对锚固结构的腐蚀等级划分

腐蚀等级	作用因素				
	水中硫酸根离子质量浓度/（mg/L）	土中硫酸根离子质量分数（水溶值）/（mg/kg）	水中镁离子质量浓度/（mg/L）	水中酸碱度（pH）	水中侵蚀性二氧化碳质量浓度/（mg/L）
低	<200	<300	<300	>6.5	<15
较低	<1 000～200	300～<1 500	300～<1 000	>5.5～6.5	15～<30
较高	<4 000～1 000	1 500～<6 000	1 000～<3 000	>4.5～5.5	30～<60
高	<10 000～4 000	6 000～<15 000	≥3 000	≤4.5	60～<100

干旱高寒地区硫酸盐浓度对锚固结构的腐蚀等级划分见表 7.1.13。

表 7.1.13　干旱高寒地区硫酸盐浓度对锚固结构的腐蚀等级划分

腐蚀等级	作用因素	
	水中硫酸根离子质量浓度/（mg/L）	土中硫酸根离子质量分数（水溶值）/（mg/kg）
低	<200	<300
较低	200～<500	300～<750
较高	500～<2 000	750～<3 000
高	2 000～<5 000	3 000～<7 500

注：我国干旱区指干燥度系数大于 2.0 的地区，高寒地区指海拔 3 000 m 以上的地区。

13）岩土氧化还原电位、岩土电阻率、岩土极化电流密度

根据岩土氧化还原电位、电阻率及极化电流密度，划分地层腐蚀等级，分别为弱、

中等、强、很强，具体见表 7.1.14。

表 7.1.14 杂散电流环境地层腐蚀等级划分

地层腐蚀等级	指标		
	氧化还原电位/mV	电阻率/（Ω·m）	极化电流密度/（mA/cm²）
弱	>400	>100	<0.02
中等	400～>200	>50～100	0.02～<0.05
强	200～>100	>20～50	0.05～<0.2
很强	≤100	≤20	≥0.2

注：杂散电流环境的地层腐蚀等级，取各指标对应地层腐蚀等级的最高者。

2. 岩土性质类指标

1）岩体质量

岩体质量分类主要根据岩块性质，岩体的节理、裂隙发育程度，风化程度，连通率等指标。岩体质量低，环境水易通过岩体节理或裂隙，或者易在侵蚀节理和裂隙后，抵达锚固结构，引起锚固结构的腐蚀。同时，岩体质量低，锚固结构的施工优良率也很难达到高值，易出现注浆不饱满等现象，影响锚固结构的耐久性。

根据地质强度指标 GSI 取值，将岩体划分为五个等级，分别为很好、好、一般、差、很差，见表 7.1.15。

表 7.1.15 岩体质量等级划分

岩体质量等级	很好	好	一般	差	很差
地质强度指标 GSI	<80～100	<70～80	<55～70	<30～55	<0～30

2）岩体力学参数

岩体受水、腐蚀液体侵蚀和流变等作用，力学参数下降。与岩体力学性质相关的主要关键指标有：岩体弹性模量 E_0，岩体变形模量 E_m；岩体抗剪强度参数（黏聚力 c_m，内摩擦角 φ_m）；岩体抗压强度 σ_{cm}，岩体抗拉强度 σ_{tm}；在进行定量分析时，影响计算结果的其他岩体力学参数。

岩体内结构面（硬质结构面、软弱夹层、泥化夹层）受水、腐蚀液体侵蚀和流变等作用，力学参数下降。与结构面力学性质相关的主要关键指标有：结构面抗剪强度参数（黏聚力 c_j，内摩擦角 φ_j）；在进行定量分析时，影响计算结果的其他结构面力学参数。

3. 锚固结构设计类指标

锚固结构设计类指标主要用于反映锚固结构是否有设计缺陷，尤其是早期设计的锚固工程如锚杆或锚索防腐设计不足等，主要关键指标如下。

1）锚固结构防腐保护情况

锚固结构防腐保护情况为定性指标，描述锚固结构的防腐设计等级是否与环境作用等级相匹配，划分为五级，即很好、好、一般、差和很差。

2）锁定比例

锁定比例为定量指标，描述预应力锚杆或锚索锁定荷载与设计荷载的比值。

3）锚杆杆体/锚索钢绞线设计直径

锚杆杆体/锚索钢绞线设计直径为定量指标。

4）握裹层厚度

握裹层厚度为定量指标，为锚杆杆体或锚索索体与钻孔孔壁之间的间距。例如，当注浆材料为砂浆时，握裹层厚度为砂浆的厚度。

5）防腐包裹层厚度

防腐包裹层厚度指除了注浆材料以外的防腐层的厚度，主要包括 PE 套管厚度、波纹管的厚度、钢材表面防腐涂层厚度等。

6）锚杆杆体/锚索索体材料

锚杆杆体/锚索索体材料指锚杆杆体/锚索索体材料性能，如锚索钢绞线通常选用极限强度标准值为 1 860 MPa 或 1 720 MPa 的两种类型。

4. 防腐材料类指标

根据锚固结构特征，锚杆、锚索的防腐材料主要有三类：一是通过握裹体进行防腐，一般情况下为水泥砂浆；二是包裹杆体或钢绞线的 PE 套管、波纹管等；三是喷涂在杆体或钢绞线表层的防腐涂层，如热浸锌镀层。我国大部分锚杆和锚索结构通常用水泥砂浆进行注浆防腐，在腐蚀地层中的锚杆和锚索通常加设波纹管。因此，防腐材料主要考虑水泥砂浆、PE 套管和波纹管。

1）水泥砂浆

水泥砂浆为较好的防腐材料，其耐久性与其抗渗性、抗冻性和抗侵蚀性等指标有关。在注浆密实、握裹层厚度满足要求的情况下，水泥砂浆的耐久性通常可以达到 80 年以上，具体见第 3 章 3.1 节。

2）防护套和波纹管

防护套主要是热挤 HDPE 护套，通常也称为 PE 套管；波纹管是 HDPE 波纹管。HDPE 材料具有良好的耐热性、耐寒性、机械性、耐磨性和耐化学腐蚀性，其使用寿命因波纹管形式和使用环境的不同而有明显差异，一般户外使用寿命在 10 年左右，埋地使用寿命可以达到 50 年以上，具体见第 3 章 3.1 节。

5. 施工实施类指标

锚索施工过程中的缺陷类型有很多，如钻孔偏差、索体长度不足、灌浆质量存在问题、波纹管存在破损、外锚头防腐不足等。主要筛选出影响耐久性方面的施工缺陷，主要指标如下。

1）注浆体密实度

注浆体密实度为定性指标，描述注浆体的密实情况，可根据注浆饱满度等情况综合评估，并划分为五级，即很好、好、一般、差和很差。

2）锚杆、锚索钻孔直径质量

锚杆、锚索钻孔直径质量为定性指标，描述钻孔直径偏差情况，尤其是钻孔直径过小时，会使锚杆杆体或锚索索体握裹层厚度较小。根据该指标，可以将锚固结构划分为五级，即很好、好、一般、差和很差。

3）锚杆、锚索钻孔孔斜质量

锚杆、锚索钻孔孔斜质量为定性指标，描述钻孔孔斜情况，尤其是当钻孔孔斜过大时，会造成锚杆杆体、锚索索体局部握裹层厚度较小。根据该指标，可以将锚固结构划分为五级，即很好、好、一般、差和很差。

4）锚杆、锚索施工保护情况

锚杆、锚索施工保护情况为定性指标，描述在锚杆、锚索制作、存储、运输和安装过程中，对锚杆、锚索的保护情况，尤其是锚杆、锚索在制作、存储过程中的防锈蚀，运输和安装过程中对锚索 PE 套管、波纹管的防护，是否有造成破损，以及破损后的修补情况。根据该指标，可以将锚固结构划分为五级，即很好、好、一般、差和很差。

5）锚杆、锚索施工安装质量

锚杆、锚索施工安装质量为定性指标，描述锚杆、锚索的施工安装情况，尤其是是否放置对中环，下索过程中波纹管、PE 套管是否因摩擦孔壁而破损，夹具是否对锚杆、锚索钢绞线造成损伤，锚索锚座找平层施工情况等。根据该指标，可以将锚固结构划分为五级，即很好、好、一般、差和很差。

6）锚杆、锚索封锚质量

锚杆、锚索封锚质量为定性指标，描述锚杆、锚索的外锚头施工质量，主要关注孔口段的注浆是否饱满、保护罩内油脂是否充填饱满、外锚头的保护情况。通常情况下，锚杆、锚索的外锚头在一定范围内的腐蚀破坏风险较高，外锚头的封锚质量对锚杆、锚索的长期安全性影响较大。

6. 其他类型指标

其他类型指标为服役时间。服役时间为定量指标，描述评价对象的已服役时间。

7.1.2 评价指标汇总

结合安全性评价方法，根据对各种影响因素与指标的分解，遴选出的评价指标类型有六类，包括环境类、岩土性质类、设计类（设计类包含了防腐材料类）、施工实施类和其他类型。具体的指标共有 41 个，其中定性指标 16 个，定量指标 25 个，仅用于定性分析的指标有 22 个，仅用于定量评价的指标有 13 个，同时用于定性分析和定量评价的指标有 6 个。

评价指标汇总见表 7.1.16，表中的六类指标共同形成了锚固系统长期安全性评价的指标体系。

表 7.1.16 评价指标一览表

序号	指标类型	指标名称	指标性质	用于定性分析	用于定量评价	备注
1		环境作用等级	定性	√		综合指标
2		湿度	定性	√		一般环境
3		干湿交替	定量	√	√	
4		最冷月平均气温	定性	√		
5	环境类	饱水程度	定性	√		冻融环境
6		冻结水盐度	定性	√		
7		近海或海洋环境分区	定性	√		
8		盐雾作用程度	定性	√		海洋氯化物环境
9		年平均温度	定性	√		

续表

序号	指标类型	指标名称	指标性质	用于定性分析	用于定量评价	备注
10		除冰盐作用程度	定性	√		
11		氯离子浓度	定量	√	√	除冰盐等其他氯化物环境
12		干湿交替	定量	√	√	
13		硫酸根离子浓度	定量	√	√	
14		水中镁离子质量浓度	定量	√		化学腐蚀环境
15		水中酸碱度（pH）	定量	√	√	
16		水中侵蚀性二氧化碳质量浓度	定量	√		
17		岩土氧化还原电位	定量	√		
18		岩土电阻率	定量	√		杂散电流环境
19		岩土极化电流密度	定量	√		
20		地质强度指标 GSI	定量	√		
21		岩体弹性模量	定量		√	
22		岩体抗剪强度参数-c_m	定量		√	
23	岩土性质类	岩体抗剪强度参数-φ_m	定量		√	
24		岩体抗压强度	定量		√	
25		岩体抗拉强度	定量		√	
26		结构面抗剪强度参数-c_j	定量		√	
27		结构面抗剪强度参数-φ_j	定量		√	
28		设计荷载	定量		√	
29		锁定荷载	定量		√	
30	设计类（包括防腐材料类）	锚杆杆体/锚索钢绞线设计直径	定量		√	
31		锚固结构防腐保护情况	定性	√		
32		握裹层厚度	定量		√	
33		防腐包裹层厚度	定量		√	
34		锚杆杆体/锚索钢绞线设计材料	定量		√	
35	施工实施类	注浆体密实度	定性	√		
36		锚杆、锚索钻孔直径质量	定性	√		

续表

序号	指标类型	指标名称	指标性质	用于定性分析	用于定量评价	备注
37		锚杆、锚索钻孔孔斜质量	定性	√		
38		锚杆、锚索施工保护情况	定性	√		
39		锚杆、锚索施工安装质量	定性	√		
40		锚杆、锚索封锚质量	定性	√		
41	其他类型	服役时间	定量	√	√	

注：硫酸根离子浓度包括水中硫酸根离子质量浓度和土中硫酸根离子质量分数。

7.2 边坡锚固系统长期安全性评价方法

7.2.1 规范方法

基于现行规范中对环境类别和作用等级、工程等级及边坡与洞室设计等方面的规定，结合风险矩阵评价方法，提出了锚固系统长期安全性评价方法。

锚固系统长期安全性评价方法可分为定性分析方法和定量评价方法。定性分析方法的目标是对锚固工程的长期安全性风险进行评判，确定其风险等级，并给出应对对策；定量评价方法的目标是对锚固工程给出具体服务年限、安全系数或稳定状态，以指导已建工程加固和新建工程设计。

安全性评价方法也可分为"前评价"和"后评价"两类。对已建工程进行安全性"后评价"，指导工程加固，称为"安全性评价"；对新建工程进行安全性"前评价"，指导工程设计，称为"安全性设计"。

1. 长期安全风险定性分析方法

定性分析的目的是对锚固工程初步给出长期安全性风险评估，并评定是否有必要对锚固工程进行定量评价。

锚固工程长期安全风险定性分析方法的流程，见图7.2.1，主要环节如下。

第一步：先根据锚固工程所处环境类别确定环境作用等级，根据锚固工程当前状态确定锚固工程综合性能。

第二步：通过锚固工程失稳可能性等级评价矩阵确定锚固工程失稳可能性等级。

第三步：根据锚固工程失事后可能造成的人民生命财产损失、失事后复建难易程度等综合分析锚固工程失事后的损失严重程度。

第四步：通过锚固工程长期安全风险等级评价矩阵确定锚固工程长期安全风险等级。

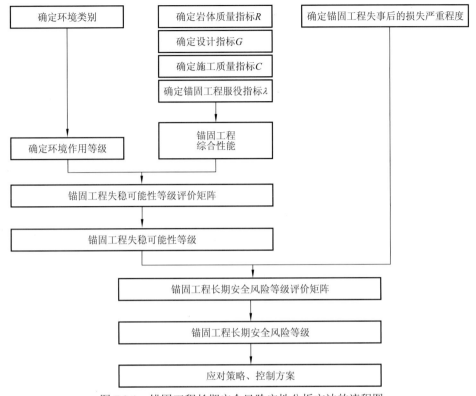

图 7.2.1　锚固工程长期安全风险定性分析方法的流程图

第五步：根据锚固工程长期安全风险等级，确定应对策略和控制方案。

1）风险等级及应对策略

锚固工程长期安全风险划分为五级，为低风险、一般风险、中等风险、较大风险和重大风险，记为 I～V，见表 7.2.1。

表 7.2.1　锚固工程长期安全风险等级及应对策略、控制方案

风险等级	接受准则	应对策略	控制方案
I	低风险	宜进行风险状态监测	宜开展日常巡检
II	一般风险	宜加强风险状态监控	加强日常巡检，实施风险防范与监测，确定风险处置措施
III	中等风险	实施风险管理以降低风险，且风险降低所需成本应小于风险发生后产生的损失	实施风险防范与监测，进行定量分析，以确定是否采取补强加固或其他有效降低损失的措施
IV	较大风险	立即采取风险控制措施以降低风险，应至少将风险等级降低至可接受或有条件可接受的水平	加强监测，并进行定量分析，立即补强加固或采取其他有效降低损失的措施

右上角：续表

风险等级	接受准则	应对策略	控制方案
V	重大风险	立即采取风险控制措施以降低风险，应至少将风险等级降低至可接受或有条件可接受的水平	加强监测，并进行定量分析，立即补强加固或采取其他有效降低损失的措施

2）风险等级评价矩阵

风险等级定性分析依托两个综合性指标，即锚固工程失稳可能性等级和锚固工程失事后的损失严重程度，采用风险矩阵进行评价，见表 7.2.2。

表 7.2.2　锚固工程长期安全风险等级评价矩阵

锚固工程失稳可能性等级	锚固工程失事后的损失严重程度				
	轻微（①）	较大（②）	严重（③）	很严重（④）	灾难性（⑤）
极不可能发生（a）	1/I	2/I	3/I	4/II	5/II
不可能发生（b）	2/I	4/I	6/II	8/II	10/III
可能发生（c）	3/I	6/II	9/II	12/III	15/IV
很可能发生（d）	4/II	8/II	12/III	16/IV	20/V
极可能发生（e）	5/III	10/III	15/IV	20/V	25/V

注：表内数据表示风险值/风险等级。

锚固工程失稳可能性越高，失事后造成的损失越大，锚固工程的长期安全风险等级越高。反之，锚固工程失稳可能性越低，失事后造成的损失越小，锚固工程的长期安全风险等级越低。

锚固工程失稳可能性划分为五级，分别为极不可能发生、不可能发生、可能发生、很可能发生和极可能发生，记为 a～e，见表 7.2.3。

表 7.2.3　锚固工程失稳可能性等级

等级	可能性
a	极不可能发生
b	不可能发生
c	可能发生
d	很可能发生
e	极可能发生

锚固工程失事后的损失严重程度划分为五级，分别为轻微、较大、严重、很严重和灾难性，记为①～⑤，见表 7.2.4。

表 7.2.4　锚固工程失事后的损失严重程度

等级	严重程度
①	轻微
②	较大
③	严重
④	很严重
⑤	灾难性

3）锚固工程失稳可能性等级评价矩阵

锚固工程失稳可能性等级依托两个综合性指标，即环境作用等级和锚固工程综合性能，采用矩阵进行评价，见表 7.2.5。

表 7.2.5　锚固工程失稳可能性等级评价矩阵

环境作用等级	锚固工程综合性能				
	很好	好	一般	差	很差
轻微（A）	1/a	2/a	3/a	4/b	5/b
轻度（B）	2/a	4/a	6/b	8/b	10/c
中度（C）	3/a	6/b	9/b	12/c	15/c
严重（D）	4/a	8/b	12/c	16/c	20/d
非常严重（E）	5/b	10/c	15/c	20/d	25/e
极端严重（F）	6/b	12/c	18/d	24/e	30/e

注：表内数据表示失稳风险值/失稳可能性等级。

锚固工程综合性能越好，所受的环境作用等级越低（环境好、侵蚀性低），锚固工程发生失事的可能性越低。反之，锚固工程综合性能越差，所受的环境作用等级越高，锚固工程发生失事的可能性越高。

锚固工程综合性能划分为五级，分别为很好、好、一般、差和很差，见表 7.2.6。

表 7.2.6　锚固工程综合性能等级

指标	锚固工程综合性能等级				
	很好	好	一般	差	很差
锚固工程综合性能指标 Ω	85～<100	70～<85	50～<70	30～<50	0～<30

锚固工程综合性能指标 Ω 考虑岩体质量指标、设计指标、施工质量指标和服役情况等多个方面，通过专家评分综合确定。锚固工程综合性能指标 Ω 可采用式（7.2.1）进行估算。

$$\Omega = (\alpha R + \beta G + \gamma C)\lambda / 3 \tag{7.2.1}$$

式中：Ω 为锚固工程综合性能指标，取值范围为 0～100；R 为岩体质量指标，根据地质强度指标 GSI 及岩体开挖质量 D 等进行综合取值，取值范围为 0～100；α 为岩体质量指标的权重，取值范围为 0～1；G 为设计指标，根据锚固工程支护强度、支护形式、支护防腐等级等进行综合取值，取值范围为 0～100；β 为设计指标的权重，取值范围为 0～1；C 为施工质量指标，根据支护结构注浆饱满度、钻孔孔径和孔斜、支护结构保护套破损程度、安装质量、封锚质量等进行综合取值，取值范围为 0～100；γ 为施工质量指标的权重，取值范围为 0～1；λ 为锚固工程服役指标，根据锚固工程服役年限、岩体变形情况和劣化程度、支护结构腐蚀程度等进行综合取值，取值范围为 0.6～1.0。

2. 基于极限状态的锚固系统长期安全性定量评价方法

锚固系统长期安全性的定量评价包括两个部分：①锚固结构自身的耐久性评价；②锚固对象即工程岩土体的安全性评价。

安全性评价对象按工程类别分为两类：①边坡，包括基坑；②地下洞室。

因此，对具体锚固工程进行定量评价，除需要表 7.1.16 中列出的指标外，还需要一些边界条件和相关工程资料，如工程结构布置、相关地质情况、开挖支护布置等。

锚固工程长期安全性定量评价的流程，见图 7.2.2，主要环节如下。

（1）确定锚固系统所处环境类别，根据环境变量测值确定环境作用等级。

（2）确定锚固系统岩土体力学参数的变化规律。

（3）根据锚固系统支护结构特征，确定锚固结构类型；结合环境类别和环境作用等级，确定锚固结构腐蚀函数及参数取值；确定锚固结构在环境作用下等效直径 D_y 和最大荷载 F_c 的变化规律。

（4）考虑环境对锚固结构和岩土体的作用，通过数值分析等手段，获得锚固系统工作状态的演化规律，主要为锚固结构受力、岩土体变形等随环境作用时间的变化情况。

（5）根据锚固系统工作状态的演化规律，获得锚固结构锚固力变化规律，确定锚固结构安全承载时间 t_m。

（6）根据锚固系统工作状态的演化规律，获得锚固系统稳定状态的变化规律。对于边坡工程，确定安全系数 K 随时间 t 的变化关系；对于地下洞室，确定超控比例 P 随时间 t 的变化关系。

（7）通过比较锚固结构安全承载时间 t_m、锚固工程稳定性指标（K、P）与设计要求，以及锚固工程设计使用年限 A 之间的相互关系，评价锚固系统的安全状态；对于评价结果为安全的锚固系统，给出其具体的安全服务年限，对于存在安全风险的锚固系统，给出加固措施建议和加固措施最佳实施时机。

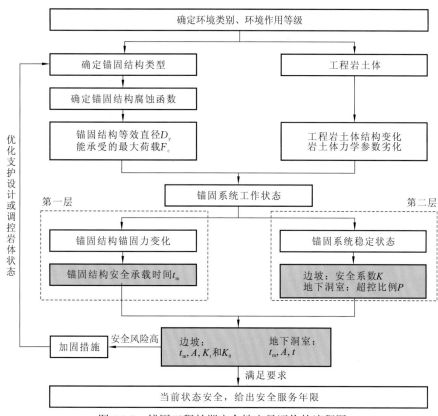

图 7.2.2　锚固工程长期安全性定量评价的流程图

K_t 为边坡服役 t 时间时的安全系数；K_0 为设计要求的安全系数

对于新建工程的安全性设计，同样遵循图 7.2.2 的流程，选择合适的支护参数和防腐措施，直至锚固系统满足长期安全要求。

1）锚固结构抽象模型

根据我国广泛应用的锚杆、锚索结构形式，将锚杆、锚索的防腐结构抽象为以下几种基本模型：①锚杆钢筋单层防腐。其应用最为广泛，普通砂浆锚杆、砂浆预应力锚杆等为此类型，见图 7.2.3（a）。②锚杆钢筋双层防腐。在普通砂浆锚杆、砂浆预应力锚杆外额外安装波纹管，见图 7.2.3（b）。③锚索钢绞线单层防腐（水泥浆）。其应用较为广泛，有黏结的预应力锚索、III 级防腐的拉力型锚索锚固段等为此类型，见图 7.2.4（a）。锚索 I 级、II 级、III 级防腐的具体构造要求可参见《岩土锚杆与喷射混凝土支护工程技术规范》（GB 50086–2015）。④锚索钢绞线双层防腐（保护套或 PE 套管，水泥浆）。其应用较为广泛，无黏结的预应力锚索、I 级和 II 级防腐的拉力型锚索自由段、I 级和 II 级防腐的压力型锚索等为此类型，见图 7.2.4（b）。⑤锚索钢绞线双层防腐（波纹管，水泥浆）。其应用较为广泛，I 级、II 级防腐的拉力型锚索锚固段等为此类型，图 7.2.4（c）。⑥其他防腐形式。其他一些锚杆、锚索防腐形式，可以由以上五种基本类型组合而成。例如，带 PE 套管的钢绞线，外再安装波纹管，并采用水泥浆注浆，那么其防腐结构模型可由图 7.2.4（b）和（c）组合而成。又如，当 I 级防腐的拉力型和压力型锚索自由段安装的光滑套管考虑采用防腐材料时，也可以将图 7.2.4（b）和（c）进行组合来构建防腐结构模型。

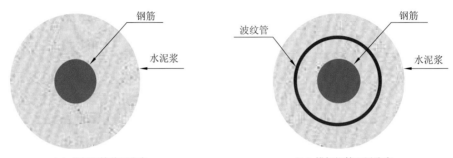

（a）锚杆钢筋单层防腐　　　　　　　　　　（b）锚杆钢筋双层防腐

图 7.2.3　锚杆钢筋防腐结构模型

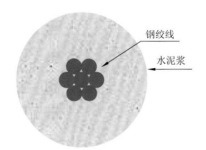

（a）锚索钢绞线单层防腐（水泥浆）

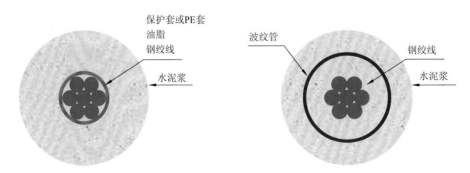

（b）锚索钢绞线双层防腐（保护套或 PE 套，水泥浆）　　　（c）锚索钢绞线双层防腐（波纹管，水泥浆）

图 7.2.4　锚索钢绞线（以单根钢绞线为例）防腐结构模型

　　锚杆、锚索的腐蚀破坏一般发生在最薄弱的部位，因此防腐结构模型应根据自由段、锚固段的防腐最薄弱环节进行构建。从现场调研结果来看，一般外锚头及以下一定范围内的自由段较易发生腐蚀。

　　锚头的耐久性可以通过外观检查来判断，可以进一步打开锚具钢罩或撬开混凝土罩，直接对锚杆、锚索锚头的腐蚀情况进行检查，见图 7.2.5。

图 7.2.5　对运行 10 年后的锚索锚头的腐蚀情况进行检查（锚具钢罩内油脂已漏光）

　　因此，除可以直观检查锚头的腐蚀情况外，锚杆杆体和钢绞线的腐蚀情况可以通过逐一分析各防腐材料和钢筋的腐蚀程度来综合评估。腐蚀会引起锚杆、锚索有效截面面积的损失，进而导致锚杆、锚索的受力变化，以此对锚杆、锚索的耐久性能进行评价。

2）锚固结构耐久性评价模型

　　根据锚固结构抽象模型，构建锚固结构耐久性评价模型。

　　锚杆、锚索结构整体安全承载时间 t_m 由式（7.2.2）描述：

$$t_m = t_g + \max_{1 \leqslant i \leqslant n} t_{pi} \qquad (7.2.2)$$

式中：t_g 为锚杆杆体、锚索索体保持安全承载的时间；t_{pi} 为第 i 层防腐材料如水泥砂浆、波纹管、PE 套管等的耐久时间；n 为防腐材料层数。

　　通过锚杆、锚索应力 f 达到极限抗拉强度标准值 f_{ptk} 的比例，即 $\eta = f/f_{ptk}$（η 为锚杆、锚索强度利用系数），来判断锚杆、锚索的安全性。当 $\eta = 0.72$ 时，认为其安全裕度不足，当 $\eta = 0.8$ 时，认为其安全性不够。

　　记锚杆或锚索荷载为 F_0，锚杆杆体或锚索索体初始等效截面直径为 D_0，锚杆杆体或锚索索体应力达到 ηf_{ptk} 时的等效截面直径为 D_{yn}。

　　当锚杆、锚索的等效截面直径从 D_0 腐蚀至 $D_{yn} = 2\sqrt{\dfrac{F_0}{\pi \eta f_{ptk}}}$ 时，锚杆、锚索应力达到 $0.72 f_{ptk}$，即 $\eta = 0.72$，其安全裕度不足。

　　定义

$$\Delta D = D_0 - D_y = D_0 - 2\sqrt{\frac{F_0}{\pi \eta f_{ptk}}} = \int \frac{\partial Y}{\partial t} \mathrm{d}t \qquad (7.2.3)$$

求解式（7.2.3），可以得出锚杆杆体、锚索索体的安全承载时间，记为 t_g。

式（7.2.3）中，函数 Y 为锚杆杆体、锚索索体的腐蚀函数，具体函数形式可由第 3 章锚索寿命预测模型推导得到。

记 t_{p_i} 对防腐材料厚度 H 的反函数为

$$t_{p_i} = Q^{-1}(K_{p_i}, H, S_1, S_2, \cdots, S_i) \qquad (7.2.4)$$

式中：K_{p_i} 为防腐材料的材料参数；H 为防腐材料的厚度；S_i 为环境变量，$i = 1, 2, 3, \cdots$；t_{p_i} 为时间。

计算式（7.2.4），可得出防腐材料 P_i 的耐久性时间 t_{p_i}。

3）锚固结构标准腐蚀函数

锚固结构标准腐蚀函数包括三类：一是关于钢材，即锚杆杆体、锚索钢绞线的腐蚀函数；二是关于胶凝材料，即水泥砂浆等材料的长期耐久性函数；三是关于防腐材料，即钢绞线 PE 套管、波纹管等材料的耐久性函数。

基于水电工程锚固系统通常所处工作环境，开展了锚杆杆体、锚索钢绞线的室内全浸泡试验和干湿交替加速试验，并提出了对应环境下的寿命预测模型，详见第 3 章 3.3 节。因此，在锚固系统长期安全性定量评价时，应结合待评价锚固系统所处工作环境情况，选择合适的锚杆杆体、锚索钢绞线的腐蚀函数及参数。

关于水泥砂浆等胶凝材料的耐久性函数、锚索钢绞线 PE 套管的长期耐久性评价，以及波纹管的长期耐久性评价，详见第 3 章 3.1 节。

4）岩土体力学性质演化

干湿交替环境下，水对岩土体力学参数的影响主要表现在两个方面：一是水作用下岩体的变形和岩体强度参数的降低；二是水作用下节理面抗剪强度和抗剪强度参数的降低。通过总结干湿循环对岩块力学参数影响方面的文献，得出了砂岩、灰岩和火成岩的单轴抗压强度与干湿循环次数的关系，在 Hoek-Brown 强度准则和地质强度指标（geological strength index，GIS）的基础上，提出了岩体力学变形参数和强度参数随干湿循环次数的劣化规律，并给出了水作用后结构面抗剪强度随干湿循环次数的劣化规律，详见第 4 章 4.1 节。

5）评价方法与流程

为方便描述，定义如下符号：A 为锚固工程的设计使用年限；t_m 为锚固结构整体的安全承载时间；K_0 为锚固工程的安全性指标要求，如边坡的最小安全系数要求；t 为进行安全评价时，锚固工程的已服役年限；K_t 为锚固工程服役 t 年后的安全性指标；

η 为锚杆、锚索强度利用系数；K_s 为锚固工程的设计安全性指标；F_s 为锚杆、锚索的设计荷载；F_c 为锚杆、锚索的最大荷载；f_{ptk} 为锚杆、锚索的极限抗拉强度标准值；f_{py} 为锚杆、锚索的抗拉强度设计值。

（1）干湿循环次数取值。

边坡工程的长期安全性定量评价中，应考虑干湿循环对岩土体、结构面力学参数，以及锚杆、锚索承载力的影响。

岩体及结构面力学参数劣化与干湿循环次数有关，因此，对于边坡工程是否考虑干湿循环的影响，建议根据边坡工程与水环境之间的关系，按表 7.2.7 进行干湿循环次数的取值。

表 7.2.7　边坡工程干湿循环次数取值建议

边坡工程与水位之间的关系	建议
水库水位或地下水位以上	可根据降雨情况，综合考虑干湿循环次数
水库水位或地下水位变幅区	可根据地下水位升降情况，综合考虑干湿循环次数
水库死水位或地下水位以下	可不考虑干湿循环影响

对受干湿循环影响的边坡锚固工程进行长期安全性评价时，宜同时考虑干湿循环对岩土体、结构面力学参数的劣化，以及干湿循环与环境作用对锚固结构承载能力的影响。当采用极限平衡法等方法进行边坡稳定性计算时，主要考虑干湿循环对结构面力学性能的劣化导致的抗滑能力的降低，以及锚固结构受环境作用而承载能力下降的影响。

（2）边坡稳定安全系数要求。

a.《水电工程边坡设计规范》（NB/T 10512—2021）。

根据《水电工程边坡设计规范》（NB/T 10512—2021），水电工程边坡类别和级别按其所属枢纽工程等级、建筑物级别、边坡所处位置、边坡重要性、失稳危害程度进行确定，见表 7.2.8。

表 7.2.8　水电工程边坡类别和级别划分

级别	类别		
	A 类枢纽工程区边坡	B 类水库边坡	C 类河道边坡
I	影响 1 级水工建筑物安全的边坡	失稳产生危害性涌浪或灾害可能危及 1 级水工建筑物安全的边坡	失稳可能影响 1 级水工建筑物运行的边坡
II	影响 2 级、3 级水工建筑物安全的边坡	失稳产生危害性涌浪或灾害可能危及 2 级、3 级水工建筑物安全的边坡	失稳可能影响 2 级、3 级水工建筑物运行的边坡
III	影响 4 级、5 级水工建筑物安全的边坡	要求整体稳定而允许部分失稳或缓慢滑落的边坡	要求整体稳定而允许部分失稳或有滑落容纳安全空间的边坡

注：料场边坡应根据其所处位置及其对水工建筑物的影响程度按本表进行分类分级。不在本表中所述三类区域的料场边坡应根据边坡失稳风险及危害程度分析确定边坡级别。

边坡设计作用组合应符合表 7.2.9 的规定。边坡工程应按下列三种工况进行设计。

表 7.2.9　边坡设计作用组合

作用组合	作用力					备注
	自重	外水压力	地下水压力	加固力	地震力	
基本组合	√	√	√	√	—	除地震、校核洪水位以外的其他情况
偶然组合 I	√	√	√	√	—	校核洪水位情况
偶然组合 II	√	√	√	√	√	地震情况

工况一，持久状况应为边坡正常运用工况，应采用基本组合设计。

工况二，短暂状况应包括：施工期缺少或部分缺少加固力；缺少排水设施或施工用水使地下水位增高；运行期暴雨或久雨或可能的泄流雾化雨，以及地下或地表排水短期失效形成的地下水位增高；水库水位骤降、骤升或水库紧急放空；等等。短暂状况应采用基本组合设计。

工况三，偶然状况应为校核洪水位、遭遇地震等情况，应采用偶然组合设计。

水电工程边坡稳定分析应区分不同的荷载效应组合或运用状况，采用极限平衡法的下限解法进行抗滑稳定计算时，边坡抗滑稳定设计安全系数应符合表 7.2.10 的规定。

表 7.2.10　边坡抗滑稳定设计安全系数[《水电工程边坡设计规范》（NB/T 10512—2021）]

级别	类别								
	A 类枢纽工程区边坡			B 类水库边坡			C 类河道边坡		
	基本组合		偶然组合	基本组合		偶然组合	基本组合		偶然组合
	持久状况	短暂状况	偶然状况	持久状况	短暂状况	偶然状况	持久状况	短暂状况	偶然状况
I	1.30～1.25	1.20～1.15	1.10～1.05	1.25～1.15	1.15～1.05	1.05	1.20～1.10	1.10～1.05	1.05
II	1.25～1.15	1.15～1.05	1.05	1.15～1.05	1.10～1.05	1.05～1.00	1.10～1.05	1.05～1.02	1.02～1.00
III	1.15～1.05	1.10～1.05	1.05	1.10～1.05	1.05～1.00	1.00	1.05～1.02	1.02～1.00	1.00

注：本表边坡抗滑稳定设计安全系对应于设计采用的岩体和结构面抗剪断强度指标与土体抗剪强度指标；其强度指标均以岩土体峰值强度小值平均值为基础进行取值。

b.《水利水电工程边坡设计规范》（SL 386—2007）。

根据《水利水电工程边坡设计规范》（SL 386—2007），水利水电工程边坡级别的确定应考虑下列因素：对建筑物安全和正常运用的影响程度；对人身和财产安全的影响程度；边坡失事后的损失大小；边坡规模大小；边坡所处位置；临时边坡还是永久边坡；社会和环境因素。

边坡的级别应根据相关水工建筑物的级别及边坡与水工建筑物的相互关系，并对边坡破坏造成的影响进行论证后，按表 7.2.11 的规定确定。

表 7.2.11　与水工建筑物级别相关的边坡级别

建筑物级别	对水工建筑物的危害程度			
	严重	较严重	不严重	较轻
1	1	2	3	4、5
2	2	3	4	5
3	3	4	5	5
4	4	5	5	5

注：严重指相关水工建筑物完全破坏或功能完全丧失；较严重指相关水工建筑物遭到较大的破坏或功能受到比较大的影响，需进行专门的除险加固后才能投入正常运用；不严重指相关水工建筑物遭到一些破坏或功能受到一些影响，及时修复后仍能使用；较轻指相关水工建筑物仅受到很小的影响或间接地受到影响。

边坡的运用条件应根据其工作状况、作用力出现的概率和持续时间的长短，分为正常运用条件、非常运用条件 I 和非常运用条件 II 三种。

第一种，正常运用条件应包括以下工况。

临水边坡：①水库水位处于正常蓄水位和设计洪水位与死水位之间的各种水位及其经常性降落；②除宣泄校核洪水以外各种情况下的水库下游水位及其经常性降落；③水道边坡的正常高水位与最低水位之间的各种水位及其经常性降落。

不临水边坡工程投入运用后经常发生或持续时间长的情况。

第二种，非常运用条件 I 应包括以下工况：①施工期；②临水边坡的水位非常降落；③校核洪水位及其水位降落；④由降雨、泄水雨雾和其他原因引起的边坡体饱和及相应的地下水位变化；⑤正常运用条件下边坡体排水失效。

第三种，非常运用条件 II 应为正常运用条件下遭遇地震。

水利水电工程边坡的最小安全系数应综合考虑边坡的级别、运用条件、治理和加固费等因素，采用极限平衡法计算的边坡抗滑稳定最小安全系数应满足表 7.2.12 的规定。经论证，破坏后给社会、经济和环境带来重大影响的 1 级边坡，在正常运用条件下的抗滑稳定安全系数可取 1.30～1.50。

表 7.2.12　边坡抗滑稳定安全系数标准[《水利水电工程边坡设计规范》（SL 386—2007）]

运用条件	边坡级别				
	1	2	3	4	5
正常运用条件	1.30～1.25	1.25～1.20	1.20～1.15	1.15～1.10	1.10～1.05
非常运用条件 I	1.25～1.20	1.20～1.15	1.15～1.10	1.10～1.05	1.10～1.05
非常运用条件 II	1.15～1.10	1.10～1.05	1.10～1.05	1.05～1.00	1.05～1.00

（3）评价方法。

在腐蚀环境作用下，当锚杆、锚索进入腐蚀后，其等效直径 D_t 随腐蚀时间 t 的增长而减小，其最大荷载 F_c 随腐蚀时间 t 的增长而逐渐降低。在非干湿循环环境下，考虑锚杆、锚索荷载基本保持稳定，其有效截面面积随腐蚀时间的增长而逐渐减小，则其应力逐渐增大，安全承载裕度逐渐降低。在干湿循环环境下，除了考虑锚固结构因腐蚀而承载能力下降外，还需要考虑干湿循环对岩土体、结构面力学参数的劣化使边坡变形增大，锚杆、锚索荷载增大，应力增大，安全承载裕度降低。因此，通过锚杆、锚索的最大荷载 F_c 随腐蚀时间 t 的增长而逐渐降低的变化关系来反映锚固结构自身安全承载的演变情况。

锚杆、锚索支护结构有效截面、最大荷载因腐蚀作用而降低，以及岩土体、结构面力学参数因干湿循环次数的劣化，导致边坡自身稳定性的降低。因此，通过边坡工程安全系数 K 随时间 t 的增长而逐渐降低的变化关系来反映边坡工程的稳定性演变情况。

因此，可以通过比较设计使用年限 A、整体的安全承载时间 t_m 及 t 时刻的安全系数 K_t 三者之间的相关关系来评价边坡工程的长期安全性。

一，预警标准。一般，钢绞线的强度利用系数为 0.60~0.65，即锚索钢绞线应力为（0.60~0.65）f_{ptk}。考虑当锚索应力增长到 0.72f_{ptk}（约为锚索钢绞线抗拉强度设计值 f_{py}）时，对应的锚索荷载超设计荷载 20%（相当于 72% 的最大荷载，即 0.72F_c），预警锚索的安全裕度不足，需要考虑采取补强或替换措施。

二，控制标准。参照《工业建筑可靠性鉴定标准》（GB 50144—2019）关于混凝土构件安全性的规定，锚固结构承载安全按应力不高于 0.8f_{ptk} 控制。也就是说，对于锚索结构，以应力达到 0.72f_{ptk}（即 0.72F_c）进行预警，以应力达到 0.8f_{ptk}（即 0.8F_c）进行控制。因此，锚索必须在应力为（0.72~0.8）f_{ptk} 时完成补强或替换。

三，安全性评价。对于已建工程，按在设计使用年限内和超出设计使用年限来进行划分，其锚固结构安全承载时间 t_m 和安全系数 K_t 的组合列于表 7.2.13 中。

表 7.2.13　已建边坡锚固系统长期安全性评价结果类型一览表

评价时刻 t	安全承载时间 t_m	安全系数 K_t	安全性状态
	$t_m \geq A$	$K_t \leq A < K_0$	不存在该状态
	$t_m \geq A$	$K_t \geq K_0$	在设计使用年限 A 内是安全的
设计使用年限以内（$t \leq A$）	$t_m < A$	$K_t \geq K_0$	当前是安全的，但在锚固工程设计使用年限 A 内，锚固结构的耐久性达不到要求，必须进行处理
	$t_m < A$	$K_t < K_0$	锚固工程的安全性指标已不满足要求，必须立即进行补强加固
超出设计使用年限（$t > A$）	$t_m \geq t$	$K_t \leq t_m < K_0$	不存在该状态
	$t_m \geq t$	$K_t \geq K_0$	锚固工程是安全的

续表

评价时刻 t	安全承载时间 t_m	安全系数 K_t	安全性状态
	$t_m < t$	$K_t \geqslant K_0$	锚固工程当前是安全的，但锚固结构已不能继续正常服役，若锚固工程继续服役则必须进行处理
	$t_m < t$	$K_t < K_0$	锚固工程的安全性不足，若锚固工程继续服役必须立即进行补强加固

当 $t \leqslant A$ 时，即在锚固工程设计使用年限内进行安全性评价，可能的结果有三类：① $t_m \geqslant A$，且 $K_t \geqslant K_0$，锚固工程在设计使用年限 A 内是安全的。② $t_m < A$，且 $K_t \geqslant K_0$，锚固工程在当前是安全的，但在锚固工程设计使用年限 A 内，锚固结构的耐久性达不到要求，必须进行处理。③ $t_m < A$，且 $K_t < K_0$，锚固工程的安全性指标已不满足要求，必须立即进行补强加固。

当 $t > A$ 时，锚固工程的服役年限已超过设计使用年限，对锚固工程的安全性应定期进行评价，可能的结果有三类：① $t_m \geqslant t$，且 $K_t \geqslant K_0$，锚固工程是安全的。② $t_m < t$，且 $K_t \geqslant K_0$，锚固工程当前是安全的，但锚固结构已不能继续正常服役，若锚固工程继续服役则须进行处理。③ $t_m < t$，且 $K_t < K_0$，锚固工程的安全性不足，若锚固工程继续服役必须立即进行补强加固。

（4）评价流程。

已建边坡工程的长期安全性评价的一般流程如下。

第一步：收集资料、环境检测。收集地质资料、设计资料和施工资料，进行环境变量检测。

第二步：确定腐蚀环境类型。根据环境变量检测数据，确定锚固结构所处腐蚀环境类型。

第三步：确定腐蚀函数形式和参数。根据腐蚀环境类型、锚固结构设计资料，确定锚固结构的腐蚀函数形式和参数。

第四步：确定锚固结构耐久性评价模型，并计算锚固结构安全承载时间 t_m。

第五步：确定工程等级和设计使用年限 A。

第六步：确定锚固结构杆体或索体的等效直径 D_t。计算服役时间 t 后，锚杆杆体或锚索索体的等效直径。

第七步：计算锚固结构能提供的锚固荷载 F_{st}。锚杆、锚索能提供的锚固荷载为

$$F_{st} = \pi \frac{D_t^2}{4} \eta f_{ptk} \tag{7.2.5}$$

式中：η 为强度利用系数。

第八步：复核锚固工程的安全系数 K_t。

第九步：比较 t、t_m、A 和 K_t、K_0，按表 7.2.13 对锚固工程给出安全性评价。

对于新建工程，其安全性设计的目标有两个：①$t_m \geq A$，锚固结构的安全承载时间大于锚固工程的设计使用年限；②$K_{t=A} \geq K_0$，锚固工程达到设计使用年限时，其安全性指标仍满足要求。

新建边坡工程的长期安全性设计方法与流程如下。

第一步：收集地质资料，进行环境变量检测。

第二步：确定腐蚀环境类型。根据环境变量检测数据，确定锚固结构所处腐蚀环境类型。

第三步：确定腐蚀函数形式和参数。根据腐蚀环境类型、锚固结构设计资料，确定锚固结构的腐蚀函数形式和参数。

第四步：计算锚固工程安全性指标满足要求时所需的支护力 $F_{t=A}$，$F_{t=A}$ 为锚固工程达到设计使用年限时，锚固结构至少能提供的支护力。

第五步：确定 $F_{t=A}$ 对应的锚固结构等效直径 $D_{t=A}$。

当 $\eta f_{ptk} \leq f_{py}$ 时，

$$D_{t=A} \geq 2\sqrt{\frac{F_{t=A}}{\pi \eta f_{ptk}}} \qquad (7.2.6)$$

当 $\eta f_{ptk} > f_{py}$ 时，

$$D_{t=A} \geq 2\sqrt{\frac{F_{t=A}}{\pi f_{py}}} \qquad (7.2.7)$$

第六步：确定锚固结构的设计直径 D_0，即锚杆杆体或锚索索体初始等效截面直径。

不设置波纹管、PE 套管等防腐措施时，

$$D_0 \geq D_{t=A} + \int_0^A \frac{\partial Y}{\partial t} \mathrm{d}t \qquad (7.2.8)$$

当式（7.2.6）～式（7.2.8）均取等号时，$t_m = A$，其他情况下，$t_m > A$。

当设置波纹管、PE 套管等防腐措施时，选定锚固结构的防腐措施，确定其耐久性时间 t_{p_i}，计算锚固结构的设计直径，为

$$D_0 \geq D_{t=A} + \int_0^{A - \sum_{i=1}^{n} t_{p_i}} \frac{\partial Y}{\partial t} \mathrm{d}t \qquad (7.2.9)$$

当式（7.2.6）、式（7.2.7）及式（7.2.9）均取等号时，$t_m = A$，其他情况下，$t_m > A$。

第七步：计算选定锚固结构的安全承载时间 t_m，目标为 $t_m \geq A$。

第八步：根据选定的锚固结构，核算服役开始时锚固工程的安全系数 $K_{t=0}$，目标为 $K_s \geq K_0$。

第九步：核算锚固工程达到设计使用年限后的安全系数 $K_{t=A}$，目标为 $K_{t=A} \geq K_0$。

7.2.2　多参量方法（模糊评判法+机械学习法）

1. 基于群决策理论和模糊综合评价的锚固系统长期安全性评价方法

该评价方法（Xia et al.，2020）将群决策理论引入层次分析法，在进行长期安全性评价时不仅可以将定性和定量的指标相结合进行综合评价，还可以集合多位专家的工程经验进行专家群组决策。依据群决策理论获得最佳权重值，可以有效地避免单个专家打分导致的主观差异性，使得锚固结构长期安全性评价更加合理。

1）评价过程

该评价方法的实现步骤如下。

步骤 1：确定锚固岩体边坡长期安全性评价指标及分级标准。

步骤 2：基于群决策理论计算各评价指标的权值及专家可靠性。

步骤 3：基于模糊综合评价计算隶属度值。

步骤 4：评价岩体边坡锚固结构体系的长期安全性。

该评价方法的实现流程，如图 7.2.6 所示。

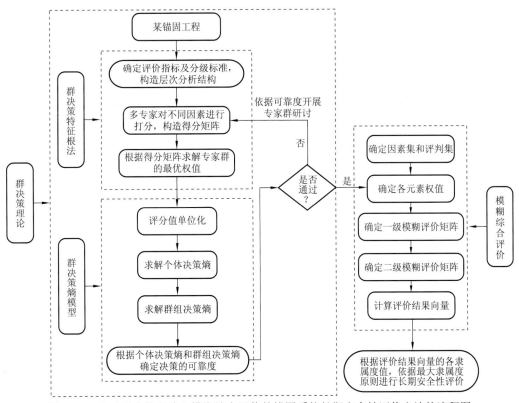

图 7.2.6　基于群决策理论和模糊综合评价的锚固系统长期安全性评价方法的流程图

2）评价方法原理

该评价方法采用群决策熵模型，进行专家决策可靠性的计算。熵被 Shannon（1948）用来定义信息或试验的不确定性或可靠性，将广义熵模型用于计算群组决策和个体决策的可靠性，并且提出用决策熵来定义专家的决策水平，实现流程及原理如下。

（1）群决策特征根法。

一，构造得分矩阵。

设 $S_1, S_2, \cdots, S_m$ 是由 m 个专家组成的群决策系统 T，评价对象为 $B_1, B_2, \cdots, B_n$。第 i 个专家 S_i 对第 j 个被评价对象 B_j 的评分值记为 $x_{ij}(i=1, 2, \cdots, m; j=1, 2, \cdots, n)$，$x_{ij}$ 的值越大，评价对象 B_j 越重要。T 的评分所组成的得分矩阵为

$$X = (x_{ij})_{m \times n} = \begin{pmatrix} x_{11} & x_{12} & \cdots & x_{1n} \\ x_{21} & x_{22} & \cdots & x_{2n} \\ \vdots & \vdots & & \vdots \\ x_{m1} & x_{m2} & \cdots & x_{mn} \end{pmatrix} \tag{7.2.10}$$

式中：x_{mn} 为第 m 个专家对第 n 个评价对象的打分值，得分越高，其越重要。

二，求解最优权值。

假设一个评分最准确（可靠性达到 100%）、决策水平最高的专家 J_* 的评分向量为 $x_* = (x_{*_1}, x_{*_2}, \cdots, x_{*_n})^{\mathrm{T}}$。

定义 J_* 为理想专家，J_* 是对被评价对象的认识与 T 有最高一致性的专家，即 J_* 的决策结论与 T 完全一致，与专家个体之间的差异最小。

由群组专家打分得到的得分矩阵 X 构成方阵 F，x_* 为方阵 F 最大特征根所对应的特征向量。

$$F = X^{\mathrm{T}} \cdot X \tag{7.2.11}$$

式中：X 为群组专家打分得到的得分矩阵。

采用 Qiu（1997）中提到的数值代数中的幂法求解最大特征根所对应的特征向量，具体算法如下。

第一步：令 $k=0$，$y_0 = \left(\dfrac{1}{n}, \dfrac{1}{n}, \cdots, \dfrac{1}{n}\right)^{\mathrm{T}}$，$y_1 = F \cdot y_0$，$z_1 = \dfrac{y_1}{\|y_1\|_2}$，其中，$n$ 为被评价的对象数，F 为得分矩阵 X 和其转置矩阵相乘所得的方阵。

第二步：令 $k=1, 2, \cdots$，$y_{k+1} = F \cdot z_k$，$z_{k+1} = \dfrac{y_{k+1}}{\|y_{k+1}\|_2}$。

第三步：用 $|z_k \to k+1|$ 表示 z_k 与 z_{k+1} 对应分量之差绝对值的最大者，在精度要求为 ε 的条件下，判断 $|z_k \to k+1|$ 是否小于 ε，如果小于 ε，则 z_{k+1} 为所求的 x_*，否则，转至第二步再次进行计算，直至达到精度要求。

依照上述步骤求得最优评分向量 $x_* = (x_{*_1}, x_{*_2}, \cdots, x_{*_n})^{\mathrm{T}}$，按式（7.2.12）求解指标权

重 q_i：

$$q_i = x_{*i} / (x_{*1} + x_{*2} + \cdots + x_{*n}) \tag{7.2.12}$$

式中：q_i 为群组决策的第 i 个评价对象的权重值；n 为评价对象总数。

三，求解专家决策水平向量。

构造归一化得分矩阵：

$$d_{ij} = x_{ij} / \sqrt{x_{i1}^2 + x_{i2}^2 + \cdots + x_{in}^2}, \quad 0 \leqslant d_{ij} \leqslant 1, i = *, 1, 2, \cdots, m, \quad j = 1, 2, \cdots, n \tag{7.2.13}$$

$$\boldsymbol{D}_i = (d_{i1}, d_{i1}, \cdots, d_{in})^{\mathrm{T}}, \quad i = *, 1, 2, \cdots, m$$
$$\boldsymbol{D} = (\boldsymbol{D}_1, \boldsymbol{D}_2, \cdots, \boldsymbol{D}_m)^{\mathrm{T}} = (d_{ij})_{m \times n} \tag{7.2.14}$$

式中：i 为第 i 个专家，其中*表示假设的最优专家；j 为第 j 个评价对象；x_{ij} 为第 i 个专家给第 j 个评价对象的打分值；d_{ij} 为与 x_{ij} 相对应的归一化后的得分矩阵的元素；$\boldsymbol{D}_i$ 为第 i 个专家对 n 个评价对象打分，归一化后的得分向量；$\boldsymbol{D}$ 为由 m 个专家、n 个评价对象构成的归一化后的得分矩阵。

根据归一化后的得分矩阵 $\boldsymbol{D}$ 求解专家决策水平向量 $\boldsymbol{E}_i = (e_{i1}, e_{i2}, \cdots, e_{in})$：

$$e_{ij} = 1 - \left| N_{*j} - N_{ij} \right| - \left| d_{*j} - d_{ij} \right|, \quad i = *, 1, 2, \cdots, m, j = 1, 2, \cdots, n \tag{7.2.15}$$

式中：e_{ij} 为第 i 个专家的决策水平向量 $\boldsymbol{E}_i$ 关于第 j 个评价对象的分量；N_{ij} 为以专家 S_i 评分大小排列的评价对象 B_1，B_2，$\cdots$，B_j 的优劣名次，得分最高的评价对象取 1，得分最低的评价对象取 j。

四，求解专家决策可靠性。

决策熵用专家结论的不准确性或不确定性来衡量该专家的决策水平。它等于决策各水平分量的广义熵之和。广义熵是 Gu 和 Qiu（1992）提出的可以建立信息全价值的熵模型，计算方法见式（7.2.16）～式（7.2.18）。

$$H_i = \sum_{j=1}^{n} h_{ij} \tag{7.2.16}$$

$$h_{ij} = \begin{cases} -e_{ij} \ln e_{ij}, & 1/\mathrm{e} < e_{ij} \leqslant 1 \\ 2/\mathrm{e} - e_{ij} \left| \ln e_{ij} \right|, & 0 < e_{ij} \leqslant 1/\mathrm{e} \\ 2/\mathrm{e} - e_{ij} \sqrt{\ln^2(-e_{ij}) + \pi^2}, & -1 \leqslant e_{ij} \leqslant 0 \end{cases} \tag{7.2.17}$$

$$H_G = \frac{1}{m} \sum_{i=1}^{m} H_i \tag{7.2.18}$$

式中：H_i 为第 i 个专家的决策熵；e_{ij} 为第 i 个专家的决策水平向量 $\boldsymbol{E}_i$ 关于第 j 个评价对象的分量；H_G 为专家群组的决策熵。

依据求得的决策熵值和邱菀华（1995）给出的决策的可靠性与决策熵值对照表（表 7.2.14）可得专家和群组决策的可靠性。

表 7.2.14　决策的可靠性与决策熵值对照表

n	可靠性										
	99	98	95	90	85	80	75	70	65	60	50
1	0.009 5	0.019 8	0.048 73	0.094 82	0.138 1	0.178 51	0.215 8	0.249 67	0.28	0.306 5	0.346 57
2	0.019	0.039 6	0.097 46	0.189 64	0.276 2	0.357 02	0.431 6	0.499 34	0.56	0.613	0.693 14
3	0.028 5	0.059 4	0.146 19	0.284 46	0.414 3	0.535 53	0.647 4	0.749 01	0.84	0.919 5	1.039 71
4	0.038	0.079 2	0.194 92	0.379 28	0.552 4	0.714 04	0.863 2	0.998 68	1.12	1.226	1.386 28
5	0.047 5	0.099	0.243 65	0.474 1	0.690 5	0.892 55	1.079	1.248 35	1.4	1.532 5	1.732 85

（2）群组讨论变权。

群组讨论是一个集思广益，由浅入深，集结一致的过程。在讨论中逐步形成可靠性高的群体意见。

本节实现变权的过程为，计算整个群组决策的可靠性和每个专家决策的可靠性，判断可靠性是否达到预设的可靠性要求，如果没有达到要求，则进行进一步讨论，分析原因后重新打分，然后再次计算可靠性并进行判断，如此循环直至得到符合要求的可靠性得分矩阵，最终得到较为一致的可靠性高的权值，该权值即最终进行稳定性评价所使用的权值。该方法可以使得权值的确定更加合理。群组讨论变权流程见图 7.2.7。

（3）模糊综合评价。

模糊综合评价是应对多变量复杂决策问题的综合决策方法。实现模糊综合评价的重要数学手段是模糊变换。利用模糊变换形成模糊综合评价方法，从而解决实际遇到的综合评判问题，其原理简述如下。

设有两个论域：$U = \{u_1, u_2, \cdots, u_n\}$，$u_n$ 为判断因素；$V = \{v_1, v_2, \cdots, v_m\}$，$v_m$ 为评判级。

如果对 U 中的每个因素 u_i 单独做一个评判 $f(u_i)$，就可以看作是从 U 到 V 的模糊映射，通过模糊映射，可以推导出模糊矩阵：

$$\boldsymbol{R} = (r_{ij})_{n \times m}, \quad 0 \leq r_{ij} \leq 1 \tag{7.2.19}$$

式中：$\boldsymbol{R}$ 为从 U 到 V 的单因素判断矩阵。若存在一个 U 的子集 $A = \{a_1, a_2, \cdots, a_n\}$，$A$ 以向量的形式表示，且有

$$\sum_{i=1}^{n} a_i = 1 \tag{7.2.20}$$

其中，a_i 为第 i 种因素的权重，则可唯一确定一个从 U 到 V 的模糊变换 $\boldsymbol{L}$，$\boldsymbol{L}$ 为模糊合成结果，

$$\boldsymbol{L} = \boldsymbol{A} \circ \boldsymbol{R} \tag{7.2.21}$$

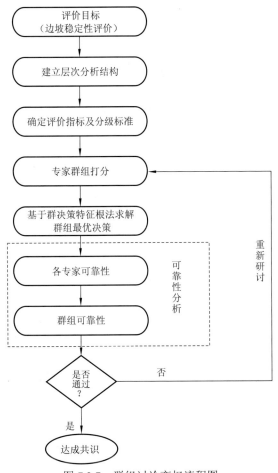

图 7.2.7　群组讨论变权流程图

记 $\boldsymbol{L} = \{l_1, l_2, \cdots, l_m\}$，其中 $l_j(j = 1, 2, \cdots, m)$ 反映了第 j 种评判级 v_j 与模糊集 $\boldsymbol{L}$ 的隶属度。根据最大隶属度原则，在 $\boldsymbol{L}$ 中选择最大者，相对应的等级就是该模糊综合评价的最终结果。根据模糊数学理论和已知的岩质高边坡评价指标，建立了锚固岩质高边坡稳定性评价的层次分析结构，该方法采用二级模糊综合评价计算模型：

$$N_0 = W_0 \circ \begin{Bmatrix} N_1 \\ N_2 \\ \vdots \\ N_i \end{Bmatrix} = W_0 \circ \begin{Bmatrix} W_1 \circ U_1 \\ W_2 \circ U_2 \\ \vdots \\ W_i \circ U_i \end{Bmatrix} \tag{7.2.22}$$

式中：U_i 为项目层各元素所包含的指标层元素的稳定性等级隶属度向量所构成的一级模糊评价矩阵；"$\circ$"为模糊算子，本书采用加权平均型模糊算子 $M(\circ, \oplus)$；$W_1 \sim W_i$ 为项目层各元素所包含的指标层元素的权向量；W_0 为项目层各元素的权向量；$N_i = W_i \circ U_i$ 为项目层各元素所包含的指标层元素的一级模糊综合评价结果向量，同时

N_i 也是二级模糊评价矩阵中的行向量；N_0 为二级模糊综合评价结果向量，即高边坡稳定性等级的隶属度向量。根据最大隶属度原则即可确定锚固边坡稳定性等级。

3）评价方法优势及应用条件

（1）评价方法优势。群决策能有效弥补个体决策信息不足、知识结构差异、主观判断偏差等导致的决策失误，能全面地处理复杂的决策问题。本节将群决策的特征根法引入岩体边坡锚固结构体系长期安全性评价中。该方法优于传统的层次分析法，不需要构造两两比较的判断矩阵，避免了判断矩阵容易出现的目标序列不一致的情况。特征根法更加精练，使用更加方便。此外，本方法还采用了群决策系统的熵模型来衡量个人决策和群决策的可靠性。模糊综合评价可以综合考虑多因素对锚固结构体系长期安全性的影响，此外针对复杂的系统问题，模糊综合评价可以将大量的数据、标准和各种定性描述转化为定量的模糊语言，使得评价结果更符合工程的实际情况。

（2）应用条件。使用该评价方法需要具备的条件如下：①岩体边坡锚固结构体系长期安全性评价指标体系；②室内和现场试验资料、勘察资料、设计资料、监测和检测资料；③多位该领域的专家。

2. 基于大数据挖掘技术的锚固系统长期安全性评价方法

Stacking 集成算法（林卫明，2021）也被称为堆叠集成算法，由两步集成，第一步先从原始训练集中训练出基学习器，第二步将初级学习器的判断结果与原始特征合并，构造新的数据集来训练次级学习器。Stacking 集成算法可以保留不同学习算法的差异，从而保证了基学习器的多样性，再通过次级学习器的训练，以最佳的方式来整合不同基学习器的预测结果，相比于单一的机器学习算法，Stacking 集成算法往往预测精度更高，而且过拟合的风险会更低。

1）评价过程

Stacking 集成算法的实现过程如下。

（1）输入：将锚固岩体边坡长期安全性的基础样本数据划分为训练集和测试集。

（2）确定基学习模型：基于输入的样本数据和评价目标的特征选择合适的学习模型作为基学习模型，然后对基学习模型进行训练。

（3）确定元学习模型：基于基学习模型的输出结果，对元学习模型进行训练。元学习模型的输出结果即最终的输出结果。通过测试集评价整个集成算法的评价效果。基于评价效果进行参数寻优，使得整个算法的效果最优。

（4）输出：元学习模型判断结果。

该评价方法的分析流程，见图 7.2.8。

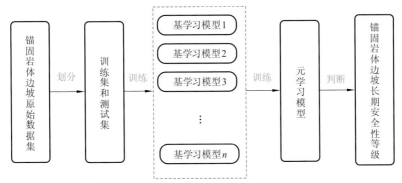

图 7.2.8　Stacking 集成算法分析流程图

2）评价方法原理

（1）交叉验证：在基学习模型进行训练时，已经使用了训练集和测试集，因此在进行元学习模型训练时如果再使用同样的训练集和测试集势必会使整个学习模型产生过拟合的风险。但是如果一开始就把数据集划分为供基学习模型和元学习模型使用的两部分，就会使得数据集的数量大大降低，影响模型的训练效果。因此，本节引入了交叉验证的方法对原始数据集进行重复使用，以提高训练效果，避免过拟合风险。

交叉验证的基本思想就是重复使用样本数据，将原始数据进行分组，将切分的数据组合为训练集和测试集。在此基础上反复对模型进行训练、测试和评价。目前常用的交叉验证方法主要有留出法、留一法和交叉验证法。5 折交叉验证的实现过程见图 7.2.9。

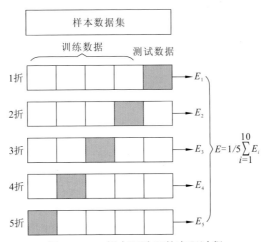

图 7.2.9　5 折交叉验证的实现过程

（2）评价过程：Stacking 集成算法通过原始训练集进行初级学习器的训练，然后将初级学习器的判断结果与原始特征合并，构造新的数据集来训练次级学习器。

与单一的机器学习算法相比，Stacking 集成算法的预测精度往往会更高，同时过拟合的风险会更低。

（3）模型评价指标：在进行实际锚固岩体边坡长期安全性评价时，对于同一个锚固岩体边坡，一般会有多种模型可以选择，即使采用同一种模型，也会因为不同的参数配置而产生不同的评价效果。此时，需要选择指标来评价模型的优劣。

一，混淆矩阵。

真正例（简称为 TP）为正样本被预测为正类的数量；假反例（简称为 FN）为正样本被预测为负类的数量；假正例（简称为 FP）为负样本被预测为正类的数量；真反例（简称为 TN）为负样本被预测为负类的数量。将 TP、FN、FP、TN 这四个指标一起呈现在一个表里，得到如表 7.2.15 所示的矩阵，该矩阵即混淆矩阵（陈鹏，2021）。混淆矩阵可以呈现样本真实类别与学习模型划分类别的组合关系。

表 7.2.15　混淆矩阵

真实标签	预测结果	
	正类	负类
正样本	TP	FN
负样本	FP	TN

基于混淆矩阵，常用四个二级指标对不同的学习模型进行比较，分别是准确率、精确率、真正例率和假正例率。

$$准确率 = \frac{TP+TN}{TP+FN+FP+TN}$$

$$精确率 = \frac{TP}{TP+FP}$$

$$真正例率 = \frac{TP}{TP+FN}$$

$$假正例率 = \frac{FP}{TN+FP}$$

二，接收者操作特性曲线（receiver operating characteristic，ROC）曲线和 AUC 值。

ROC 曲线是学习器在不同的阈值下的"期望泛化性能"。ROC 曲线的横坐标是假正例率，纵坐标为真正例率。典型 ROC 曲线见图 7.2.10。ROC 曲线的判断方法是，如果学习模型 B 的 ROC 曲线被学习模型 A 的 ROC 曲线完全包住，此时学习模型 A 优于学习模型 B。AUC 值是 ROC 曲线以下和坐标轴围成的面积。AUC 值常被用于比较两个学习模型预测结果的准确度，AUC 值越大，说明预测准确度越高，该学习模型越优秀，AUC 值越小，说明预测准确度越低，该学习模型的性能越差。

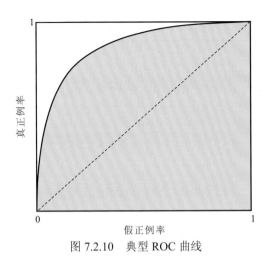

图 7.2.10　典型 ROC 曲线

3）评价方法优势及应用条件

（1）评价方法优势。可以充分利用样本数据所携带的信息；所有信息均来源于样本数据，避免了人为因素的干扰；便于编程实现评价，评价效率高。

（2）应用条件。使用该评价方法需要具备的条件如下：①岩体边坡锚固结构体系长期安全性评价指标体系；②室内和现场试验资料、勘察资料、设计资料、监测和检测资料；③研究区域内多工程案例样本数据。

3. 边坡锚固系统多参量长期安全性评价工程应用

以某水电站左岸岩体边坡锚固工程为例，将多参量方法应用于边坡锚固系统长期安全性评价中。本节涉及两种多参量方法，即群决策理论和模糊综合评价、大数据挖掘技术。考虑到篇幅原因，在此仅以群决策理论和模糊综合评价为例，展示边坡锚固系统多参量长期安全性评价方法的计算过程与计算结果。

1）评价指标权值及专家决策可靠性计算

根据既有研究（夏鹏，2022），确定边坡锚固系统长期安全性评价指标及分级标准。在本工程案例中，要求权值确定的可靠性不低于 90%，邀请了该领域的 6 位专家，对项目层的 5 个元素和 4 种破坏模式下项目层 5 个元素所包含的指标层元素进行了第一次打分。基于群决策理论和熵模型的可靠性计算方法，得到了各专家及专家群组的决策熵和可靠性，如表 7.2.16 所示。

表 7.2.16 中项目 A～C 和项目 E 分别为项目层中边坡几何特征、岩体状况、水文气象和锚固结构参数所包含的指标层元素。表中红色框框出的部分是可靠性未达到90%的项目，需要专家群组进行第二次讨论。

表 7.2.16　专家决策可靠性计算汇总表

破坏模式	专家	项目 A 决策熵	项目 A 可靠性 /%	项目 B 决策熵	项目 B 可靠性 /%	项目 C 决策熵	项目 C 可靠性 /%	项目 E 决策熵	项目 E 可靠性 /%	项目层 5 个元素 决策熵	项目层 5 个元素 可靠性 /%
平面滑动	S_1	0.029 9	95	0.032 4	99	0.066 5	95	0.021 2	95	0.054 9	95
	S_2	0.019 8	95	0.015 1	99	2.664 6	40	0.017 1	99	0.047 7	95
	S_3	0.015 0	99	0.016 4	99	0.078 6	95	0.015 1	99	0.036 6	99
	S_4	0.046 6	95	0.014 6	99	0.057 8	95	0.040 4	95	0.038 9	99
	S_5	0.016 8	99	1.571 6	80	0.055 8	95	0.016 1	99	0.170 0	95
	S_6	0.000 1	99	1.496 5	80	0.071 8	95	0.004 4	99	0.070 5	95
	专家群组	0.021 4	99	0.524 4	90	0.499 2	85	0.019 1	95	0.069 8	95
弯曲倾倒	S_1	0.044 1	95	0.040 0	99	0.021 5	99	0.031 8	95	0.040 6	99
	S_2	2.305 8	40	0.018 5	99	0.042 5	95	0.035 6	95	0.047 5	95
	S_3	0.044 8	95	3.070 2	50	0.040 5	95	0.025 7	95	0.032 0	99
	S_4	0.019 8	95	0.020 0	99	0.084 6	95	0.023 5	95	0.043 7	99
	S_5	0.044 8	95	7.910 0	40	0.098 6	95	0.006 0	99	0.159 0	95
	S_6	0.030 1	95	0.020 2	99	0.029 3	99	0.007 4	99	0.070 3	95
	专家群组	0.414 9	75	1.846 5	75	0.052 8	95	0.021 7	95	0.065 5	95
崩塌脱落	S_1	0.004 2	99	0.086 6	80	0.030 0	99	0.022 2	95	0.027 3	99
	S_2	0.035 0	95	0.108 7	80	0.019 8	99	0.018 1	99	0.062 8	95
	S_3	0.005 0	99	0.099 5	80	0.029 4	99	0.016 1	99	0.051 6	95
	S_4	0.056 4	95	0.082 9	99	0.060 3	95	0.045 2	95	0.074 9	95
	S_5	0.016 0	99	0.039 9	80	0.083 8	95	0.015 1	99	0.038 9	99
	S_6	0.024 6	95	0.095 2	95	0.024 6	99	0.004 0	99	0.064 7	95
	专家群组	0.023 5	95	1.095 2	85	0.041 3	95	0.020 1	95	0.053 4	95
楔形破坏	S_1	0.040 3	95	0.045 4	99	0.033 9	99	0.037 7	95	0.027 4	99
	S_2	0.030 2	95	0.064 9	99	0.024 0	99	0.024 1	95	0.054 0	95
	S_3	0.025 4	95	0.078 6	99	0.016 2	99	0.022 1	95	0.035 2	99
	S_4	0.036 2	95	0.125 0	95	0.034 3	99	0.033 4	95	0.052 8	95
	S_5	0.078 7	95	0.021 5	99	1.770 6	80	0.011 3	99	0.163 9	95
	S_6	0.021 7	95	0.070 1	99	0.005 1	99	0.010 1	99	0.076 7	95
	专家群组	0.038 8	95	0.067 6	95	0.040 7	95	0.023 1	95	0.068 4	95

2）群组讨论变权

从表 7.2.16 可以看出，平面滑动破坏模式下的项目 C、弯曲倾倒破坏模式下的项目 A 和项目 B、崩塌脱落破坏模式下的项目 B 专家群组的可靠性没有达到 90%的要求。可以有针对性地讨论这些指标层元素的重要性打分方案，进行讨论后重新打分。各专家及专家群组的决策水平向量、决策熵和可靠性，如表 7.2.17 和表 7.2.18 所示。

表 7.2.17　基于二次讨论的最优权向量汇总表

元素	破坏模式			
	崩塌脱落	弯曲倾倒	平面滑动破坏	楔形破坏
项目 A	0.411 2	0.415 0	0.407 5	0.415 2
	0.588 8	0.585 0	0.592 5	0.584 8
项目 B	0.126 4	0.121 9	0.126 5	0.088 5
	0.145 5	0.140 6	0.110 4	0.201 1
	0.147 5	0.079 9	0.089 2	0.194 4
	0.143 1	0.083 4	0.083 8	0.199 0
	0.082 8	0.141 3	0.062 9	0.000 0
	0.087 2	0.137 1	0.069 0	0.000 0
	0.000 0	0.000 0	0.000 0	0.171 6
	0.000 0	0.176 8	0.000 0	0.000 0
	0.143 8	0.000 0	0.000 0	0.000 0
	0.000 0	0.000 0	0.167 6	0.067 6
	0.000 0	0.000 0	0.164 6	0.000 0
	0.123 7	0.119 0	0.125 9	0.077 9
项目 C	0.378 3	0.384 0	0.380 1	0.381 3
	0.286 0	0.280 6	0.286 4	0.281 9
	0.189 6	0.188 3	0.190 0	0.194 0
	0.146 1	0.147 2	0.143 5	0.142 9
项目 D	1.000 0	1.000 0	1.000 0	1.000 0
项目 E	0.139 7	0.140 1	0.140 1	0.141 5
	0.214 2	0.213 7	0.214 2	0.214 2

元素	破坏模式			
	崩塌脱落	弯曲倾倒	平面滑动破坏	楔形破坏
	0.219 8	0.221 8	0.219 7	0.219 7
项目 E	0.212 0	0.210 7	0.211 9	0.210 5
	0.214 2	0.213 7	0.214 2	0.214 2
	0.181 3	0.180 2	0.181 9	0.179 3
	0.174 5	0.174 5	0.169 8	0.174 1
项目层 5 个元素	0.144 8	0.144 8	0.148 0	0.145 4
	0.139 6	0.140 8	0.141 7	0.140 1
	0.359 7	0.359 7	0.358 6	0.361 1

表 7.2.18　基于二次讨论的专家决策可靠性计算汇总表

专家	平面滑动 项目 C		弯曲倾倒 项目 A		弯曲倾倒 项目 B		崩塌脱落 项目 B	
	决策熵	可靠性/%	决策熵	可靠性/%	决策熵	可靠性/%	决策熵	可靠性/%
S_1	0.012 6	99	0.024 3	95	0.032 6	99	0.039 8	99
S_2	0.093 6	95	0.093 9	95	0.018 0	99	0.104 4	95
S_3	0.022 5	99	0.025 0	95	1.543 7	80	0.038 3	99
S_4	0.067 8	95	0.000 2	99	0.015 9	99	1.604 5	80
S_5	0.045 6	95	0.025 0	95	1.584 1	80	0.048 7	99
S_6	0.017 6	99	0.010 2	99	0.016 0	99	0.067 8	99
专家群组	0.043 3	95	0.029 8	95	0.535 0	90	0.317 2	95

表 7.2.18 中项目 A~C 分别为项目层中边坡几何特征、岩体状况、水文气象所包含的指标层元素。专家群组决策的可靠性都到了 90%及以上，符合之前预定的可靠性要求。因此，本书将基于二次讨论的最优权向量，作为本次工程实例评价所采用的权值。

3）模糊综合评价

结合上述因素集，可以得到 5 个一级模糊评价矩阵。基于一级模糊评价矩阵和群决策理论所确定的权值，得到 4 种破坏模式下的二级模糊综合评价结果向量，如表 7.2.19 所示。

表 7.2.19　二级模糊综合评价结果向量汇总表

破坏模式	等级				
	1	2	3	4	5
平面滑动	0.209 6	0.176 9	0.241 1	0.120 5	0.251 9
弯曲倾倒	0.184 6	0.176 9	0.226 3	0.129 1	0.283 1
崩塌脱落	0.184 5	0.176 8	0.217 7	0.143 4	0.277 6
楔形破坏	0.184 5	0.177 6	0.244 2	0.116 7	0.277 0

将稳定性划分为五个等级，其对应的标准得分分别为 20 分、40 分、60 分、80 分和 100 分。将二级模糊综合评价结果向量中关于各等级的隶属度乘以相应等级的标准得分后求和，得到了 4 种破坏模式下岩体边坡锚固结构体系长期安全性的评分值。岩体边坡锚固结构体系长期安全性得分汇总表如表 7.2.20 所示。

表 7.2.20　岩体边坡锚固结构体系长期安全性得分汇总表

项目	破坏模式			
	平面滑动	弯曲倾倒	崩塌脱落	楔形破坏
得分	60.560 0 分	62.980 6 分	63.056 6 分	62.482 5 分

由表 7.2.20 可知，本工程案例中平面滑动破坏模式的得分最低，即发生平面滑动的风险最大，因此取平面滑动破坏模式下的二级模糊综合评价结果向量，依据最大隶属度准则进行稳定性等级评价，结合表 7.2.19 可知本工程案例的稳定性等级为 5 级，安全性状态为安全。

7.3　地下洞室锚固系统长期安全性评价方法

地下洞室锚固系统长期安全性评价同样可以分为定性分析和定量评价，其中定性分析仍可采用 7.2.1 小节介绍的定性分析方法。

对于地下洞室锚固系统长期安全性的定量评价，有两种情况：①针对影响洞室局部稳定且仍可采用安全系数来评价稳定状态的锚固系统，其长期安全性评价和安全性设计，如锚固后的确定性块体或半确定性块体的长期安全性定量评价，仍可采用 7.2.1 小节介绍的定量评价方法。②对于地下洞室锚固系统的整体安全性定量评价，由于目前一般采用多指标来衡量地下洞室的稳定性，因此对其长期安全性也应采用多指标的方法进行综合评价。

在地下工程建设过程中，通常根据围岩变形和支护结构受力两方面的情况来判断地下洞室的整体安全稳定状态：①围岩变形收敛；②锚杆、锚索等支护结构荷载收敛，且荷载超设计值的锚杆和锚索数量占比可控。

本节在对地下洞室锚固系统长期安全性的定量评价过程中，采用的锚固结构抽象模型、锚固结构耐久性评价模型、腐蚀函数及岩体力学参数劣化模型与边坡锚固系统长期安全性定量评价中采用的一致，见 7.2.1 小节。

假定在地下工程开始服役时，其围岩变形收敛、支护结构安全，围岩处于稳定状态。运行时间 t 后，对于地下洞室围岩变形、支护结构受力等，结合当前监测数据，采用数值分析方法进行预测评估。

运行时间 t 后，地下洞室围岩力学参数、结构面力学参数均可能存在一定程度的劣化，锚杆、锚索也在特定环境下存在一定的腐蚀，承载能力下降。通过建立地下洞室数值分析模型，考虑岩体和结构面力学参数劣化，以及锚杆、锚索性能降低等的影响，模拟工程开始服役至运行时间 t 后的围岩变形、支护结构受力演化过程。

在考虑岩体和结构面随时间劣化的影响后，地下洞室围岩支护结构的安全性不仅与环境对锚杆、锚索结构的腐蚀有关，而且与围岩劣化引起围岩变形增加，进而导致锚杆、锚索的荷载增长有关。也就是说，在锚杆杆体、锚索索体进入腐蚀状态之前，锚杆、锚索的安全性主要受围岩劣化引起围岩变形增加，进而导致的锚杆、锚索荷载增长的影响；当锚杆杆体、锚索索体进入腐蚀状态之后，锚杆、锚索的荷载安全性除了受围岩变形增加导致的荷载增长的影响外，还受环境腐蚀导致的有效截面减小、应力增长的影响。

7.3.1　干湿循环次数取值

岩体及结构面力学参数劣化与干湿循环次数有关，详见第 4 章 4.1 节。因此，对于地下洞室围岩是否考虑干湿循环的影响，建议根据地下洞室与地下水位之间的关系，按表 7.3.1 进行取值。

表 7.3.1　地下洞室干湿循环次数取值建议

地下洞室与地下水位之间的关系	建议
地下水位以上	可根据降雨情况，综合考虑干湿循环次数
地下水位变幅区	可根据地下水位升降情况，综合考虑干湿循环次数
地下水位以下	可不考虑干湿循环影响

因此，对于考虑干湿循环影响的地下洞室锚固系统，其安全性评价不仅要考虑围岩力学参数劣化的影响，而且要考虑锚杆、锚索结构受环境腐蚀的影响。对于不考虑干湿循环影响的地下洞室，其安全性评价仅需考虑环境腐蚀对锚杆、锚索结构的影响。

7.3.2　长期安全性预警标准和控制标准

对于单个锚索结构，其承载安全性按荷载超设计荷载 20%，即应力达到 $0.72f_{ptk}$ 进行预警，认为锚索的安全裕度不足；按应力不超过 $0.80f_{ptk}$ 进行控制，若应力达到 $0.80f_{ptk}$，认为锚索的安全性不足，见 7.2.1 小节。

为评价地下洞室整个支护结构体系的安全，将锚索应力超某一值（$0.72f_{ptk}$ 或 $0.80f_{ptk}$）的锚索数量占总锚索数量的比例 P 定义为超控比例。结合工程经验，提出了整个支护结构体系安全性的预警标准和控制标准：以应力超 $0.72f_{ptk}$ 的锚索数量占总锚索数量的比例 $P_{0.72} \geqslant 20\%$ 进行预警，以应力超 $0.80f_{ptk}$ 的锚索数量占总锚索数量的比例 $P_{0.80} \geqslant 20\%$ 进行控制，认为此时支护结构整体安全性不足。对地下工程的加固应在 $P_{0.72} = 20\%$ 和 $P_{0.80} = 20\%$ 之间完成。

在干湿循环的影响下，地下洞室围岩参数劣化使得围岩变形出现增长，进而引起了支护结构荷载的增加，支护结构受力超 80% 最大荷载 F_c 的数量占比超过限定值，即 $P_{0.80} \geqslant 20\%$。同样，在环境腐蚀的作用下，锚杆/锚索腐蚀使得有效截面面积减小，进而引起了支护结构荷载的增加，支护结构受力超 80% 最大荷载 F_c 的数量占比超过限定值，即 $P_{0.80} \geqslant 20\%$。在同时受干湿循环影响和环境腐蚀作用的情况下，为上述两个作用的相互叠加，$P_{0.80} \geqslant 20\%$。只有当支护结构大面积超限失效后，地下洞室围岩才可能出现整体失稳现象。

7.3.3　地下洞室工程长期安全性评价标准

通过对监测数据的分析，并结合数值分析等手段，可以获得当前或某一时刻下的围岩变形、支护结构荷载量值、支护结构荷载超限等情况，对当前或某一时刻的围岩稳定状态进行评估，见表 7.3.2。

表 7.3.2　地下洞室锚固系统长期安全性评价结果类型一览表

评价时刻 t	t_m、A、t 之间的关系	安全性状态
在设计使用年限内，即 $t \leqslant A$	$t_m \geqslant A$	在设计使用年限 A 内是安全的
	$t < t_m < A$	在当前是安全的，但在锚固工程设计使用年限 A 内，锚固结构的耐久性达不到要求，必须进行处理
	$t_m < t$	安全性不足，必须立即进行补强加固
已超过设计使用年限，即 $t > A$	$t_m \geqslant t$	当前是安全的
	$t_m < t$	安全性不足，必须立即进行补强加固

地下洞室锚固系统的长期安全性评价方法如下。

（1）锚固工程在设计使用年限内，即 $t \leqslant A$。安全性评价的结果可能有三类：①$t_m \geqslant A$，锚固工程在设计使用年限 A 内是安全的。②$t < t_m < A$，锚固工程在当前是安全的，但在锚固工程设计使用年限 A 内，锚固结构的耐久性达不到要求，必须进行处理。③$t_m < t$，锚固工程安全性不足，必须立即进行补强加固。

（2）锚固工程的服役年数已超过设计使用年限，即 $t > A$。在这种情况下，对锚固工程的安全性应定期进行评价，可能的结果有两类：①$t_m \geqslant t$，锚固工程当前是安全的。②$t_m < t$，锚固工程安全性不足，必须立即进行补强加固。

7.3.4 地下洞室工程长期安全性评价流程

1. 已建地下洞室工程长期安全性评价

已建地下洞室工程的长期安全性评价可按如下流程进行。

第一步：收集资料、环境检测。收集地质资料、设计资料和施工资料，进行环境变量检测。

第二步：确定腐蚀环境类型。根据环境变量检测数据，确定锚固结构所处腐蚀环境类型。

第三步：确定腐蚀函数形式和参数。根据腐蚀环境类型、锚固结构设计资料，确定锚固结构的腐蚀函数形式和参数。

第四步：确定锚固结构耐久性评价模型。

第五步：确定工程等级和设计使用年限 A。

第六步：确定锚固工程是否受干湿循环影响。①不受干湿循环影响。利用锚固结构耐久性评价模型，根据当前锚杆、锚索的受力统计情况，估算超控比例 $p = 20\%$ 时的时间 $t_{p=20\%}$，计算锚固结构安全承载时间 t_m。②考虑干湿循环影响。考虑围岩力学参数劣化，由数值分析方法确定每个劣化时间段（如每 5 年或每 10 年等）锚杆、锚索支护结构的受力增长情况。由锚固结构耐久性评价模型确定等效设计荷载的降低规律，结合锚杆、锚索支护结构的受力增长情况，确定 $t_{p=20\%}$，计算锚固结构安全承载时间 t_m。

第七步：比较 t、t_m、A，对锚固系统给出安全性评价。

2. 新建地下洞室工程长期安全性设计

1）长期安全性设计目标

对于新建地下洞室的锚固工程，其安全性设计的目标为 $t_m \geqslant A$，即锚固结构的安全承载时间大于锚固工程的设计使用年限。

2）长期安全性设计流程

新建地下洞室工程的长期安全性设计可按如下流程进行。

第一步：收集资料、环境检测。收集地质资料，进行环境变量检测。

第二步：确定腐蚀环境类型。根据环境变量检测数据，确定锚固结构所处腐蚀环境类型。

第三步：确定腐蚀函数形式和参数。根据腐蚀环境类型、锚固结构设计资料，确定锚固结构的腐蚀函数形式和参数。

第四步：确定地下洞室所处干湿循环环境。根据地下洞室水文地质情况，判断地下洞室围岩和支护结构是否受干湿循环影响。

第五步：确定地下洞室工程等级和设计使用年限 A。

第六步：采用工程类比方法，初拟地下洞室围岩支护结构形式和参数。

第七步：进行地下洞室围岩稳定性和支护结构受力分析。①不受干湿循环影响。建立地下洞室数值分析模型，模拟地下洞室开挖支护过程，通过数值分析，获得围岩变形特征和支护结构受力特征，评价围岩稳定性。利用锚杆、锚索腐蚀函数，获得锚杆、锚索等效设计荷载与时间 t 的关系，结合数值分析获得的支护结构受力特征，确定锚杆、锚索的安全承载时间 $t_m = t_{p=20\%}$。②考虑干湿循环影响。建立地下洞室数值分析模型，考虑围岩力学参数和结构面力学参数受干湿循环影响而劣化，模拟地下洞室开挖支护过程，通过数值分析，获得围岩变形特征和支护结构受力特征，评价围岩稳定性。利用锚杆、锚索腐蚀函数，获得锚杆、锚索等效设计荷载与时间 t 的关系，结合数值分析获得的地下洞室相同服役时间的支护结构受力特征，确定锚杆、锚索的安全承载时间 $t_m = t_{p=20\%}$。

第八步：选定或调整地下洞室围岩支护结构形式和参数。①不受干湿循环影响。当 $t_m \geq A$ 时，拟定的围岩支护结构形式和参数是合适、可行的；当 $t_m < A$ 时，应调整围岩支护结构形式和参数，再次进行第七步的工作。②考虑干湿循环影响。当 $t_m \geq A$ 时，拟定的围岩支护结构形式和参数是合适、可行的；否则，调整围岩支护结构形式和参数，再次进行第七步的工作。

7.4　典型工程应用

利用所提出的锚固系统长期安全性评价方法，选取典型工程实例，进行了工程应用。

7.4.1 某边坡锚固工程长期安全性评价

1. 工程概况

某工程人工开挖岩质高陡边坡，一般坡高为 $100\sim160$ m，最大坡高为 170 m，其中下部为 $50\sim70$ m 的直立坡，岩体为花岗岩。边坡共布置系统锚索 4 000 余束，锚杆超 10 万根。在边坡岩体内布置了地下排水洞，排水洞内设置了排水孔幕，形成了地下排水系统，以疏排边坡地下水；地表及坡面进行了喷混凝土及浇混凝土防护，并设置了地表排水沟和坡面排水孔等，构成了地表排水系统；地下排水系统与地表排水系统共同构成了高边坡的排水系统。

2. 边坡稳定计算与分析

考虑边坡的地质条件、开挖形态，对影响边坡稳定与变形的各种因素分析后认为，边坡主要由优质微新花岗岩组成，整体稳定条件好，因此沿结构面或由结构面组成的局部块体滑动是边坡稳定分析的重点，但为了了解边坡的整体稳定程度，仍对边坡整体稳定模式及锚固效果等进行了分析。

稳定分析采用极限平衡法。极限平衡法具体采用能量法计算分析高边坡的整体稳定性。计算分析时，采用二维刚体极限平衡模型，并利用随机搜索方法求得了最不利滑面。滑面参数采用岩体抗剪强度参数，见表 7.4.1。

表 7.4.1 岩体物理力学参数建议值

岩石名称	风化分带	容重/ (kN/m^3)	岩体抗剪强度参数	
			摩擦系数 f'	黏聚力 C'/MPa
岩体	微风化	27.0	1.5	1.6
	弱上	26.8	1.3	1.4
	弱下	26.5	1.0	0.5
	强风化	26.5	1.0	0.3
	全风化	26.5	0.8	0.1
软弱带		27	0.55	0.1

典型计算剖面见图 7.4.1。

分析结果表明：整体坡和直立坡均以施工期/检修期为控制，即其运行期稳定安全度高于施工期/检修期，施工期/检修期边坡稳定安全系数计算结果见表 7.4.2~表 7.4.4。

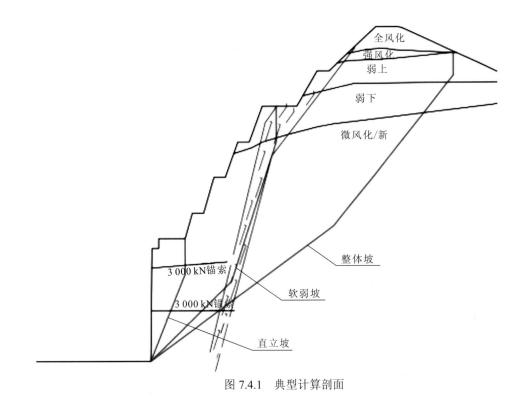

图 7.4.1　典型计算剖面

表 7.4.2　施工期/检修期边坡稳定安全系数

工况	安全系数					
	直立坡		软弱坡		整体坡	
	无地震	有地震	无地震	有地震	无地震	有地震
有锚索	4.60	4.10	2.57	2.41	3.51	3.23
无锚索	4.15	3.69	2.53	2.37	3.48	3.21

表 7.4.3　施工期/检修期边坡稳定安全系数（岩体 f' 乘 0.9，C' 乘 0.6）

工况	安全系数					
	直立坡		软弱坡		整体坡	
	无地震	有地震	无地震	有地震	无地震	有地震
有锚索	2.50	2.14	1.81	1.69	2.40	2.22
无锚索	2.18	1.86	1.77	1.66	2.37	2.20

表 7.4.4　施工期/检修期边坡稳定安全系数（岩体 f' 乘 0.8，C' 乘 0.6）

工况	安全系数					
	直立坡		软弱坡		整体坡	
	无地震	有地震	无地震	有地震	无地震	有地震
有锚索	2.38	2.04	1.67	1.56	2.31	2.12
无锚索	2.09	1.78	1.65	1.54	2.28	2.10

3. 长期安全性定性分析

1）环境作用等级

高边坡排水洞水质监测结果表明：渗流水 pH 由大气雨水的 6.35 变化为接近于 8，偏碱性，并含有腐蚀性离子，氯离子质量浓度常年观测值为 5.05～16.87 mg/L，硫酸根离子质量浓度为 14.88～24.99 mg/L。

根据边坡地下环境水的 pH，以及氯离子、硫酸根离子质量浓度可知，边坡环境类别为除冰盐等其他氯化物环境，环境作用等级为 IV-C。

2）锚固工程综合性能等级

边坡出露岩性主要为闪云斜长花岗岩，岩体基本质量级别为 III 级、II 级、I 级。边坡岩体质量 GSI 约为 75。根据边坡开挖情况，岩体开挖质量 D 取 0.3。综合分析，边坡岩体质量指标 R 取 75。

锚索锚头采用混凝土封锚。锚索对中支架、隔离架等配件均采用塑料材质，锚索绑扎采用无锌铅丝。经过支护后，边坡开挖位移明显减小，最大拉应力也有不同程度的减小。锚索在改善边坡岩体的应力状态和减小不连续地质结构的开挖位移方面，有明显的效果。综合分析，边坡支护结构设计指标 G 取 90。

通过查阅现场施工记录、监理记录、安全鉴定成果等，结合现场查勘发现，边坡支护工程施工质量较好。综合分析，施工质量指标 C 取 90。

边坡正常设计使用年限为 100 年，已运行近 20 年，服役指标 λ 取 0.8。

岩体质量指标权重 α、设计指标权重 β 和施工质量指标权重 γ 均取 1。

按锚固工程综合性能指标估算式进行估算，边坡锚固工程综合性能指标 Ω 为 68，锚固工程综合性能等级为"一般"。

3）失稳可能性等级

边坡环境作用等级为 IV-C，锚固工程综合性能等级为"一般"，根据锚固工程失稳可能性等级评价矩阵，边坡失稳可能性等级为 a 级，失稳可能性为极不可能发生。

4）长期安全风险等级

边坡失事后的损失严重程度为⑤级，即灾难性。通过查询锚固工程长期安全风险等级评价矩阵，边坡锚固工程长期安全风险等级为 II 级，接受准则为一般风险。

5）应对策略

根据当前风险等级，应对策略为宜加强风险状态监控，控制方案为加强日常巡检，实施风险防范与监测，确定风险处置措施。

4. 长期安全性定量评价

1）锚固结构自身耐久性评价

（1）锚索结构特征。

边坡锚索设计荷载为 3 000 kN，锚索由 19 根 $7\phi 5$ mm 型 $\phi 15.2$ mm 钢绞线组成，钢绞线标准强度为 1 860 MPa。

根据边坡锚索结构，其抽象模型为锚索钢绞线单层防腐，其耐久性评价模型为

$$t_{\mathrm{m}} = t_{\mathrm{g}} + \max_{1 \leqslant i < n} t_{\mathrm{p}_i} \qquad (7.4.1)$$

式中：t_{g} 为锚索索体保持安全承载的时间；t_{p_i} 为防腐材料，如水泥砂浆、波纹管、PE 套管等的耐久时间。

（2）腐蚀函数与环境参数。

边坡工程处于室外环境，采用中国水利水电科学研究院的腐蚀函数来评估锚索结构的耐久性。

根据边坡地下水监测资料，氯离子质量浓度小于 100 mg/L，年腐蚀率按照弱腐蚀环境进行计算偏保守。工程区年降雨日数为 131 天，因边坡工程设有地表防水、地下排水洞排水，假设平均 2 天的降雨形成一次干湿交替环境。腐蚀率计算成果见表 7.4.5。

表 7.4.5　单根钢绞线腐蚀率和最大荷载计算表

项目	年限									
	10	20	30	40	50	60	80	100	120	150
腐蚀率/%	3.17	5.31	7.19	8.91	9.73	12.06	14.96	17.67	20.24	23.91
最大荷载 F_{c}/kN	252	246	241	237	235	229	221	214	207	198

（3）锚索结构耐久性。

一，水泥砂浆耐久时间 t_{p_i} 的确定。

锚索为水泥砂浆单层防腐，因此 t_{p_i} 按保守估计取 80 年。

二，锚索索体保持安全承载的时间 t_g 的确定。

假设不考虑锚索荷载的降低，即维持 3 000 kN 不变，那么每根钢绞线的荷载为 3000kN÷19≈158 kN。

一般，钢绞线的强度利用系数为 0.60～0.65，即锚索钢绞线应力（0.60～0.65）f_{ptk}，考虑当锚索应力为 0.72 f_{ptk} 时，对应的锚索荷载超设计荷载 20%（相当于 72% 的最大荷载，即 0.72F_c），锚索的安全裕度不足，需要采取补强或替换措施。

对于锚索结构，以应力达到 0.72 f_{ptk}（即 0.72 F_c）进行预警，以应力达到 0.8 f_{ptk}（即 0.8 F_c）进行控制。因此，锚索必须在应力为（0.72～0.8）f_{ptk} 时完成补强或替换。

锚索的单根钢绞线能承受的最大荷载逐渐降低，在腐蚀 20 年后，腐蚀率为 5.31%，单根钢绞线能承受的最大荷载降低至 246kN；在腐蚀 80 年后，腐蚀率为 14.96%，能承受的最大荷载降低至 221 kN，此时单根钢绞线承受的荷载约为 0.72F_c，锚索的安全裕度不足，需要采取补强或替换措施；在腐蚀 150 年后，腐蚀率为 23.91%，能承受的最大荷载降低至 198 kN，此时单根钢绞线承受的荷载约为 0.8F_c。

当锚索握裹水泥砂浆失效 80 年后，单根钢绞线能承受的最大荷载 F_c 降低为 221 kN，0.72F_c≈159 kN。因此，锚索索体保持安全承载的时间 t_g=80 年。

三，锚固结构整体安全承载时间 t_m 的确定。

由上述分析可知，边坡锚固结构整体安全承载时间为 160 年。

2）边坡长期安全性评价

边坡正常设计使用年限为 A=100 年，锚固结构整体安全承载时间为 t_m=160 年，因此，边坡在正常设计使用年限内是安全的。

对边坡岩体及软弱夹层参数的敏感性进行分析，参数有所降低后稳定安全系数见表 7.4.6～表 7.4.8。

表 7.4.6 锚索腐蚀及边坡稳定安全系数变化（f'乘 0.8，C'乘 0.6）

| | 服役年限/年 | 腐蚀率/% | 安全系数 | | | | | |
| | | | 直立坡 | | 软弱坡 | | 整体坡 | |
			无地震	有地震	无地震	有地震	无地震	有地震
有锚索	0	0	4.60	4.10	2.57	2.41	3.51	3.23
	100	17.67	4.48	3.99	2.56	2.40	3.50	3.23
	200	29.64	4.45	3.96	2.56	2.39	3.50	3.23
	300	40.12	4.43	3.95	2.56	2.39	3.50	3.23
	500	58.75	4.41	3.93	2.55	2.39	3.49	3.22
无锚索			4.15	3.69	2.53	2.37	3.48	3.21

表 7.4.7　锚索腐蚀及边坡稳定安全系数变化（f'乘 0.9，C'乘 0.6）

	服役年限/年	腐蚀率/%	安全系数					
			直立坡		软弱坡		整体坡	
			无地震	有地震	无地震	有地震	无地震	有地震
有锚索	0	0	2.50	2.14	1.81	1.69	2.40	2.22
	100	17.67	2.41	2.06	1.80	1.68	2.39	2.22
	200	29.64	2.39	2.05	1.80	1.68	2.39	2.21
	300	40.12	2.38	2.04	1.79	1.68	2.39	2.21
	500	58.75	2.36	2.02	1.79	1.68	2.39	2.21
	无锚索		2.18	1.86	1.77	1.66	2.37	2.20

表 7.4.8　锚索腐蚀及边坡稳定安全系数变化（f'乘 0.8，C'乘 0.6）

	服役年限/年	腐蚀率/%	安全系数					
			直立坡		软弱坡		整体坡	
			无地震	有地震	无地震	有地震	无地震	有地震
有锚索	0	0	2.58	2.24	1.67	1.56	2.31	2.12
	100	17.67	2.50	2.17	1.66	1.56	2.29	2.12
	200	29.64	2.48	2.16	1.66	1.55	2.29	2.12
	300	40.12	2.47	2.15	1.65	1.55	2.29	2.12
	500	58.75	2.46	2.13	1.65	1.55	2.29	2.11
	无锚索		2.29	1.98	1.65	1.54	2.28	2.10

边坡岩体为花岗岩，岩体劣化程度低，对岩体及软弱夹层的抗剪强度参数进行一定程度的折减后，边坡稳定安全系数仍满足规范要求。当锚索达到安全服役时间后，不考虑锚索作用，且岩体及软弱夹层的黏聚力下降 40%、内摩擦系数下降 20%，边坡稳定安全系数仍在 1.54 及以上，边坡依然能够保持稳定。因此，边坡工程具备足够的长期安全度。

7.4.2　某地下洞室锚固工程长期安全性评价

1. 工程概况

某水电站地下厂房的厂区设置七层排水廊道以疏干厂区范围内的地下水，在厂房洞群临水侧设置防渗帷幕并与大坝防渗帷幕相连来阻截来水。厂房围岩采用普通砂浆锚杆、预应力锚杆和预应力锚索进行支护。地下厂房为 I 级建筑物，设计使用年限为 100 年。

厂区岩体裂隙水的 pH 为 8.3～10.4，SO_4^{2-} 质量浓度为 4.0～54.9 mg/L，侵蚀性 CO_2 含量极微，HCO_3^- 浓度较低，为 0～0.66 mmol/L。

2. 围岩稳定与支护结构受力

安全监测数据显示，围岩变形发生在厂房开挖期间，开挖结束后，厂房围岩变形收敛，趋于稳定。地下厂房围岩变形一般在-3.63～111.00 mm，变形量小于 60 mm 的测点占 84%。围岩变形实测值与数值分析值基本相当，围岩变形监测过程线收敛，围岩稳定。

地下厂房布置有 2 000 kN 和 2 500 kN 两种设计荷载的锚索。顶拱锚索锁定比例为 80%，边墙锚索锁定比例为 65%。2 000 kN 锚索测力计测值在 1 278～2 565 kN，超过 2 000 kN 的占 36%；2 500 kN 锚索测力计测值在 1 507～2 645 kN，超过 2 500 kN 的占 3%。总体上，超设计荷载的锚索占 12%，在 20%以内，锚索荷载曲线收敛，支护结构总体安全。

3. 长期安全性定性分析

1）环境作用等级

地下厂房洞内气温在 23 ℃左右小幅波动，湿度在 80%～90%，为中高湿度环境，无干湿交替。

根据地下厂房环境水的 pH、硫酸根离子质量浓度，以及地下厂房环境温度和湿度可知，其环境类别为一般环境，环境作用等级为 I-B。

2）锚固工程综合性能等级

地下厂房出露岩性主要为玄武岩，围岩类别以 III 类为主，II 类次之。发育 3 组优势裂隙，以陡倾角为主，与厂房轴线大角度相交，长度较短，裂隙面以闭合、平直粗糙为主。地下厂房围岩的 GSI 约为 65。根据厂房岩体开挖质量情况，D 取 0.3。综合分析，地下厂房岩体质量指标 R 取 65。

地下厂房普通砂浆锚杆和预应力锚杆在支护施工完成后，均采用复喷覆盖，锚杆锚头均不外露。锚杆防腐等级为水泥砂浆单层防腐。锚索锚头采用混凝土封锚。锚索对中支架、隔离架等配件均采用塑料材质，锚索绑扎采用无锌铅丝。有黏结压力分散型锚索的防腐等级为单层防腐。经过支护后，地下厂房围岩变形收敛，支护结构受力较好。综合分析，地下厂房围岩支护结构设计指标 G 取 90。

通过查阅现场施工记录、监理记录、安全鉴定成果等，结合现场查勘发现，地下厂房围岩支护工程施工质量较好。综合分析，施工质量指标 C 取 90。

地下厂房工程设计使用年限为 100 年，且服役年限不长，服役指标 λ 取 1.0。

岩体质量指标权重 α、设计指标权重 β 和施工质量指标权重 γ 均取 1。

按锚固工程综合性能指标估算式进行估算，地下厂房锚固工程综合性能指标 Ω 约为 82，锚固工程综合性能等级为"好"。

3）失稳可能性等级

地下厂房环境作用等级为 I-B，锚固工程综合性能等级为"好"，根据锚固工程失稳可能性等级评价矩阵，失稳可能性等级为 a 级，失稳可能性为极不可能发生。

4）长期安全风险等级

地下厂房为水电站的"心脏"，综合分析，其失事后的损失严重程度为⑤级，即灾难性。通过查询锚固工程长期安全风险等级评价矩阵，地下厂房锚固工程长期安全风险等级为 II 级，接受准则为一般风险。

5）应对策略

根据当前风险等级，应对策略为宜加强风险状态监控，控制方案为加强日常巡检，实施风险防范与监测，确定风险处置措施。

4. 长期安全性定量评价

地下厂房位于地下水位以下，洞内温度和湿度变幅较小，洞群四周设置了排水廊道、防渗帷幕及截渗洞来改善水文地质环境，地下厂房锚固工程所处环境不具备干湿循环的特征。因此，在其长期安全性定量评价中不考虑围岩岩体和结构面力学参数受干湿循环影响而产生的劣化。

1）锚索结构特征

地下厂房围岩锚索为有黏结锚索，顶拱布置 2 000 kN 锚索，边墙布置 2 500 kN 锚索，其结构特征如下。

2 000 kN 锚索：由 14 根 $7\phi5$ mm 型 $\phi15.2$ mm 钢绞线组成，钢绞线标准强度为 1 860 MPa。钢绞线强度利用系数 0.549。

2 500 kN 锚索：由 17 根 7ϕ5 mm 型ϕ15.2 mm 钢绞线组成，钢绞线标准强度为 1 860 MPa，即 1×7-15.2-1860-GB/T 5224-2014。钢绞线强度利用系数为 0.566。

锚索注浆材料为 42.5R 普通硅酸盐水泥砂浆。

根据地下厂房锚索结构，其抽象模型为锚索钢绞线单层防腐，其耐久性评价模型为

$$t_m = t_g + t_{p_i}$$

根据规范《预应力混凝土用钢绞线》（GB/T 5224—2014）[①]，对于 1×7-15.2-1860 型锚索，每股钢绞线的特征如下。

公称直径为 15.2 mm；

公称横截面面积为 140 mm^2；

钢绞线最大力≥260 kN。

2）腐蚀函数与环境参数

地下厂房不受干湿循环影响，因此，选用全浸泡环境下的腐蚀函数，详见第 3 章 3.3 节。

根据厂区岩体裂隙水检测，环境参数取值如下：pH 取 9.2，SO_4^{2-} 质量浓度向上保守取值，取 55 mg/L。

锚索钢绞线的应力水平，根据监测锚索的实测值按式（7.4.2）进行计算：

$$\rho = (F / n) / F_m \tag{7.4.2}$$

式中：ρ 为应力水平，%；F 为锚索实测荷载；m 为锚索钢绞线数量；F_m 为钢绞线最大力。

3）锚索结构耐久性

（1）水泥砂浆耐久时间 t_{p_i} 的确定。

地下厂房锚索为水泥砂浆单层防腐，因此 t_{p_i} 按保守估计取 80 年，详见第 3 章 3.1 节。

（2）锚索索体保持安全承载的时间 t_g 的确定。

随着时间增加，钢绞线腐蚀率增加，其承载力也逐渐下降。钢绞线安全承载按应力不超过 0.8f_{ptk}（即 0.8F_c）控制。根据腐蚀函数，可以得到锚索 80%最大荷载（0.8F_c）随腐蚀时间的变化曲线，见图 7.4.2。

利用地下厂房的监测锚索荷载实测值、锚索结构形式、环境变量等，根据腐蚀函数计算各锚索的最大荷载 F_c 随腐蚀时间的变化情况，并统计各腐蚀时间段内，锚索荷载超 0.8F_c 的锚索数量占比。对于地下洞室，洞室顶拱和边墙的围岩稳定状态不同，因此，对洞室顶拱和边墙的锚固结构分别进行统计，见图 7.4.3。对于地下厂房锚固结构安全承载时间，选取顶拱和边墙中最不利的情况。

---

① 工程设计时使用的标准。

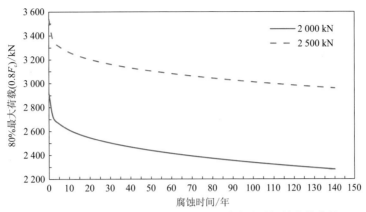

图 7.4.2　锚索 80%最大荷载（$0.8F_c$）随腐蚀时间的变化曲线

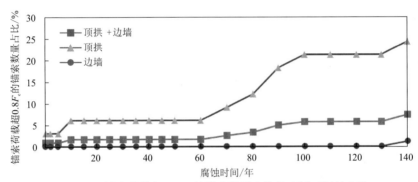

图 7.4.3　锚索荷载超 $0.8F_c$ 的锚索数量占比随腐蚀时间的变化

由图 7.4.3 可见，在腐蚀时间为 100 年时，顶拱锚索荷载超 $0.8F_c$ 的锚索数量占比在 20%左右，因此，确定 $t_g = 100$ 年。

（3）锚固结构整体安全承载时间 t_m 的确定。

由上述分析可知，地下厂房锚固结构整体安全承载时间为 180 年。

4）锚固工程长期安全性

地下厂房设计使用年限为 $A = 100$ 年，锚固结构整体安全承载时间为 $t_m = 180$ 年，因此，地下厂房在设计使用年限内是安全的。

根据《水电工程预应力锚固设计规范》（NB/T 10802—2021）的规定，在设计张拉力作用下，预应力钢材强度利用系数宜为 0.60～0.65，因此，选取在荷载达到 $0.6 \times 1.2 = 0.72$ 倍最大荷载 F_c 时的锚索数量占比为 20%时，见图 7.4.4，进行预警，应加强日常巡检，并结合围岩变形监测，综合评判地下厂房锚索荷载较大部位的稳定安全。

由图 7.4.4 可见，在腐蚀时间为 20 年时，顶拱锚索荷载超 $0.72F_c$ 的锚索数量占比约为 20%，因此在地下厂房运行 80 年+20 年＝100 年，即达到设计年限后，应加强顶拱巡检，结合围岩变形监测，综合评判围岩的稳定安全。

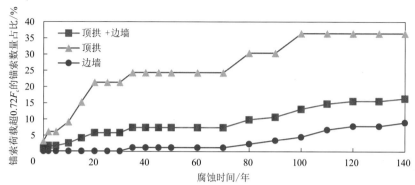

图 7.4.4　锚索荷载超 $0.72F_c$ 的锚索数量占比随腐蚀时间的变化

参 考 文 献

陈鹏, 2021. 基于 Stacking 的携程网酒店客户流失预测与影响因素研究[D]. 北京: 中央民族大学.

国家能源局, 2021. 水电工程边坡设计规范: NB/T 10512—2021[S]. 北京: 中国水利水电出版社.

国家能源局, 2021. 水电工程合理使用年限及耐久性设计规范: NB/T 10857—2021[S]. 北京: 中国水利水电出版社.

国家能源局, 2021. 水电工程预应力锚固设计规范: NB/T 10802—2021[S]. 北京: 中国水利水电出版社.

黄生权, 李源, 2014. 群决策环境下互联网企业价值评估: 基于集成实物期权方法[J]. 系统工程, 32(12): 104-111.

李英勇, 2008. 岩土预应力锚固系统长期稳定性研究[D]. 北京: 北京交通大学.

林卫明, 2021. 基于特征选择和集成算法的个人信用评估研究[D]. 南京: 南京信息工程大学.

邱菀华, 1995. 群组决策系统的熵模型[J]. 控制与决策, 10(1): 50-54.

宋光兴, 邹平, 2001. 多属性群决策中决策者权重的确定方法[J]. 系统工程, 19(4): 84-89.

王浩, 覃卫民, 焦玉勇, 等, 2014. 大数据时代的岩土工程监测: 转折与机遇[J]. 岩土力学, 35(9): 2634-2641.

王建国, 杨林章, 单艳红, 2001. 模糊数学在土壤质量评价中的应用研究[J]. 土壤学报, 38(2): 176-183.

王元汉, 李卧东, 李启光, 等, 1998. 岩爆预测的模糊数学综合评判方法[J]. 岩石力学与工程学报, 17(5): 493-501.

夏鹏, 2022. 岩体边坡锚固结构体系长期安全性评价方法研究[D]. 武汉: 中国地质大学（武汉）.

中华人民共和国国家质量监督检验检疫总局, 中国国家标准化管理委员会, 2014. 预应力混凝土用钢绞线: GB/T 5224—2014[S]. 北京: 中国标准出版社.

中华人民共和国建设部, 中华人民共和国国家质量监督检验检疫总局, 2009. 岩土工程勘察规范（2009 年版）: GB 50021—2001[S]. 北京: 中国建筑工业出版社.

中华人民共和国交通部, 2000. 水运工程结构防腐蚀施工规范: JTJ 209—2020[S]. 北京: 人民交通出版社.

中华人民共和国水利部, 2007. 水利水电工程边坡设计规范: SL 386—2007[S]. 北京: 中国水利水电出版社.

中华人民共和国水利部, 2014. 水利水电工程合理使用年限及耐久性设计规范: SL 654—2014[S]. 北京: 中国水利水电出版社.

中华人民共和国住房和城乡建设部, 国家市场监督管理总局, 2019. 工业建筑可靠性鉴定标准: GB 50144—2019[S]. 北京: 中国建筑工业出版社.

中华人民共和国住房和城乡建设部, 中华人民共和国国家质量监督检验检疫总局, 2015. 岩土锚杆与喷射混凝土支护工程技术规范: GB 50086—2015[S]. 北京: 中国计划出版社.

中华人民共和国住房和城乡建设部, 国家市场监督管理总局, 2019. 混凝土结构耐久性设计标准: GB/T 50476—2019[S]. 北京: 中国建筑工业出版社.

BLANCO-FERNANDEZ E, CASTRO-FRESNO D, DÍAZ J D C, et al., 2011. Flexible systems anchored to the ground for slope stabilisation: Critical review of existing design methods[J]. Engineering geology, 122: 129-145.

CAI F, UGAI K, 2003. Reinforcing mechanism of anchors in slopes: A numerical comparison of results of LEM and FEM[J]. International journal for numerical and analytical methods in geomechanics, 27(7): 549-564.

GE Y, CHEN Q, TANG H, et al., 2023. A semi-automatic approach to quantifying the geological strength index using terrestrial laser scanning[J]. Rock mechanics and rock engineering, 56: 6559-6579.

GU C Y, QIU W H, 1992. Complex entropy and its application—Bayes-E decision procedure[J]. Chinese journal of aeronautics, 5(3): 159-165.

KIM S W, 2009. A study on the safety of anchoring for Ulsan M-10 Anchorage[J]. Journal of fisheries and marine sciences education, 21(2): 291-305.

LEE Y S, 2014. A study on the anchoring safety assessment of E-Group Anchorage in Ulsan Port[J]. Journal of the Korean society of marine environment & safety, 20(2): 172-178.

QIU W H, 1997. An eigenvalue method on group decision[J]. Applied mathematics and mechanics, 18(11): 1099-1104.

SHANNON C E A, 1948. Mathematical theory of communication[J]. Bell system technical journal, 27(4): 623-656.

SHUKLA S, HOSSAIN M, 2011. Analytical expression for factor of safety of an anchored rock slope against plane failure[J]. International journal of geotechnical engineering, 5(2): 181-187.

XIA P, HU X L, WU S S, et al., 2020. Slope stability analysis based on group decision theory and fuzzy comprehensive evaluation[J]. Journal of earth science, 31(6): 1121-1132.

ZHAO B, GE Y, CHEN H, 2021. Landslide susceptibility assessment for a transmission line in Gansu Province, China by using a hybrid approach of fractal theory, information value, and random forest models[J]. Environmental earth sciences, 80(12): 441.